工业和信息化

精品

系列教材

信息技术与人工智能基础

余明辉 汤双霞 谢海燕 石坤泉 ◉ 主编

谢军 林颖 戴锦霞 ◉ 副主编

人民邮电出版社

北京

图书在版编目（CIP）数据

信息技术与人工智能基础 / 余明辉等主编. -- 北京：
人民邮电出版社，2023.8
工业和信息化精品系列教材
ISBN 978-7-115-61164-2

Ⅰ. ①信… Ⅱ. ①余… Ⅲ. ①信息技术－高等职业教
育－教材②人工智能－高等职业教育－教材 Ⅳ. ①TP3
②TP18

中国国家版本馆CIP数据核字(2023)第023259号

内 容 提 要

本书的内容安排由浅入深，详细介绍了信息技术与人工智能基础的相关知识，从信息技术基础到Office 的相关应用，从人工智能的前世今生到人工智能基础，再到人工智能实际案例应用。本书基于信息技术和人工智能的不同应用进行项目化教学。

本书注重理论与实践的结合，在介绍完项目知识点后会对任务进行同步讲解，每个任务都给出了详细的操作步骤，带领读者逐渐走进信息技术和人工智能的世界。

本书共分为 12 个项目，内容包括信息技术基础，Office 高级应用——Word 软件，Office 高级应用——Excel 软件，Office 高级应用——PowerPoint 软件，人工智能的前世今生，人工智能基础，图像识别，人脸识别，生物信息识别，自然语言处理，智能语音和无人驾驶。

本书适合作为高等职业教育（本科、专科）的信息技术与人工智能通识类教材，也可供对信息技术和人工智能感兴趣的读者自学使用。

◆ 主　　编　余明辉　汤双霞　谢海燕　石坤泉
　副 主 编　谢　军　林　颖　戴锦霞
　责任编辑　范博涛
　责任印制　焦志炜
◆ 人民邮电出版社出版发行　　北京市丰台区成寿寺路 11 号
　邮编　100164　　电子邮件　315@ptpress.com.cn
　网址　https://www.ptpress.com.cn
　三河市君旺印务有限公司印刷
◆ 开本：787×1092　1/16
　印张：15.5　　2023 年 8 月第 1 版
　字数：386 千字　　2025 年 1 月河北第 7 次印刷

定价：54.80 元

读者服务热线：(010) 81055256　印装质量热线：(010) 81055316
反盗版热线：(010) 81055315
广告经营许可证：京东市监广登字 20170147 号

前言
PREFACE

党的二十大报告指出：我国应加快实现高水平科技自立自强，推动科技体制改革，培育新型技术专业人才。本书在编写过程中，引导学生关注党的二十大报告，让学生认识到科学技术的发展要服务国家战略的需要，科学技术的发展要为经济的高质量发展和国家安全提供强有力的支撑；同时引导学生树立正确的科技道德观和社会责任观，防止技术滥用和违法行为。

在21世纪中，以人工智能为标志的技术革命推动信息技术进入一个新的时代，促进了产业数字化转型升级和数字经济的发展。现在，人工智能已应用于各个领域，小到家庭语音助手，大到无人驾驶。为适应产业数字化转型升级和数字经济的发展需要，2021年发布的《职业教育专业目录（2021年）》聚焦专业数字化改造和培养未来技术技能，1349个专业（含中职、高职专科、高职本科）中有130余个专业名称加上了“数字”“智能”“智慧”“大数据”等体现数字化的名词，名称没有变化的专业也纷纷将课程向数字化改造方面靠拢。产业数字化转型升级和专业数字化改造促进职业院校对计算机应用基础课程进行改革，从培养信息技术素养转向培养以人工智能为核心的信息技术素养，计算机通识课程纷纷升级为人工智能通识课程。

在此背景下，2021年，广州番禺职业技术学院结合教育部颁布的《高等职业教育专科信息技术课程标准（2021年版）》，对相关专业必修的“现代信息技术应用基础”课程进行改革，针对不同专业对人工智能技术的要求，开设两个层次的人工智能通识课程。一个是面向工科专业和数字化改造过的文科专业开设的“人工智能导论”课程，另一个是面向文科专业开设的“信息技术与人工智能基础”课程。两门课程都是60学时，“信息技术与人工智能基础”课程结合了《高等职业教育专科信息技术课程标准（2021年版）》的要求，比前者多了信息技术基础和办公软件应用的内容；“人工智能导论”课程比后者多了人工智能编程语言Python的内容，其无人驾驶和数据挖掘的内容也多于后者。经过2个学期的实践，教学改革达到了预期效果，满足了各专业数字化改造升级和培养学生以人工智能为核心的信息技术素养的要求。

本书坚持立德树人，将知识、能力和正确价值观培养有机结合，将我国科学家在人工智能领域的贡献、我国人工智能领军企业的创新成果和运用人工智能技术传承中华优秀传统文化等知识介绍给读者。

本书基于项目进行教学，使读者在完成项目的过程中学习到相关知识。在每个项目中，首先明确知识目标、能力目标和素质目标，然后依次从项目背景、思维导图、项目相关知识、项目任务、项目小结与展望和课后练习展开教学内容。

本书的内容由浅入深，使读者以三个梯度递进式学习，第一梯度学习信息技术基础知识；第二梯度学习Office高级应用，提高办公应用能力；第三梯度是人工智能应用项目实践，目的是深入体验和探究人工智能的应用。本书内容编排注重理论与实践的结合，在介绍完项目知识点后会对任务进行同步讲解，每个任务都给出了详细的操作步骤，读者可通过扫描二维码、小程序加以实践。任务中不仅包含了人脸识别、物体识别等，而且安排了与专业紧密结合的应用，充分体现了本书服务专业数字化的思路。

本书由校企合作共同开发，广东恒电信息科技股份有限公司为本书的编写提供了技术支持，共同打造了恒智人工智能通识课程实践平台，目前已开发了 100 多个实践案例。这些案例普遍具有探索性、趣味性和前沿性。丰富的实践案例为读者的拓展学习提供了便利条件；同时实践平台具有"留痕"功能，通过采集学习数据，并用大数据和人工智能进行分析，可对读者的学习过程和成果进行评价，使课程学习考核更客观。

项目任务分为体验式、交互式和 DIY 式三个层级。其中，体验式任务主要用于激发读者的学习兴趣，帮助读者体验人工智能技术的应用，它具有操作简单、可单人实践、在线完成等特点，例如机器人写诗、AI 人脸融合等任务都属于此类。交互式任务主要用于增加学习的趣味性，让读者了解人工智能技术的应用，它以游戏、竞赛等形式进行，具有人机交互、个人或集体都可参与、在线完成等特点，例如智能讨论室、人脸识别快乐吃豆游戏、自然语言处理人机竞赛、验证码闯关等任务都属于此类。DIY 式任务主要用于培养读者动手操作能力，增加学习的探究性和创新性，它采用人工智能实物实训平台和在线实践平台相结合的方式，内容包括基本技能训练、DIY 式的创新训练，可在线下或线上完成，例如人脸检测、智能循迹小车自动循迹等任务都属于此类。

本书建议学时为 60 学时，项目内容及学时分配如下所示。

项目	项目内容	学时分配
项目 1	信息技术基础	6 学时
项目 2	Office 高级应用——Word 软件	8 学时
项目 3	Office 高级应用——Excel 软件	8 学时
项目 4	Office 高级应用——PowerPoint 软件	6 学时
项目 5	人工智能的前世今生	2 学时
项目 6	人工智能基础	4 学时
项目 7	图像识别	4 学时
项目 8	人脸识别	6 学时
项目 9	生物信息识别	4 学时
项目 10	自然语言处理	4 学时
项目 11	智能语音	4 学时
项目 12	无人驾驶	4 学时

本书由广州番禺职业技术学院余明辉、汤双霞、谢海燕、石坤泉担任主编，谢军、林颖、戴锦霞担任副主编，詹增荣、刘希、陈海山、赖志飞、丘美玲、李海锋参编，广东恒电信息科技股份有限公司方国鑫代表公司参与了本书的编写工作。广州番禺职业技术学院党委书记林洽生非常重视对学生人工智能核心信息技术素养的培养，大力推动人工智能通识课程改革，对本书出版提出了建设性的意见。

同时，张廷政、杨鹏、胡耀民在本书编写过程中提出了中肯的建议，在此表示衷心的感谢。

本书的源代码、PPT 课件、教学素材等辅助教学资料，可在人民邮电出版社教育社区（www.ryjiaoyu.com）免费下载。

编者
2023 年 7 月

目录

CONTENTS

项目 1

信息技术基础

【项目背景】

自 20 世纪 90 年代以来，现代电子计算机技术发展十分迅猛，互联网+时代正在逐步改变着人们的生活方式，信息技术已经渗透到了社会生产和生活的方方面面，在人们的日常生活中发挥着越来越重要的作用。因此，在当今社会，了解和掌握信息技术成为人们不可缺少的技能。

【思维导图】

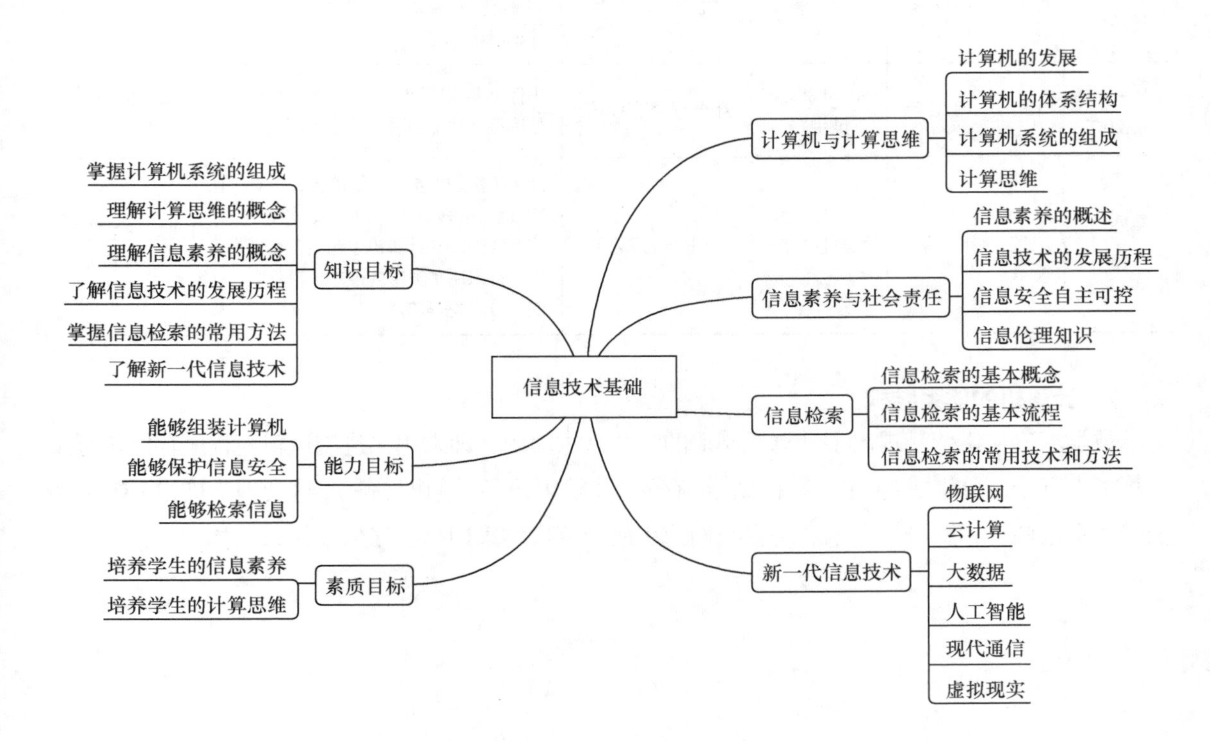

【项目相关知识】

1.1 计算机与计算思维

1. 计算机的发展

1946 年 2 月，世界上第一台通用计算机——电子数字积分计算机（Electronic Numerical Integrator And Computer，ENIAC）诞生于美国宾夕法尼亚大学。ENIAC 由 17468 个电子管、60000 个电阻器、10000 个电容器和 6000 个开关组成，重达 30 吨，占地 160 平方米，耗电 174 千瓦，耗资 450000 美元，每秒只能运行 5000 次加法运算。ENIAC 体积庞大、性能不佳，但它的出现开创了电子技术发展的新时代——计算机时代。计算机的发展大致经过了 4 个发展阶段，如表 1-1 所示。

表 1-1 计算机的 4 个发展阶段

阶段	划分年代	采用的元器件	运算速度（每秒指令数）	主要特点	应用领域
第一代计算机	1946—1957 年	电子管	几千条	主存储器采用磁鼓，体积庞大、耗电量大、运行速度低、可靠性较差，内存容量小	国防及科学研究
第二代计算机	1958—1964 年	晶体管	几万~几十万条	主存储器采用磁芯，开始使用高级程序和操作系统，运算速度提高、体积减小	工程设计、数据处理
第三代计算机	1965—1970 年	中小规模集成电路	几十万~几百万条	主存储器采用半导体存储器，集成度提高、功能增强、价格下降	工业控制、数据处理
第四代计算机	1971 年至今	大规模、超大规模集成电路	上千万~万亿条	计算机集成度更高，性能大幅提高，软件也越来越丰富，为网络化创造了条件。同时计算机逐渐走向智能化，并采用了多媒体技术，具有听、说、读、写等功能	工业、生活等各个方面

2. 计算机的体系结构

数学家冯·诺依曼提出了计算机制造的三个基本原则，即采用二进制逻辑、程序存储执行及计算机由五个部分组成（运算器、控制器、存储器、输入设备、输出设备），这套理论被称为冯·诺依曼体系结构，如图 1-1 所示。现在我们使用的计算机均采用冯·诺依曼体系结构。

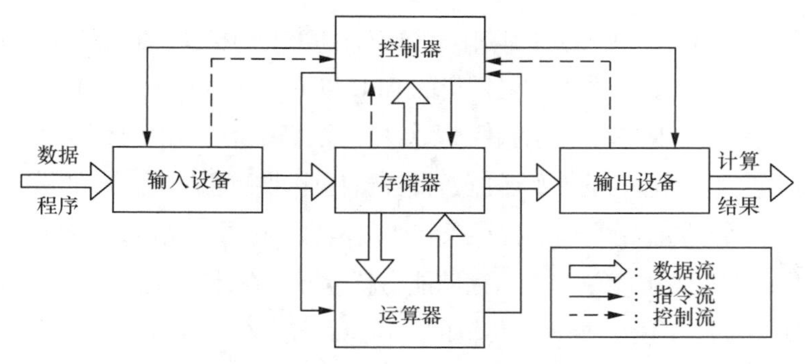

图 1–1 冯·诺依曼体系结构

3. 计算机系统的组成

一个完整的微型计算机系统由硬件系统和软件系统两个部分组成。

（1）硬件系统

硬件（Hardware）系统是指计算机系统中由电子、机械和光电元件等组成的各种物理装置的总称，可以理解为我们平时看得见摸得着的一些实体部件。这些物理装置按系统结构的要求构成一个有机整体，为软件系统运行提供物质基础。硬件系统的功能是输入并存储程序和数据，以及执行程序把数据加工成可以利用的形式。以个人台式计算机为例，如图 1–2 所示，从外观上来看，硬件系统由主机和外部设备组成。主机内主要包括 CPU、内存、主板、硬盘、光驱、显卡、主机电源等；外部设备包括显示器、鼠标、键盘等。

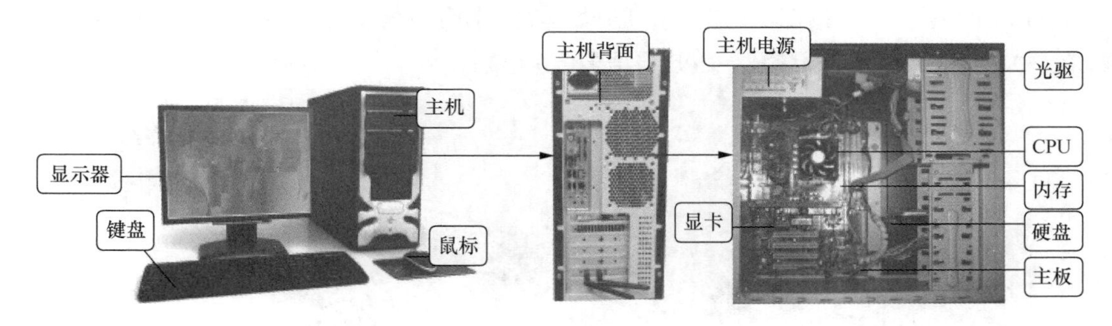

图 1–2 计算机构成

① 中央处理器。中央处理器（Central Processing Unit，CPU）负责执行计算机指令，是任何计算机系统中必备的核心部件，CPU 主要负责执行指令，既是计算机的指令中枢，又是系统的最高执行单位，同时其性能决定了计算机系统的运算速度，常见的 CPU 外观如图 1–3 所示。CPU 由运算器和控制器组成，分别由运算电路和控制电路实现。运算器由算术逻辑单元（Arithmetic and Logic Unit，ALU）、累加器、状态寄存器、通用寄存器组等组成。算术逻辑运算单元的基本功能为加、减、乘、除四则运算，与、或、非、异或等逻辑操作，以及移位、求补等操作。控制器（Control Unit）是整个计算机系统的控制中心，它指挥计算机各部分协调地工作，保证计算机按照预先规定的目标和步骤有条不紊地进行操作和处理。控制器从存储器中逐条取出指令，分析每条指令规定的是什么操作及所需数据的存放位置等，然后根据分析的结果向计算机其他部件发出控制信号，

统一指挥整个计算机完成指令所规定的操作。目前，CPU 的生产厂商主要有 Intel、AMD、威盛（VIA）和龙芯（Loongson），市场上主要销售的 CPU 以 Intel 和 AMD 的产品居多。

② 存储器。存储器（Memory）是计算机系统中的记忆设备，是用于存放程序和数据的装置。计算机中的全部信息（包括输入的原始数据、计算机程序、中间运行结果和最终运行结果）都保存在存储器中。它根据控制器指定的位置存入和取出信息。有了存储器，计算机才有了记忆功能，才能保证正常工作。存储器的容量越大，存储能力就越强。在计算机内部，信息都是以二进制 0 或者 1 的形式进行存储、运算、处理和传输的。信息存储单位有位（bit）、字节（B）等。几种常见的存储单位有 KB、MB、GB、TB 和 PB 等，它们之间的换算关系如下。

1B（字节）=8bit（位）

1KB（千字节）=1024B（字节）=2^{10}B（字节）

1MB（兆字节）=1024KB（千字节）=2^{20}B（字节）

1GB（吉字节）=1024MB（兆字节）=2^{30}B（字节）

1TB（太字节）=1024GB（吉字节）=2^{40}B（字节）

1PB（拍字节）=1024TB（太字节）=2^{50}B（字节）

通常计算机中的存储器包括内存储器和外存储器 2 种。内存储器（Memory），也称内存或主存储器，如图 1–4 所示，它用于暂时存放 CPU 中的运算数据，以及与硬盘等外存储器交换的数据。它是外存储器与 CPU 进行沟通的桥梁，计算机中的所有程序都需调入内存中运行，内存性能的强弱影响计算机整体水平的发挥。只要计算机开始运行，操作系统就会把需要运算的数据从内存调到 CPU 中进行运算；当运算完成，CPU 将结果传送出来。

图 1–3 中央处理器（CPU）外观

图 1–4 内存

内存一般采用半导体存储单元，按工作原理划分，可分为随机存储器（Random Access Memory，RAM）、只读存储器（Read Only Memory，ROM）和高速缓存（Cache）。ROM 在制造的时候，信息（数据或程序）就被存入并永久保存，一般用于存放计算机的基本程序和数据，例如 BIOS ROM。对于 RAM，既可以从中读取数据，也可以对其写入数据。通常在购买计算机时所说的内存是指 RAM，RAM 在断电后会清空数据。Cache 位于 CPU 与内存之间，是一个读写速度比 RAM 更快的存储器。

外存储器是指除计算机内存外的存储器，此类存储器一般断电后仍然能保存数据，常见的外存储器有硬盘、U 盘、光盘等，如图 1–5 所示。

a. 硬盘：由表面涂有磁性材料的铝合金圆盘制成，每个硬盘都由若干个磁性圆盘组成。

b. U 盘：也被称为“闪盘”，可以通过计算机的 USB 口存储数据。与光盘相比，U 盘具有体积小、存储量大和携带方便等诸多优点，目前，U 盘已经取代光盘。

c. 光盘：是指利用光学方式进行信息存储的圆盘。它应用了光存储技术，即使用激光在某种介质上写入信息，然后再利用激光读出信息。

图 1–5　外存储器

③ 输入设备。输入设备（Input Device）是向计算机输入数据和信息的设备，是计算机与用户或其他设备通信的桥梁。键盘、鼠标、摄像头、扫描仪、光笔、手写输入板、游戏杆、语音输入装置等都属于输入设备。输入设备是人或外部与计算机进行交互的一种装置，用于把原始数据和处理这些数据的程序输入到计算机中。计算机可以通过输入设备接收各种各样的数据，这些数据既可以是数值型的数据，又可以是各种非数值型的数据，例如图形、图像、声音等。下面介绍几种常用的输入设备。

a. 键盘（Keyboard）：是常用的输入设备，它由一组开关矩阵组成，包括数字键、字母键、符号键、功能键和控制键等。每一个键在计算机中都有对应的唯一代码。当按下某个键时，键盘接口将该键的二进制代码送入计算机主机中。

b. 鼠标（Mouse）：是一种手持式屏幕坐标定位设备，它是为适应菜单操作的软件和图形处理环境而出现的一种输入设备，特别是在现今流行的 Windows 图形操作系统环境下应用鼠标方便快捷。常用的鼠标有两种，一种是机械式的，另一种是光电式的。

c. 图像输入设备：是将图像信息数字化后输入到计算机的设备，主要有扫描仪、数字式照相机、摄像头等。

d. 语音输入设备：由话筒、声卡和语音输入软件系统组成。

④ 输出设备。输出设备（Output Device）是计算机的终端设备，用于将各种计算结果数据或信息以数字、字符、图像、声音等形式表示出来。常见的输出设备有显示器、打印机、绘图仪、影像输出系统、语音输出系统、磁记录设备等。下面介绍几种常用的输出设备。

a. 显示器（Display）：又称监视器，是实现人机对话的主要工具。它既可以显示键盘输入的命令或数据，又可以显示计算机处理的结果。

b. 打印机（Printer）：是将计算机的处理结果打印在纸张上的输出设备。人们常把显示器的输出称为软拷贝，把打印机的输出称为硬拷贝。

c. 声音输出设备：是将存储在计算机上的音频文件经过 D/A 转换、噪声过滤后转换为声音输出的设备，主要有音箱、耳机等。

⑤ 其他部件。计算机硬件设备除了上述的设备外，还有一些用于连接各设备的部件，主要有以下两个部件。

a. 主板：又叫主机板（Mainboard）、系统板（System Board）或母板（Motherboard），是计算机最基本的同时也是最重要的部件之一。主板一般为矩形电路板，上面安装了组成计算机的主要电路系统，一般包括 BIOS 芯片、I/O 控制芯片、键盘和面板控制开关接口、指示灯插接件、扩充插槽、主板及插卡的直流电源供电接插件等元件 。

b. 总线（Bus）：是计算机各种功能部件之间传送信息的公共通信干线，它是由导线组成的传输线束。 按照计算机所传输的信息种类划分，总线可以分为数据总线、地址总线和控制总线，分别用于传输数据、数据地址和控制信号。总线是一种内部结构，它是 CPU、存储器、输入设备和输出设备传递信息的公用通道，主机的各个部件通过总线相连接，外部设备通过相应的接口电路再与总线相连接，从而形成了硬件系统。微型计算机以总线结构来连接各个功能部件。

（2）软件系统

软件系统通常被分为系统软件和应用软件两大类。软件系统能保证计算机按照用户的意愿正常运行，满足用户使用计算机的各种需求，帮助用户完成管理计算机、维护资源、执行用户命令、控制系统调度等任务。系统软件和应用软件虽然各自的用途不同，但它们的共同点是都存储在计算机存储器中，且都是以某种格式编码书写的程序或数据。软件系统的构成如图 1–6 所示。

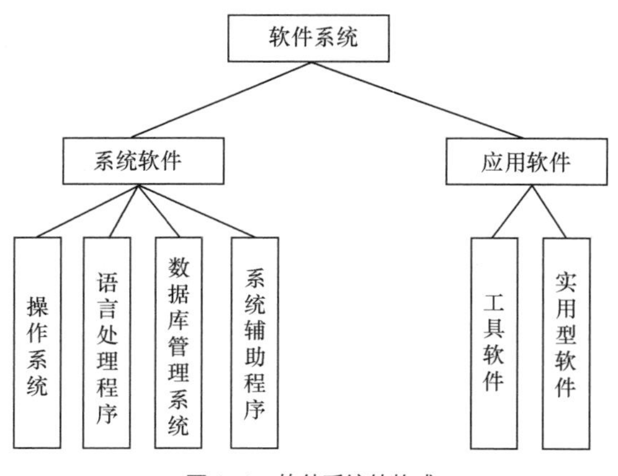

图 1–6　软件系统的构成

① 系统软件。系统软件负责管理计算机系统中各种独立的硬件，使它们可以协调工作。系统软件使计算机使用者和其他软件将计算机当作一个整体而不需要顾及底层每个硬件是如何工作的。一般来讲，系统软件包括操作系统和一系列基本的工具，例如编译器和用于数据库管理、存

储器格式化、文件系统管理、用户身份验证、驱动管理、网络连接等方面的工具，具体包括以下四类。

a. 操作系统（Operating System，OS）：是管理计算机硬件与软件资源的计算机程序。操作系统需要处理管理与配置内存、决定系统资源供需的优先次序、控制输入设备与输出设备、操作网络与管理文件系统等基本事务。操作系统也可以提供一个让用户与系统交互的操作界面。常见的操作系统有 Windows、macOS、Linux、UNIX、iOS、Android 等，如图 1-7 所示。

图 1-7　操作系统

b. 语言处理程序：用于将源程序中的每条指令翻译成一系列 CPU 能接受的基本指令（也称机器语言），使源程序转换成能在计算机上运行的程序。源程序采用的语言被称为高级语言。高级语言的每一条指令可以完成一项操作，这种操作相对于软件总的功能而言是简单且基本的，而相对于 CPU 的操作而言又是复杂的。要想在计算机上运行高级语言程序就必须配备程序语言翻译程序。翻译程序本身是一组程序，不同的高级语言都有相应的翻译程序。目前常用的高级语言有 C、C++、Java、Python、JavaScript 等。

c. 数据库管理系统（Database Management System，DMS）：是一种操纵和管理数据库的大型软件，用于建立、使用和维护数据库。它能够有组织地、动态地存储大量数据，使人们能方便、高效地使用这些数据。平时我们常见的 SQL Server、Access、Oracle、MySQL 等都是数据库管理系统。

d. 系统辅助程序：也称为“软件研制开发工具”“支持软件”“软件工具”，主要有编辑程序、软件调试程序、装备和连接程序等。

② 应用软件。应用软件是指为特定领域开发、并为特定目的服务的一类软件。应用软件直接面向用户需求，可以直接帮助用户提高工作质量和效率，甚至可以帮助用户解决某些难题。应用软件一般分为两类：一类是为特定需求开发的实用型软件，例如会计核算软件、订票系统、工程预算软件和教育辅助软件等；另一类是为了方便用户使用计算机而提供的工具软件，例如用于文字处理的 Word 软件、用于辅助设计的 AutoCAD 和用于系统维护的 360 杀毒软件等。

4. 计算思维

近年来，计算思维的重要性越来越受到重视，国际教育技术协会（International Society for Technology in Education，ISTE）在 2019 年发布的《计算思维能力标准（教育者）》中融入了大量的计算思维教学规范，希望将计算思维融入一般课程设计中，不管是数学、科学、音乐或艺术都能结合计算思维，让学习计算思维变得更加容易。什么是计算思维呢？工程师在解决问题时有特定的思考流程，面对一个问题，首先将问题拆解成许多的小问题（拆解问题），接着找出问题彼此间的关联性或规律性（模式识别），然后将问题简化并忽略细节（建立抽象化），最后针对这个问题提供一个完整的解决方案（完成算法）。计算思维就是工程师在面对问题时如何思考、如何找出问题的交互关系，并建立永久性解决方案的过程。这样的思考方式除了能提升工作效率外，还能减少错误的发生。计算思维也可以用在日常生活及所有复杂的问题上，这也是西方国家倾全力推广计算思维教育的原因。

周以真教授认为：计算思维是运用计算机科学的基本概念进行问题求解、系统设计，以及人类行为理解的一系列思维活动。经过多年的研究、扩展、归并，计算思维在学术界已达成一定的共识，普遍认为其关键要素主要包括：分解、抽象、算法、调试、迭代和泛化，如图 1–8 所示。计算思维是一种递归思维，是一种并行处理，是一种多维分析推广的类型检查方法，也是一种采用抽象和分解来控制庞杂的任务或进行巨大复杂系统设计的方法。计算思维将渗透到我们每个人的生活之中，它是人类在未来社会求解问题的重要手段，而不是让人像计算机一样机械运转。

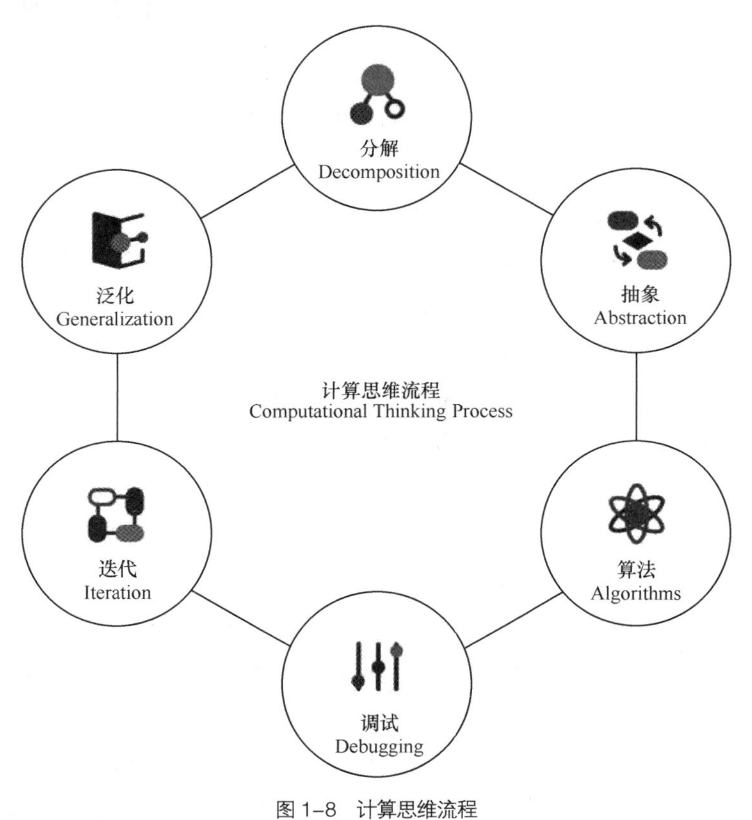

图 1–8 计算思维流程

1.2 信息素养与社会责任

1. 信息素养的概述

（1）信息素养的概念

信息素养（Information Literacy）概念的酝酿始于图书检索技能的演变。1974 年，外国信息产业协会提出了信息素养这一全新概念，认为信息素养是利用大量的信息工具及主要信息源使问题得到解答的技能。其后，随着对信息素养研究的不断深入，对信息素养的界定也说法不一。1989 年，国际上认为信息素养是指个体能够认识到需要信息，并且能够对信息进行检索、评估和有效利用的能力。1992 年，国际上给出了信息素养的详尽表述：“一个具有信息素养的人，他能够认识到精确的和完整的信息是做出合理决策的基础；能够确定信息需求，形成基于信息需求的问题，确定潜在的信息源，制定成功的检索方案，从计算机和其他信息源中获取、评价、组织信息并将其应用于实际中，将新信息与原有的知识体系进行融合及在批判性思考和问题解决的过程中使用信息”。

信息素养是一个含义广泛的综合性概念，它不仅包括高效利用信息资源和信息工具的能力，还包括获取和甄别信息、加工处理信息、传递和创造信息的能力，更重要的是培养了独立自主学习的态度和方法、批判精神及强烈的社会责任感和参与意识，并将它们用于实际问题的解决中。信息素养涉及各方面的知识，是一个特殊的、涵盖面很广的能力，它包含人文、技术、经济、法律等方面的诸多因素，与许多学科有着紧密的联系。它涵盖了信息和信息技术的基本知识和基本技能，是全球信息化背景下人们应具备的一种基本能力。

（2）信息素养的构成要素

在当今世界中，政治、经济、军事、文化、教育、医疗等都与信息密不可分。具体地看，信息素养的构成要素主要涉及信息知识、信息意识、信息能力、信息伦理等方面，它是一种了解、搜集、评估和利用信息的知识结构，主要表现为能够高效地获取信息，能够熟练地处理信息，能够辨证地理解信息，能够精确地使用信息，能够对信息进行创造性表达，力争在信息查询和知识创新中做得最好，如图 1–9 所示。

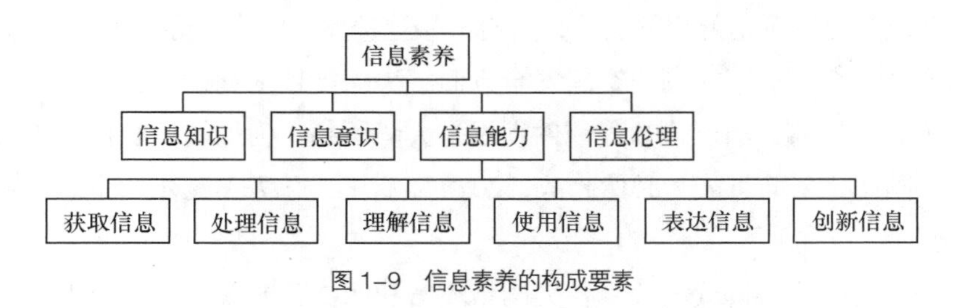

图 1–9　信息素养的构成要素

2. 信息技术的发展历程

第一次信息技术革命是语言的使用。信息在人脑中存储和加工，利用声波进行传递，是从猿进化到人的重要标志。该次革命发生在距今 35000 ~ 50000 年前。

第二次信息技术革命是文字的创造。文字的发明和使用首次打破了时间和空间的限制，大约在公元前 3500 年出现了文字。

第三次信息技术革命是造纸术和印刷术的发明。造纸术和印刷术的发明和应用使信息可以大量产生，扩大了信息交流的范围。大约在公元 1040 年，我国开始使用活字印刷技术（欧洲 15 世纪开始使用活字印刷技术）。

第四次信息革命是电报、电话、广播和电视的发明和普及应用。这一阶段，信息的传递效率发生了质的飞跃。19 世纪中叶之后，伴随着电报、电话的发明和电磁波的发现，通信领域产生了根本性的变革，实现了通过金属导线上的电脉冲来传递信息及通过电磁波来进行无线通信。静电复印机、磁性录音机、雷达、激光器都是信息技术史上的重要发明。

第五次信息技术革命始于20世纪60年代，其标志是电子计算机与通信技术的普及应用。这一阶段，信息的处理、传递以惊人的速度提升。随着电子技术的高速发展，国防、科研迫切需要解决的计算工具也得到改进。1946年第一台电子计算机“ENIAC”诞生，标志着计算机时代的开始；1946年至1957年人类研制出了第一代电子计算机；1958年至1964年研制出第二代晶体管电子计算机；1965年至1970年研制出第三代集成电路计算机；1971年至20世纪80年代研制出第四代大规模集成电路计算机；20世纪80年代中期至今，研制出了第五代超大规模集成电路计算机。

3. 信息安全自主可控

没有信息化就没有现代化，没有网络安全就没有国家安全。网络空间已成为国家继陆、海、空、天四个疆域之后的第五疆域，保障网络空间安全也就是保障国家主权。维护网络安全是全社会共同的责任，需要政府、企业、社会组织、广大网民的共同参与，共筑网络安全防线。然而，近年来信息泄露安全事故频发，网络安全环境日益复杂，信息安全部署已成为国家的重要战略，国家高度重视信息安全自主可控的发展，多次强调网络信息安全问题必须统一谋划、统一部署、统一推进、统一实施。自主可控是保障网络安全、信息安全的前提，是我们国家信息化建设的关键环节，是保护信息安全的重要目标之一，在信息安全方面意义重大。信息安全自主可控是指信息安全领域的技术和产品应最大可能实现自主，如果不能自主，必须保证它是可控可知的，即要对信息安全技术与产品的风险、隐患、漏洞做到“心中有底、手中有招、控制有道”。近年来，我国不断完善相关法律，坚定不移地按照“国家主导、体系筹划、自主可控、跨越发展”的方针，在维护国家网络空间安全方面解决关键技术和设备受制于人的问题，保障网络信息安全机制。目前，国产化软、硬件发展是大势所趋，为加快核心技术攻研，推进信息安全自主可控，国产化采购将成为必然趋势，2020年后国产化方案逐步向重点行业、民用领域扩展。

近年来，全球网络威胁持续增长，各类网络攻击和网络犯罪现象日益突出，许多漏洞和攻击工具被网络犯罪组织商品化，大量进行地下交易以牟取暴利，使网络威胁的范围加速扩散。从网络犯罪的攻击对象来看，信用卡、银行账户、网络游戏账户等成为最易被攻击的对象，而针对特定公司或政府窃取商业机密和敏感信息的攻击也在逐步上升。我国信息安全产业针对各类网络威胁行为已经具备了一定的防护、监管、控制能力，市场开发潜力得到不断提升。近几年，信息安全产业在政府引导、企业参与和用户认可的良性循环中稳步成长，本土企业实力逐步加强。安全产品结构日益丰富，网络边界安全、内网信息安全和外网信息交换安全等领域全面发展；安全标准、安全芯片、安全硬件、安全软件、安全服务等产业链关键环节竞争力不断增强。在市场需求方面，信息安全产品行业需求突出，政府、电信、银行、能源、军队等仍然是信息安全企业关注的重点领域，证券、交通、教育、制造等新兴市场需求强劲，为信息安全产品市场注入了新的活力。

我国信息安全行业经过十几年发展，在安全理念、核心技术和主流产品等方面都取得了显著进步，并在国际上崭露头角。然而，我国在信息安全产业快速发展的同时，仍面临诸多挑战，国内产业联盟尚未建立、安全价值评估尚无体系等问题突出；同时产业竞争边界扩大，潜在竞争者增多，平台软件厂商、互联网厂商、存储和网络设备厂商等纷纷加大对安全市场的投入，业内现有安全厂商将面临更严峻的竞争格局；行业内的收购整合不可避免，缺乏技术创新、服务能力和独特商业应用模式的企业将逐步被淘汰，信息安全市场的集中度将进一步提升，信息安全产业将逐步走向成熟。

4．信息伦理知识

（1）信息伦理的定义

信息伦理是指涉及信息开发、信息传播、信息管理和利用等方面的伦理要求、伦理准则、伦理规约，以及在此基础上形成的新型伦理关系。信息伦理又称信息道德，它是调整人与人之间及个人与社会之间信息关系的行为规范总和。应对信息化深入发展导致的伦理风险应当遵循以下道德原则。

① 服务人类原则。要确保人类始终处于主导地位，始终将人造物置于人类的可控范围，避免人类的利益、尊严和价值主体地位受到损害，确保任何信息技术特别是具有自主性意识的人工智能机器持有与人类相同的基本价值观。始终坚守不伤害人自身的道德底线，追求造福人类的正确价值取向。

② 安全可靠原则。新一代信息技术必须是安全、可靠、可控的，要确保民族、国家、企业和各类组织的信息安全、用户的隐私安全及与此相关的政治、经济、文化安全。如果某一项科学技术可能危及人的价值主体地位，那么无论它具有多大的功用性价值，都应果断叫停。对于科学技术发展，应当进行严谨审慎的权衡与取舍。

③ 以人为本原则。信息技术必须为广大人民群众带来福祉、便利和享受，而不能为少数人所专享。要把新一代信息技术作为满足人民基本需求、维护人民根本利益、促进人民长远发展的重要手段。同时，保证公众参与和个人权利行使，鼓励公众提出质疑或有价值的反馈，从而共同促进信息技术产品性能与质量的提高。

④ 公开透明原则。新一代信息技术的研发、设计、制造、销售等各个环节，以及信息技术产品的算法、参数、设计目的、性能、限制等相关信息，都应当是公开透明的，不应当在开发、设计过程中给智能机器提供过时、不准确、不完整或带有偏见的数据，以避免人工智能机器对特定人群产生偏见和歧视。

（2）有效辨别虚假信息

信息技术已渗透到人们的日常生活中，也深度融入国家治理、社会治理的过程中，对实现美好生活、提升国家治理能力、促进社会道德进步发挥着越来越重要的作用。由于网络信息爆炸式增长，造成信息传递的无序和失控，出现了信息超载和信息垃圾等信息污染问题。人们观察和认识到的信息通常有一定的局部性和暂时性，在因特网上得到的信息往往是零散、不系统的，只有有价值的信息才能帮助我们了解和认识世界。倘若我们的判断和决定是根据无效的甚至是错误的信息做出的，后果将无法想象。因此，我们需要对信息进行辨别。辨别信息的方法通常有：根据信息来源途径辨别，不要盲目地相信得到的信息，多渠道地获取信息，根据原有的经验辨别，向权威机构核实，对于暂时无法辨别的信息，请留存不做评价。

（3）相关法律法规

为了维护网络空间的正常秩序，保障信息网络的安全，维护公民的合法权益，我国制定了若干保护信息安全的法律，例如《中华人民共和国网络安全法》《中华人民共和国电子签名法》和《中华人民共和国个人信息保护法》。保护信息安全的法律是指维护信息安全，预防信息犯罪的法律规范的总称。我国保护信息安全的相关法律法规主要有以下 14 部。

①《计算机信息系统安全专用产品检测和销售许可证管理办法》

②《金融机构计算机信息系统安全保护工作暂行规定》

③《计算机病毒防治产品评级准则》

④《计算机病毒防治管理办法》

⑤《中国公用计算机互联网国际联网管理办法》

⑥《教育网站和网校暂行管理办法》

⑦《互联网电子公告服务管理规定》

⑧《互联网站从事登载新闻业务管理暂行规定》

⑨《非经营性互联网信息服务备案管理办法》

⑩《电子认证服务管理办法》

⑪《互联网 IP 地址备案管理办法》

⑫《互联网安全保护技术措施规定》

⑬《信息安全等级保护管理办法》

⑭《网吧安全管理软件检测规范》

（4）职业行为自律要求

现代社会交往日益突破传统的熟人交往范围，基于强大信息技术的互联网打破传统交往的时空限制，成为普遍性的社会交往方式。快速发展的信息技术让人们的生活更便捷、通信交流更畅通、信息获取更方便，但也带来了不同形式、不同程度的诚信缺失问题。有效地应对信息技术带来的伦理挑战，需要深入研究思考并树立正确的道德观、价值观和法治观。这就要求人们具备更高程度的道德自律、宽容与尊重，从而促进形成以普遍的诚实、守信为价值基础的现代社会公德。

1.3　信息检索

1. 信息检索的基本概念

信息检索是用户进行信息查询和获取的主要方式，是查找信息的方法和手段。狭义的信息检索仅指信息查询，即用户根据需要，采用一定的方法，借助检索工具，从信息集合中找出所需要信息的查找过程。广义的信息检索是将信息按一定的方式进行加工、整理、组织并存储起来，再根据信息用户特定的需要将相关信息准确地查找出来的过程。一般情况下，信息检索是指广义的信息检索。

2. 信息检索的基本流程

（1）确定信息问题，并根据信息问题确定信息需求。

（2）选择信息源，确定检索工具。

（3）确定检索词，构造检索式。

（4）上机检索并调整检索策略。

（5）输出检索结果。

3. 信息检索的常用技术和方法

（1）信息检索的常用技术

① 布尔逻辑检索。布尔逻辑检索也称作布尔逻辑搜索，是指利用布尔逻辑运算符连接各个检索词，然后由计算机进行相应逻辑运算，以找出所需信息的技术。它使用面最广、使用频率最高。在复合逻辑检索式中，运算优先级别从高至低依次是 not、and、near、with、or，可以使用括号改变运算次序。例如，想搜索“慕课”方面的文献，为了避免检索疏漏，搜索条件可以写成“慕课”or“MOOC”。

② 截词检索。截词检索是预防漏检、提高查全率的一种常用检索技术，能够提高检索的查全率，大多数系统都支持截词检索。在截词检索中，较常用的是后截词和中截词两种技术。后截词是指检索结果中单词的前面几个字符要与关键字中截词符前面的字符相一致的检索技术。例如 books 可用 book? 代表，其中截词符“？”（也称为通配符）可以用来代替 0 个或 1 个字符，book? 可检索出包含有 book 或 books 等词的记录。例如 solubilit 用 solub*处理，“*”可以用来代替任意多个字符，故可检索出含有 solubilize、solubilization、soluble 等同根词的记录。

③ 位置检索。位置检索也叫邻近检索。位置检索是用一些特定的算符（位置算符）来表达检索词与检索词之间的邻近关系，并且可以不依赖主题词而直接使用自由词进行检索的技术。

④ 限制检索。限制（Range）检索是通过限制检索范围，达到优化检索结果的技术。限制检索分为时间限制和字段限制，例如 QQ 空间就采用了限制搜索的技术。

（2）信息检索的常用方法

① 利用搜索引擎检索。搜索引擎是互联网上一类提供信息检索服务的网站/应用，它使用某些程序把互联网上的信息归类，以帮助人们从海量数据中快速搜寻到所需要的信息，其工作原理如图 1-10 所示。搜索引擎的价值在于它力图为互联网建立起一张全息地图。因此，大多数搜索引擎并不真正搜索互联网，它搜索的实际上是预先整理好的索引数据库。常用的搜索引擎有百度、搜狗等。

具体检索过程：在搜索引擎页面输入关键词，单击【搜索】按钮之后，搜索引擎程序开始对搜索词进行处理，接着搜索引擎程序便把包含搜索词的相关网页从索引数据库中找出，而且对网页进行排序，最后按照一定格式返回到搜索引擎页面。

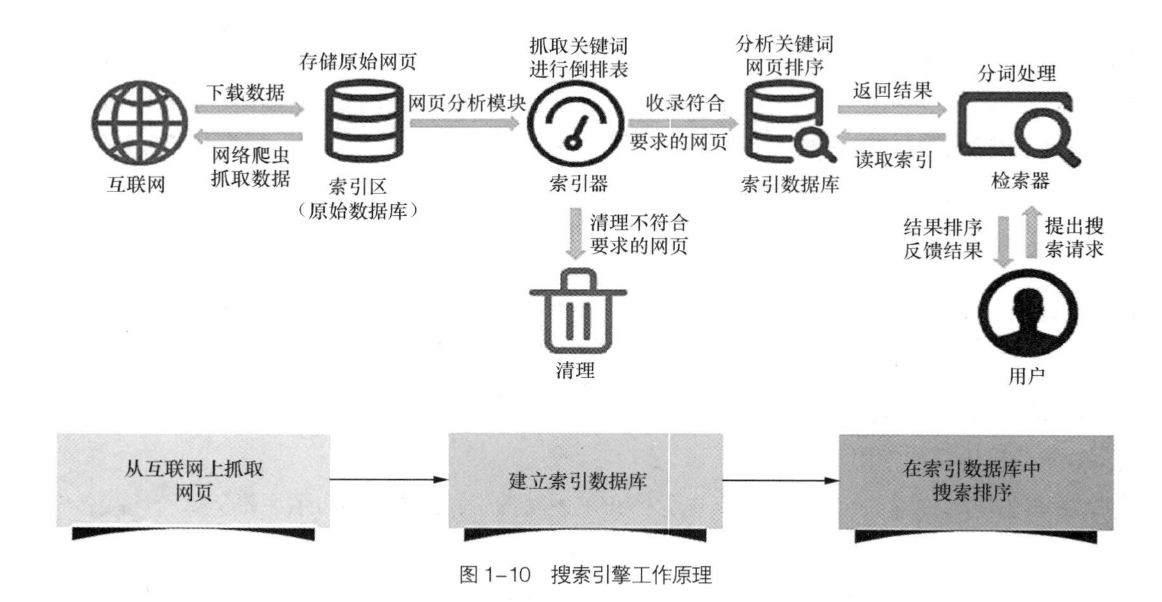

图 1–10　搜索引擎工作原理

例如，利用百度搜索引擎分别搜索神州十四号宇航员的信息、图片及相关视频，并将搜索的图片下载到本地。操作提示：首先启动网页浏览器，然后在其地址栏中输入百度搜索引擎的网址，接着在搜索框中输入搜索关键字“神州十四号宇航员”，在搜索结果页面的导航栏中分别单击信息的类型，如网页、图片、视频，最后单击任意一个搜索结果的链接即可。

② 利用社交媒体平台检索。社交媒体平台是指互联网上基于用户关系的内容生产与交换平台，它是人们彼此之间用于分享意见、见解、经验和观点的工具和平台，不仅制造了人们社交生活中争相讨论的一个又一个热门话题，而且吸引传统媒体争相跟进。现阶段社交媒体平台主要包括微博、微信、抖音等。

微博往往能够提供最新的信息，并且能够看到许多网友的独到见解，因此很多时候我们选择在微博中搜索自己想看的信息。例如在新浪微博中搜索 2021 奥运会的相关信息，操作步骤如下。

a. 打开自己常用的浏览器，在搜索框中输入“新浪微博”这四个字。

b. 单击【搜索】按钮或者按下回车键，操作界面如图 1–11 所示。

c. 单击后面标有“官方”字样的搜索结果，即可打开“新浪微博”网页。

d. 在网页搜索框中输入“2021 奥运会”后按下回车键，即可搜索出 2021 奥运会的相关信息，如图 1–12 所示。

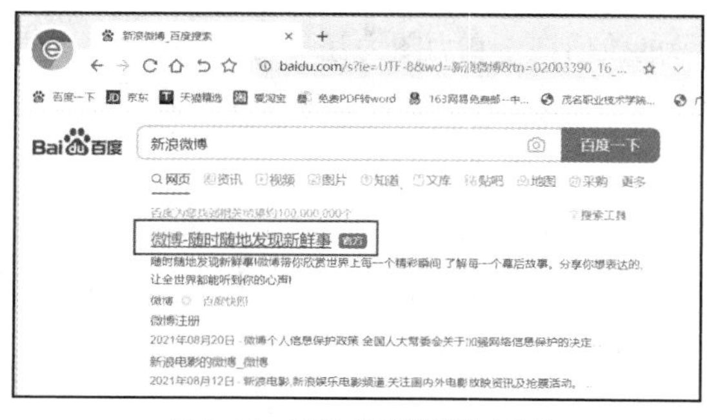

图 1–11　搜索“新浪微博”网页

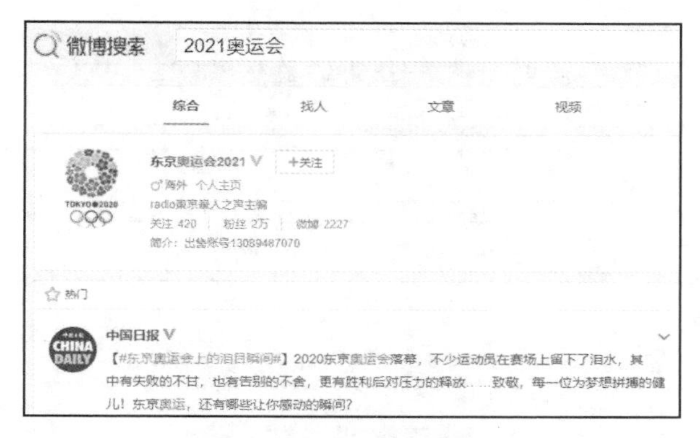

图 1-12　新浪微博搜索信息

③ 利用专用平台检索。期刊、论文、专利、商标是属于学术类或知识产权的信息源，用户可以通过期刊资源及相关数据库［知网（CNKI）、万方、中国期刊网、超星期刊、龙源期刊网等］或专利资源及相关数据库（中国知识产权局专利检索、世界知识产权局欧洲专利局、各国知识产权局、专利搜索引擎）进行信息检索。三大综合检索平台比较如图 1-13 所示。以中国知网检索文献为例，初级检索如图 1-14 所示，高级检索如图 1-15 所示。

例如，利用中国知网检索并下载与本专业名称相关的论文。操作提示：首先启动网页浏览器，然后在其地址栏中输入中国知网的网址，打开中国知网，接着在搜索框中输入搜索关键字（本专业名称），在搜索结果页面中单击任意一个链接即可进入下载页面。

选项|数据库	CNKI	万方	维普
论文格式	CAJ、PDF	PDF	PDF
文献类型	期刊论文、学位论文、会议论文、成果、标准、专利等	期刊论文、学位论文、会议论文、成果、标准、专利等	期刊论文
特有资源	期刊导航中的独家资源、统计数据、指数、年鉴等	2007年以后中华医学会/中国医师协会旗下期刊的全文，地方志、科技报告、法规等	—
下载方式	检索结果列表前面的盘符，下载的学位论文是在线阅读的链接，期刊论文是CAJ的格式原文，详细内容显示有CAJ、PDF格式下载链接	检索结果列表下方有PDF图标，详细内容显示也有PDF格式的下载链接、查看论文链接	在线阅读、下载全文链接，详细内容显示的下载链接、查看链接，没原文的可文献传递
期刊回溯时间	1958年起，部分回溯时间更早	1998年起	1989年起

图 1-13　三大综合检索平台比较

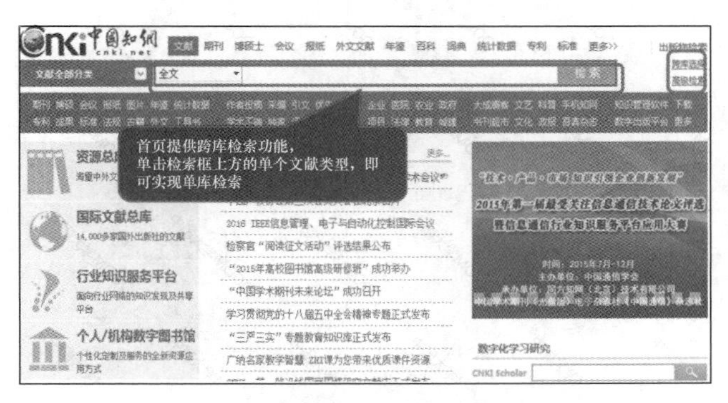

图 1-14　初级（快速）检索

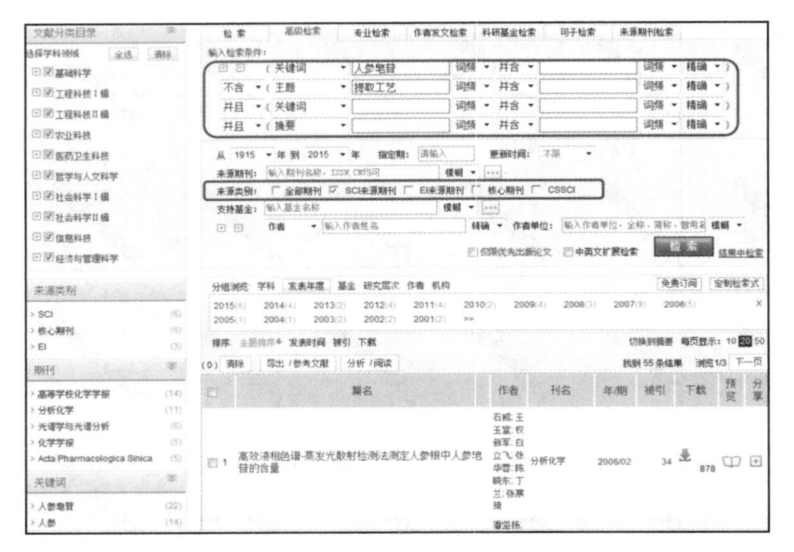

图 1–15　高级检索

1.4　新一代信息技术

新一代信息技术是国务院确定的七个战略性新兴产业之一，党中央、国务院高度重视新一代信息技术的发展。新一代信息技术涵盖技术多、应用范围广，与传统行业结合的空间大，在经济发展和结构调整中的带动作用将远远超出本行业的范畴。新一代信息技术的特征如图 1–16 所示。以物联网、云计算、大数据、人工智能、现代通信、虚拟现实、区块链等为代表的新一代信息技术将加速渗透到经济和社会生活各个领域，融合化趋势更加明显，如图 1–17 所示。新一代信息技术作为当今世界创新最活跃、渗透性最强、影响力最广的领域，正在全球范围内引发新一轮的科技革命，并以前所未有的速度转化为现实生产力，引领科技、经济和社会发展。

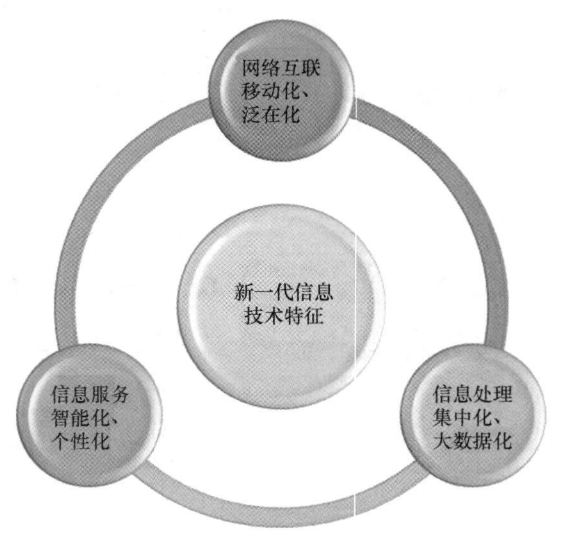

图 1–16　新一代技术的特征

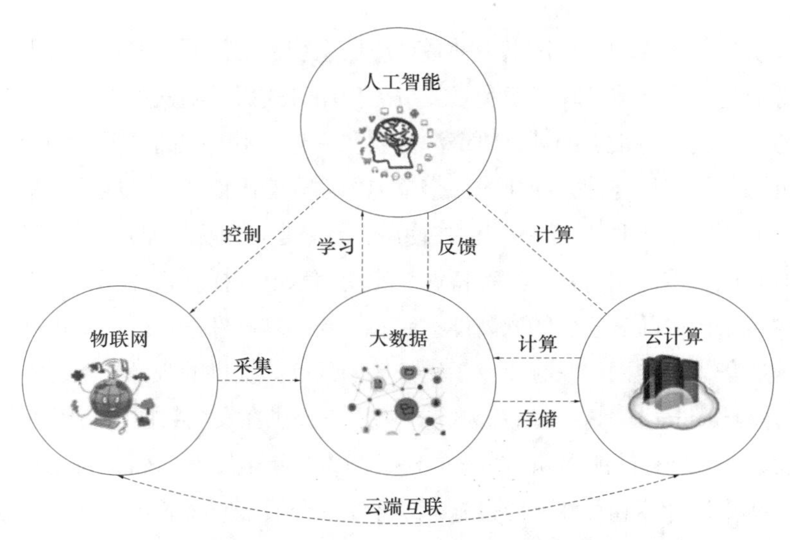

图 1-17　物联网、云计算、大数据、人工智能的关系

1. 物联网

物联网（Internet of Things，IoT）即“万物相连的互联网”，其可以通过各种信息传感器、射频识别技术（Radio Frequency Identification，RFID）、全球定位系统、红外感应器、激光扫描器等装置与技术，实时采集任何需要监控、连接、互动的物体或过程，采集这些物体或过程产生的声、光、热、电、力学、化学、生物、位置等各种需要的信息，将这些信息通过各类可能的网络接入，实现物与物、物与人的泛在连接，实现对物品和过程的智能化感知、识别和管理，如图 1-18 所示。物联网是一个基于互联网、传统电信网等的信息承载体，它让所有能够被独立寻址的普通物理对象形成互联互通的网络，它是使各类传感器和现有互联网相互衔接的一个新技术。物联网的基本特征可概括为整体感知、可靠传输和智能处理。物联网的产业链条很长，涉及的行业包括传感器、芯片、设备制造和软件应用等；而物联网带来的全球第三次信息化浪潮，将拉动集成电路市场需求的增长，也将推动芯片与传感器、芯片与系统的融合，带动全产业链的发展。

物联网的应用领域涉及到方方面面，其在工业、农业、环境、交通、物流、安保等基础设施领域的应用，有效推动了这些领域的智能化发展，使有限的资源得到更合理的使用和分配，从而提高了行业效率、效益；在家居、医疗健康、教育、金融与服务业、旅游业等与生活息息相关的领域的应用，使这些领域从服务范围、服务方式到服务的质量等方面都有了极大改进，大幅提高了人们的生活质量；在国防军事领域方面，虽然物联网应用还处在研究探索阶段，但带来的影响也不可小觑，大到卫星、导弹、飞机、潜艇等装备系统，小到单兵作战装备，物联网技术的嵌入有效提升了军事智能化、信息化、精准化的程度，极大增强了军事战斗力，是未来军事变革的关键。目前，比较成熟的应用有智能交通、智能监控、智能家居、手机支付和导航等。

2. 云计算

云计算是继互联网、计算机后在信息时代的又一次革新，云计算是信息时代的一个大飞跃，未来的时代可能是云计算的时代。云计算被视为计算机网络领域的一次革命，因为它的出现，社会的工作方式和商业模式也在发生巨大的改变。云计算是指将计算任务分布在由大规模的数据中心或大量的计算机集群构成的资源池上，使各种应用系统根据需要获取计算能力、存储空间和各种软件服务，并通过互联网将计算资源免费或按需租用方式提供给使用者，如图 1–19 所示。云计算的一个核心理念就是将很多的计算机资源协调在一起，不断提高“云”的处理能力，不断减少用户终端的处理负担，最终使其简化成一个单纯的输入输出设备，并能按需享受“云”强大的计算处理能力。由于云计算中“云”的资源在使用者看来是可以无限扩展的，并且可以随时获取、按需使用、随时扩展、按使用付费，这种特性就像使用水电一样。云计算的实现依赖于能够实现虚拟化、自动负载平衡、随需应变的软硬件平台。主要的软硬件平台提供商包括神州数码、浪潮信息、华胜天成、华为、中兴、联想、方正科技等。云计算提供的服务类型通常有三种：①基础设施即服务（Infrastructure as a Service，IaaS），为用户提供在安全数据中心环境中访问原始计算资源（如处理能力、数据存储能力和网络）的权限；②平台即服务（Platform as a Service，PaaS），面向软件开发团队提供计算和存储基础设施，即开发平台层，包含 Web 服务器、数据库管理系统及各种编程语言的软件开发套件等组件；③软件即服务（Software as a Service，SaaS），提供专为各种业务需求定制的应用层服务，例如客户关系管理、市场营销自动化或业务分析。云计算可划分为以下四类：公有云、行业云、私有云、混合云。其中，电信企业提供所有云服务；私有云就是将云平台部署在自己的数据中心里，只给自己使用；混合云可以是公有云和私有云的混合，也可以是行业云和私有云的混合，出于安全考虑，将对客户来说不重要、非核心、非涉密的业务放到公有云/行业云上，将重要核心涉密业务放到私有云上。

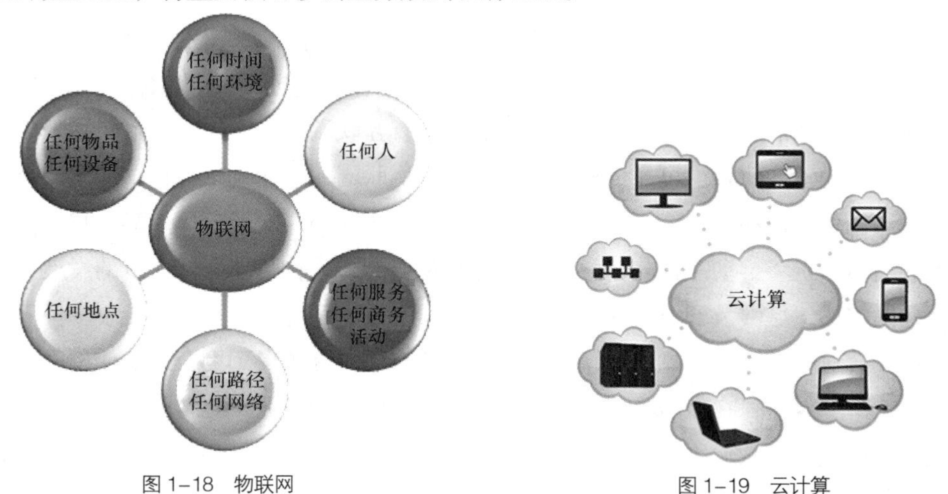

图 1–18 物联网 图 1–19 云计算

简单的云计算已经广泛用于现今的互联网服务中，较为常见的有网络搜索引擎、网络邮箱、个人网盘、云游戏等。例如，百度等搜索引擎通过云端共享了数据资源，用户在任何时刻只要用过移动终端就可以搜索任何自己想要的资源。网络邮箱也是如此，只要在网络环境下，就可以实现实时的邮件收发。此外，云计算主要应用具体如下。

（1）金融云。将金融产品、信息、服务分散到庞大分支机构所构成的云网络中，便形成了金融云，其可以提高金融机构迅速发现并解决问题的能力，进而提升整体工作效率，改善流程，降低运营成本。

（2）制造云。为降低制造资源的浪费，借用云计算的思想，利用信息技术实现制造资源的高度共享，便形成了制造云。通过制造云，相关企业可以建立共享制造资源的公共服务平台，该平台可以将社会制造资源池连接在一起，提供各种制造服务，实现制造资源与服务的高度共享。有了制造云，企业用户就可以通过公共平台来租赁制造能力。

（3）教育云。教育云包括教育信息化所需的所有硬件计算资源，其将这些资源虚拟化后便可以为教育机构、从业人员和学习者提供良好的云服务平台。

（4）医疗云。将云计算、物联网、大数据、4G 通信、移动技术和多媒体等新技术与医疗技术相结合，便形成了医疗云，它可以运用云计算的理念构建医疗健康服务云平台。

（5）云会议。在云会议中，用户只需要通过互联网程序进行简单的操作，便可快速高效地与世界各地的团队和客户同步分享语音、数据文件和视频。

（6）云社交。云社交是一种物联网、云计算和移动互联网交互应用的虚拟社交应用模式，以建立“资源分享关系图谱”为目的，进而开展网络社交。

（7）云存储。云存储可以通过集群应用、网格技术或分布式文件系统等功能，将网络中大量的不同类型的存储设备通过应用软件集合起来协同工作，共同对外提供数据存储和业务访问功能。

（8）云安全。云安全可以通过网状的大量客户端对网络中软件行为的异常进行监测，获取互联网中木马、恶意程序的新信息，推送到服务器端进行自动分析和处理，再把病毒和木马的解决方案分发到每一个客户端。

（9）云交通。云交通可以在云计算中整合现有资源，并能够针对未来交通行业发展整合将来所需的各种硬件、软件和数据。

3. 大数据

大数据（Big Data）是指无法在一定时间范围内用常规软件工具进行捕捉、管理和处理的数据集合，是需要经过新处理模式处理才能具有更强的决策力、洞察发现力和流程优化能力的海量、高增长率和多样化的信息资产，如图 1-20 所示。相关全球研究所认为，大数据具有海量的数据规模、快速的数据流转、多样的数据类型和价值密度低这四大特征，并提出大数据的“5V”特点：Volume（大量）、Velocity（高速）、Variety（多样）、Value（低价值密度）、Veracity（真实性）。大数据最核心的价值就在于可对海量数据进行存储和分析；大数据技术的战略意义不在于掌握庞大的数据信息，而在于对这些有意义的数据进行专业化处理。换而言之，如果把大数据比作一种产业，那么这种产业实现盈利的关键在于提高对数据的“加工能力”，数据经过“加工”实现 “增值”。大数据可以实现的应用概括两个方向，一个是精准化定制，另一个是预测。例如，通过搜索引擎（如百度的推广、淘宝的喜欢推荐等）搜索同样的内容，每个人得到的结果却是大不相同的。有人说未来的时代将不是 IT 时代，而是数据科技（Data Technology，DT）时代。大数据的价值体现在以下几个方面。

（1）为大量消费者提供产品或服务的企业可以利用大数据进行精准营销。

（2）采用“小而美”模式的中小微企业可以利用大数据做服务转型。

（3）在互联网压力下必须转型的传统企业需要与时俱进，可以充分利用大数据的价值。

企业利用并分析相关数据可以帮助它们降低成本、提高效率、开发新产品、做出更明智的业务决策等。例如，结合大数据和高性能分析，企业可获得的益处有以下几个方面。

（1）及时解析故障、问题和缺陷的根源，每年可为企业节省大量成本。

（2）为成千上万的快递车辆规划实时交通路线，躲避拥堵。

（3）分析所有 SKU（库存量单位），以利润最大化为目标来定价和清理库存。

（4）根据客户的购买习惯，为其推送他可能感兴趣的优惠信息。

（5）从大量客户中快速识别出金牌客户。

（6）使用点击流分析和数据挖掘来规避欺诈行为。

大数据较为典型的应用有：当我们打开购物 App 时，总是会发现这些 App 好像比我们自己还懂自己，能够未卜先知地知道我们最近需要什么。例如，当一个怀孕的妈妈打开电商网站时，会发现进口的奶粉已经在召唤她购买；一个经常听“神曲”的大妈，音乐播放软件总会给她推荐广场舞音乐。这是因为商家通过手机浏览的数据进行大数据分析后，知道了我们近期的需求，之后精准地向我们进行推销。

4. 人工智能

人工智能（Artificial Intelligence，AI）是研究使计算机模拟人的某些思维过程和智能行为（如学习、推理、思考、规划等）的学科，主要包括计算机实现智能的原理、制造类似于人脑的智能计算机，使计算机能实现更高层次的应用，如图 1–21 所示。人工智能涉及到计算机科学、心理学、哲学和语言学等学科。人工智能的实际应用主要包括机器视觉、指纹识别、人脸识别、视网膜识别、虹膜识别、掌纹识别、专家系统、自动规划、智能搜索、定理证明、博弈、自动程序设计、智能控制、机器人、语言和图像理解、遗传编程、无人驾驶等。人工智能就其本质而言，是对人脑思维的信息过程的模拟。现代电子计算机便是对人脑思维的信息过程的模拟。

图 1–20　大数据

图 1–21　人工智能

5. 现代通信

现代通信将构建人、机、物的智慧互联和智能体高效互通的新型网络，在大幅提升网络能力的基础上，具备智慧内生、多维感知、数字孪生、安全内生等新功能。现代通信网络将实现物理世界中人与人、人与物、物与物的高效智能互联，打造泛在精细、实时可信、有机整合的数字世界，实时精确地反映和预测物理世界的真实状态，助力人类走进虚拟与现实深度融合的全新时代，最终实现“万物智联、数字孪生”的美好愿景。以 5G 技术为代表的现代通信正在深刻影响着每个人的日常生活。当前，我国建成了全球规模最大的固定和移动通信网络，网络覆盖范围和网络用户规模全球领先。随着 5G 技术的大规模商用，全球通信学术界与产业界已开启了对下一代移动通信技术（6G

技术）的研究和探索。

面向未来，现代通信网络将广泛应用到人民生活、社会生产、公共服务等领域，将更好地支撑经济的高质量发展，进一步实现社会治理精准化、公共服务高效化、人民生活多样化，满足人们精神和物质的全方位需求，持续提升人民群众的获得感、幸福感和安全感。

6. 虚拟现实

虚拟现实（Virtual Reality，VR）是利用计算机设备模拟产生一个三维的虚拟世界，提供用户关于视觉、听觉等感官的模拟，产生十足的“沉浸感”与“临场感”。虚拟现实看到的场景和人物都是假的，它只是把用户的意识带入一个虚拟的世界。虚拟现实具有三个显著的特征：交互性（Interaction）、沉浸性（Immersion）和想象性（Imagination）。一般的虚拟现实系统主要由计算机、输入/输出设备、应用软件系统和数据库组成。其中，计算机是虚拟现实系统的“心脏”，也称为虚拟世界的发动机，负责虚拟世界的生成、人与虚拟世界的自然交互等功能的实现；输入/输出设备用于识别用户各种形式的输入，并实时生成相应的反馈信息，如常见的用于手势输入的数据手套等；应用软件系统则包括了虚拟世界中物体的几何模型、物理模型、运动模型的建立，三维虚拟立体声的生成等；数据库则主要存放整个虚拟世界中所有物体的各类信息。

虚拟现实是高度集成的技术，涵盖了计算机软件、硬件、传感器技术、立体显示技术等，其应用领域也越来越广泛，最初主要应用于军事仿真，近年来在医疗、教育、房地产、虚拟旅游、工业设计等领域的应用都取得了快速的发展。随着 5G 技术的进一步发展和落地，“VR+5G”的技术组合将在各个领域中得到应用。

7. 区块链

近几年区块链的热潮席卷了各行各业，成为了当下最热门的信息技术之一。我国大力支持区块链的发展，在 2021 年 3 月推出的“十四五”规划纲要中，区块链被列入七大数字经济之一。

什么是区块链？广义来讲，区块链是利用链式数据结构来验证和存储数据、利用分布式节点共识算法来生成和更新数据、利用密码学的方式保证数据传输和访问的安全性、利用由自动化脚本代码组成的智能合约来编程和操作数据的一种全新的分布式基础架构与计算模式；狭义地讲，区块链是一种按照时间顺序对数据区块进行组合的一种链式数据结构，并以密码学方式保证不可篡改和不可伪造的分布式账本。区块链具有 4 个主要特点，即去中心化、透明化、合约执行自动化和可追溯性。

区块链以一种技术的形式，重新构建了商业关系和生产关系，它是人类有史以来对于商业关系和生产关系来说最伟大的发明。区块链为人类社会突破以往的商业模式、商业逻辑和生产组织关系提供了全新的模式、平台和技术实现的路径。通过数据上链的形式，区块链可以使个体的权益得到保护；通过授权与被授权的形式，区块链可以使个体参与到整体的发展中，甚至可以参与整体发展的决策过程，影响或推动整体的发展。区块链作为分布式数据存储、点对点传输、共识机制、加密算法等技术的集成，被认为是继大型机、个人电脑、互联网之后计算模式的颠覆式创新，很可能在全球范围引起一场新的技术革新和产业变革。

【项目任务】

任务 1 计算机硬件系统安装

任务描述

小明是计算机专业的学生，想购买一台计算机。为了降低成本，小明决定自己组装一台计算机。请问小明需要购买哪些必须的零部件？如何将这些零部件组装成一台完整的计算机？

技术分析

通常，个人计算机的主要部件包括：CPU、主板、内存、电源、机箱、显卡、声卡、硬盘、光驱、显示器、键盘、鼠标等。

任务实现

步骤 1：根据主板螺丝孔位把螺丝柱拧在机箱上相应位置。
步骤 2：把 CPU 装在主板上，把风扇安装好。
步骤 3：把内存插在主板上。
步骤 4：把电源安装在机箱上。
步骤 5：把机箱的电源按钮、复位按钮、电源灯、硬盘灯的插头插在主板上。
步骤 6：把显卡插到主板对应的接口，没有独立显卡的跳过。
步骤 7：把硬盘安装在相应的位置。
步骤 8：把机箱光驱位的挡板拆下来，把光驱从机箱前面放进去。
步骤 9：插硬盘电源线及数据线，光驱电源线及数据线。
步骤 10：盖上机箱侧板。
步骤 11：将键盘、鼠标连接到主板上。
步骤 12：将显示器的信号线连接到显卡上，电源线连接的插座上。

任务 2 信息检索

任务描述

小张是一位即将毕业的大学生，正在准备毕业论文。老师布置了阅读专业相关参考文献的任务，小张需要利用中国知网进行文献的查找和下载。

技术分析

首先需要在计算机中安装浏览器，然后在浏览器中利用搜索引擎查找到中国知网的网址，打开该网址后输入参考文献的关键词进行检索。

任务实现

步骤 1：使用百度搜索引擎检索中国知网网址，如图 1–22 所示。

步骤 2：单击第一个标题“中国知网”（官方）进入中国知网首页，在搜索框中输入关键词，如“市场营销策略”，单击【检索】按钮，搜索结果如图 1–23 所示。

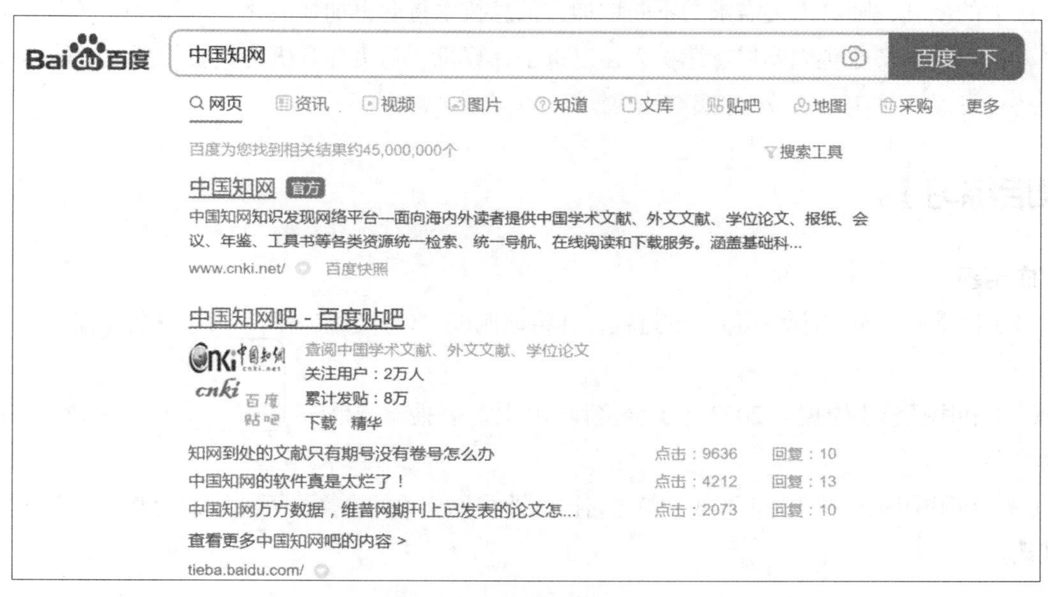

图 1–22　检索中国知网网址

	题名	作者	来源	发表时间	数据库	被引	下载
1	探究新媒体环境下企业的市场营销策略	李浩楠	中国市场	2022-09-08	期刊		182
2	大数据时代下企业市场营销策略分析	丁兴华	现代商业	2022-09-08	期刊		63
3	中小型建筑设计企业市场营销策略研究	杜海涛	中国招标	2022-09-06	期刊		73
4	探讨网络经济背景下市场营销策略的转变	熊丹	全国流通经济	2022-08-18	期刊		12
5	基于客户价值的企业市场营销策略研究	匡志鹏	行政事业资产与财务	2022-06-28	期刊		318
6	网络环境下农林产品市场营销策略研究——评《农林产品网络营销》	曹冬梅	林业经济	2022-06-25	期刊		54

图 1–23　搜索结果

【项目小结与展望】

本项目介绍了信息技术的基础知识，包括计算机的体系结构、计算机系统的组成、信息素养的概念和构成要素、信息技术的发展历程、信息伦理知识、信息检索的基本流程和方法及新一代信息技术——物联网、云计算、大数据、人工智能等，读者通过学习可以了解计算机系统的组成、基本工作原理、信息技术的相关概念，以及物联网、云计算、大数据、人工智能等新一代信息技术的特征及应用，这些知识充分展现出信息技术在当今社会的重要性，这将为后续内容的学习奠定良好的基础。信息技术的发展推动了社会经济的飞速发展，为各行业各领域带来了极大的便利，随着人类需求的不断增加，信息技术将向更加智能化、多元化的方向发展。未来，信息技术产业化规模将持续扩大，以量子计算机、超级计算机为代表的高性能计算技术将会持续发展，且应用领域也将不断拓展。

【课后练习】

应用题

（1）试举例说明“计算思维”的过程，并将该例以“计算思维举例”为文件名保存到 Word 文档中。

（2）利用搜索引擎搜索 2022 冬奥会奖牌榜图片，将搜索结果以“2022 冬奥会奖牌榜”为文件名保存。

（3）利用中国知网搜索并下载一篇与自己专业名称相关的论文，下载格式为 PDF，文件名保留默认。

项目 2

Office高级应用——Word软件

【项目背景】

随着计算机技术和网络技术的广泛应用，数字化办公已经逐渐渗透到各行各业，大量的信息、文档需要通过文字处理软件进行处理。目前，比较常用的文字处理软件有 Microsoft Word、WPS Office 等，这些文字处理软件可以满足人们对文本布局的需求，一方面可用于文档编辑、排版、表格制作、批量信函制作、修订、打印等，另一方面还可以随时随地阅读、编辑和共享文档，极大地提高了办公效率，是实现无纸化办公的重要工具。本项目着重介绍 Microsoft Word 2016 文字处理软件的应用。它是 Office 办公软件中的一个组件，其主要作用就是对文档进行编辑、排版、电子输出等操作，具有占用内存少、运行速度快、文件体积小等特点，同时支持阅读和输出 PDF 文件，让办公更方便。通过学习本项目，读者可提高规范性、创造性地完成任务的能力。

【思维导图】

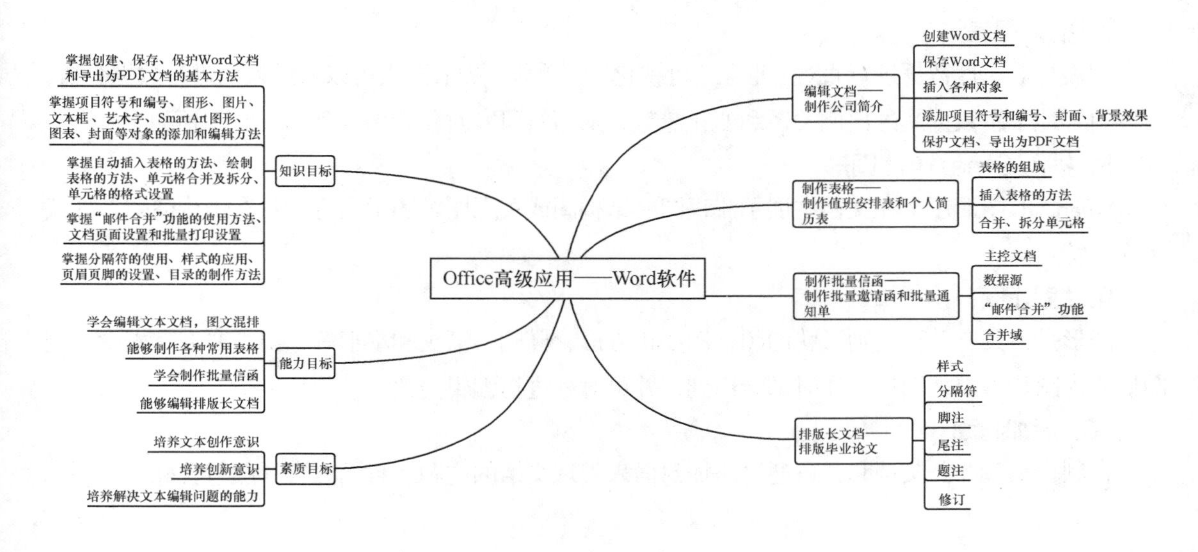

【项目相关知识】

2.1 编辑文档

1. 创建 Word 文档

创建 Word 文档，即创建一个新的空白文档。创建新的空白文档最简单的方法是在计算机桌面上单击鼠标右键，选择“新建”→“Microsoft Word 文档”并单击。

2. 保存 Word 文档

Word 文档的保存可以通过“保存”或“另存为”操作来实现。“保存”是直接对原有的文档进行覆盖，而“另存为”则是另外生成一个新的文档，原来的文档保持不变。

3. 插入文本框

文本框是一种可以移动、调整大小的文字或图形容器，利用文本框可以制作出特殊的文档版式，在文本框中可以输入文本，也可以插入图片。在文档中，插入的文本框可以是 Word 软件自带样式的文本框，也可以是手动绘制的横排或竖排文本框。

4. 插入图片

在 Word 软件中，为了使文档更加美观，用户可以根据需要将图片插入文档中。

5. 插入艺术字

“艺术字”是指以普通文字为基础，经过艺术加工的变形字体。在文档中插入艺术字，可呈现出不同的效果，达到增强文字观赏性的目的。

6. 添加项目符号和编号

项目符号是指放置在条目前面的符号，没有先后顺序可言，可起到强调作用，可以使文档的层次结构更清晰。项目编号则是一串有顺序的数字或者字母，方便识别条目所在位置，可使文档条理清楚和重点突出，可提高文档的阅读速度。

7. 插入图表

图表是对属性数据进行直观、形象“可视化”的手段。插入图表可以帮助人们进行数据分析，以便更好地了解数据间的比例关系和变化趋势，从而对研究对象做出合理的推断和预测。

8. 插入 SmartArt 图形

SmartArt 图形用于在文档中展示流程图、结构图或关系图等图示内容，具有结构清晰、样式美观等特点。

9. 插入图形

图形是指具有某种规则形状的图，例如正方形、椭圆、箭头和星形等，当需要在文档中绘制图形或为图片等添加图形标注时都会用到，并可对其进行编辑美化。

10. 添加封面

在制作某些办公文档时，可通过添加封面来表现文档的主题。封面内容一般包含标题、副标题、文档摘要、编写时间、作者和公司名称等。

11. 添加背景效果

为 Word 文档添加背景能够为文档带来活力，起到吸引读者突出主题等作用。页面背景可以是纯色背景、渐变色背景、图片背景和水印效果等。

12. 保护 Word 文档

为了防止他人随意查看文档信息，在 Word 软件中，可以通过对文档进行加密来保护整个文档。

13. 导出为 PDF 文档

Word 软件提供了将 Word 文档导出为 PDF 文档的功能。PDF 文档具有文件体积较小、易于存储、不容易被篡改、格式不走样、方便阅读等优点，因此该格式被广泛应用于日常办公中。

2.2　制作表格

1. 表格的组成

Word 表格由若干行、若干列组成，行与列的交叉部分称为单元格。单元格中可以填充文字、图像等元素。标题行又称为表头，通常指表格中的第一行，一般由列标题等元素组成。一个 Word 表格最多可以有 65536 行、256 列。

2. 插入表格的方法

插入表格有两种方法，分别是自动插入表格和绘制表格。

3. 合并单元格

合并单元格是指把两个或多个相邻单元格合为一个单元格。

4. 拆分单元格

拆分单元格是指把一个或多个相邻的单元格拆分为两个或两个以上的单元格。

2.3　制作批量信函

1. 主控文档

主控文档又称主文档，是一组单独文档的容器，可创建并管理多个文档，从而提高文档的编辑效率。

2. 数据源

数据源包含若干个体信息，可以来自 Word 表格、Excel 工作簿、Outlook 联系人列表或者利用 Access 创建的数据表。数据源可以在“邮件合并分步向导”的第 3 步【选取收件人】中通过键入新列表的方法来创建，也可以事先创建，常用的方法是事先创建好数据源，特别是在数据源比较多的情况下。

3. “邮件合并”功能

“邮件合并”是将文件和数据库进行合并，快速批量生成 Word 文档，用于解决批量分发文件或邮寄相似内容信件时的大量重复性问题。

4. 合并域

合并域是指在主文档中要放置数据源中相关信息的位置插入相应域信息。

2.4 排版长文档

1. 样式

样式是指一组事先设置好的字符和段落格式。它可以使文档的格式统一，便于生成目录。用户可以将一种样式应用于某个段落或某些字符上。

2. 分隔符

分隔符可用于改变页面的版式。分隔符分为分页符和分节符两种类型。其中，分页符包含三种符号，即分页符、分栏符、自动换行符。如果要在某个特定位置强制分页，可在该位置插入分页符。节是文档的一部分，默认情况下 Word 软件将整篇文档视为一节，在需要改变行号、分栏数或页面页脚、页边距等格式时，可以通过插入分节符来创建新的节。分节符又分为下一页、连续、偶数页、奇数页共四种类型。

3. 脚注

脚注是印刷在页面底部的注文，通常用于对该页的某些术语加以说明。

4. 尾注

尾注是对文本的补充说明，一般位于文档的末尾，用于列出引文的出处等。

5. 题注

题注是指出现在某对象下方的一段简短描述，通常描述对象的编号和名称。使用题注功能可以保证长文档中图片、表格、图表等对象能够按顺序自动编号，在移动、插入或删除带题注的对象时，Word 软件可以自动更新题注的编号。

6. 修订

编辑 Word 文档时经常要对文档进行修改，但有时并不知道或记不清之前到底修改了什么。在 Word 2010 之后的版本中增加了文档修订功能，该功能可以非常方便地帮助我们对文档进行校对，从而极大地提高了工作效率。

【项目任务】

任务 1 制作公司简介

任务描述

某公司需在内部电子刊物上通过刊登公司简介使员工了解公司的企业理念、组织结构和经营项目。小李是公司行政部门的秘书，在查阅了相关资料并确定了公司简介的内容后，利用 Word

2016 软件的相关功能进行设计和制作，完成后效果如图 2–1 所示。

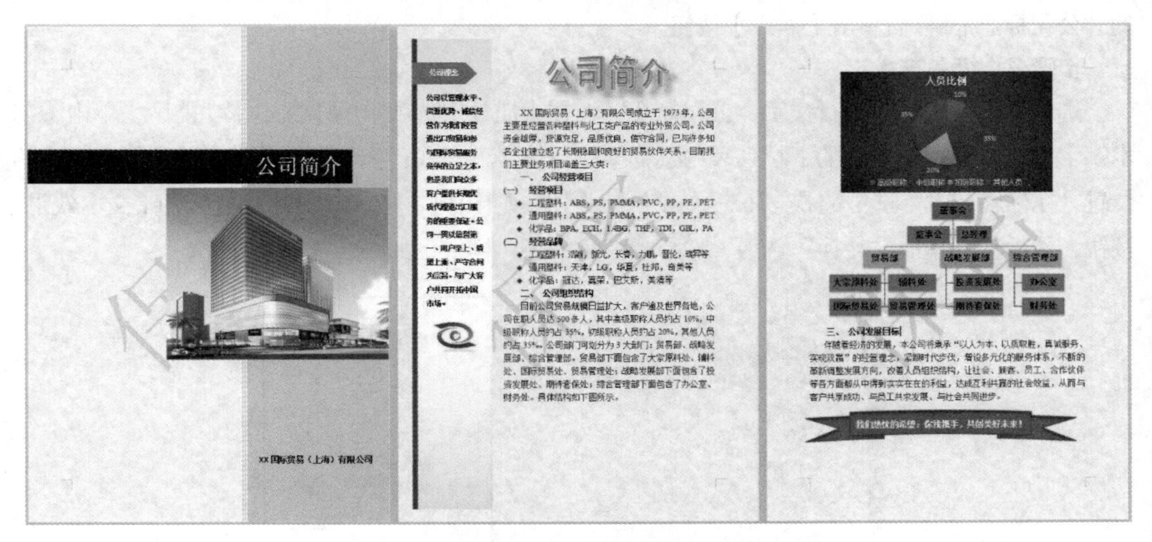

图 2–1　公司简介效果

技术分析

创建文档，保存文档，添加（插入）项目编号、项目符号、封面、图形、图片、文本框、艺术字、图表、SmartArt 图形、背景、水印等对象，导出文档格式为 PDF，以及保护文档等。

任务实现

步骤 1：创建及保存文档

（1）在“桌面”空白的位置单击鼠标右键，指针指向“新建”选项。

（2）在弹出的二级菜单中单击“Microsoft Word 文档”选项。

（3）输入文件名“公司简介”后按回车键确认。

（4）双击该文档即可进入文档编辑状态。

（5）双击打开“公司简介文字素材.docx”文档，将文档中的所有文字复制到上述新建的“公司简介”文档中。

（6）单击【文件】选项卡后指向“保存”选项并单击，即可覆盖之前保存的文档。

步骤 2：插入文本框

（1）将光标定位到“公司简介.docx”文档编辑区的开始位置，在【插入】选项卡的【文本】功能区中单击【文本框】下拉按钮，在展开的下拉列表中选择“基本型提要栏”选项。

（2）将正文第一段文字“公司理念”四个字剪切到提要栏标题处，将正文第一段剩余的文字剪切到提要栏处，效果如图 2–2 所示。。

步骤 3：插入图片

将光标置于编辑区中需要放置图片的位置，在【插入】选项卡的【插图】功能区中单击【图片】下拉按钮，在展开的下拉列表中选择“此设备”选项，在弹出的对话框中选中素材文件夹中的“公司标志.jpg”后单击【插入】按钮。

步骤 4：插入艺术字

选中编辑区中的第一行文字“公司简介”，在【插入】选项卡的【文本】功能区中单击【艺术字】下拉按钮，在展开的下拉列表中选择第三行第二列样式；拖动标题艺术字的边框至适当的位置，在标题艺术字选中的状态下，单击【格式】选项卡中【艺术字样式】功能区的【文本效果】按钮，然后鼠标指向“转换”选项，选择“三角：正”样式，如图 2–3 所示。

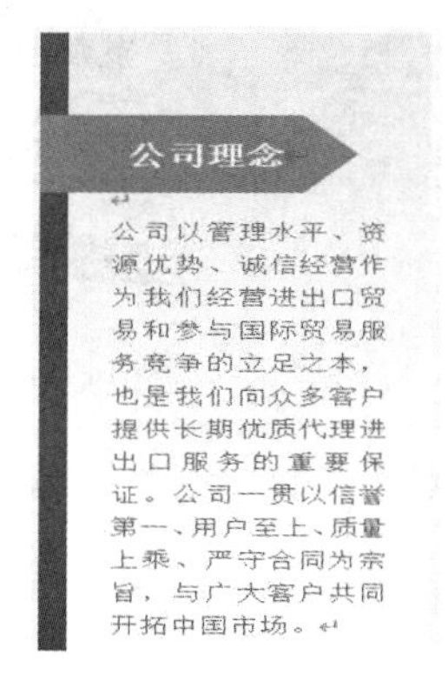

图 2–2　插入文本框效果

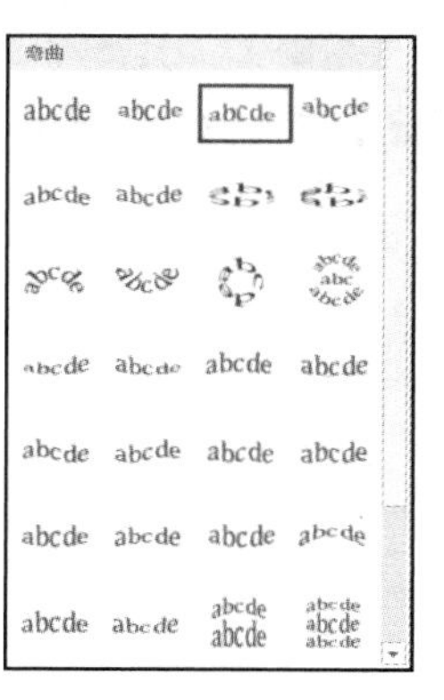

图 2–3　“三角：正”样式

步骤 5：添加编号和项目符号

（1）按下【Ctrl】键同时选中“经营项目”“经营品牌”两个小标题，在【开始】选项卡的【段落】功能区中单击【编号】下拉按钮，然后鼠标指向文档编号格式“（一）（二）（三）”选项并单击。

（2）同时选中“工程塑料”“通用塑料”“化学品”各行，在【开始】选项卡的【段落】功能区中单击【项目符号】下拉按钮，然后指向“菱形”选项并单击鼠标，选中“菱形”符号，在【开始】选项卡的【字体】功能区中单击【字体颜色】下拉按钮并选择“红色”，即可将项目符号的颜色设置为红色。

步骤 6：插入图表

（1）将光标定位至“目前公司贸易规模日益扩大，……”段落的末尾并按下回车键另起一段。

（2）在【插入】选项卡的【插图】功能区中单击【图表】按钮，在弹出的“插入图表”对话框左侧选择“饼图”，在对话框右侧单击“三维饼图”图标后单击【确定】按钮，如图 2–4 所示。

（3）在弹出的电子表格窗口中将原来的示例数据修改为本例的实际数据，实际数据如图 2–5 所示。

（4）选中图表，在图表工具的【设计】选项卡的【图表样式】功能区中单击“样式 7”选项。

（5）保持图表选中状态，在【图表工具】的【设计】选项卡的【图表布局】功能区中单击【添加图表元素】下拉按钮，在展开的下拉列表中选择“数据标签”→“数据标签外”选项，即可将数据显示在图表区上方，如图 2–6 所示。

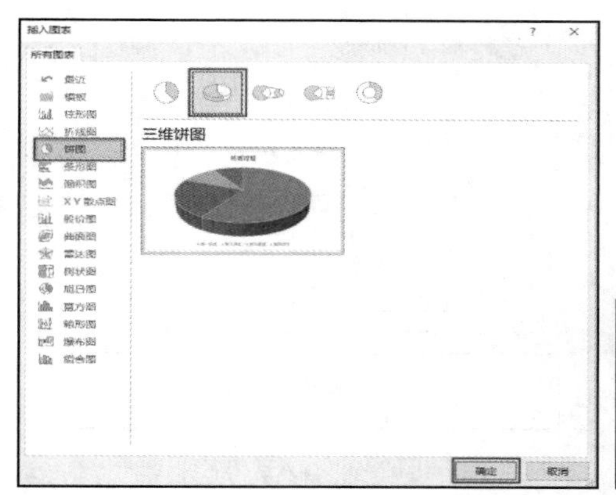

图 2–4　插入图表

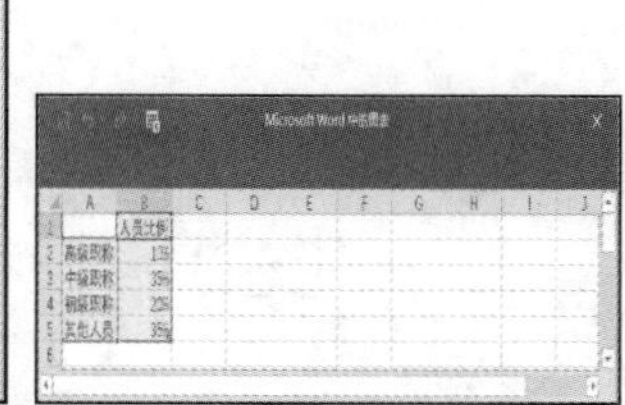

图 2–5　实际数据

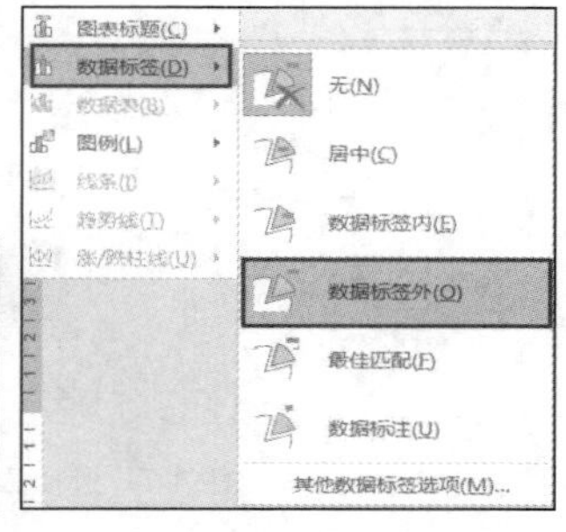

图 2–6　设置数据标签

步骤 7：插入 SmartArt 图形

（1）将光标定位至步骤 6 中图表的下方并按下回车键另起一段。

（2）在【插入】选项卡的【插图】功能区中单击【SmartArt】按钮，在弹出的“选择 SmartArt 图形”对话框左侧选择“层次结构”选项，在对话框中部单击“组织结构图”图标后单击【确定】按钮，如图 2–7 所示。

（3）在各矩形框中输入相应的部门名称，如图 2–8 所示。

（4）单击“董事会”矩形框，在【SmartArt 工具】的【设计】选项卡的【创建图形】功能区中单击【添加形状】下拉按钮，在下拉列表中选择“添加助理”选项为其添加助理形状，如图 2–9 所示，在组织结构图中输入“总经理”文字，如图 2–10 所示。

（5）同理，分别单击“贸易部”“战略发展部”“综合管理部”矩形框为其添加对应的辅助形状。

（6）单击“贸易部”矩形框，在【SmartArt 工具】的【设计】选项卡的【创建图形】功能区中单击【布局】下拉按钮，在下拉列表中选择“两者”选项，即可将其下方的四个图形左右排列显示。

（7）单击 SmartArt 图形的边框将其选中，在【SmartArt 工具】的【设计】选项卡的【SmartArt 样式】功能区中单击“卡通”选项，即可快速更改其显示效果。

（8）保持 SmartArt 图形的选中状态，在【SmartArt 工具】的【设计】选项卡的【SmartArt 样式】功能区中单击【更改颜色】下拉按钮，在下拉列表中选择“彩色范围–个性色 5 至 6”选项，即可快速更改其显示颜色，如图 2–11 所示。

（9）同时选中“董事会”“总经理”矩形框，在【SmartArt 工具】的【格式】选项卡的【形状样式】功能区中单击【形状填充】下拉按钮，在下拉列表中选择“绿色”，即可单独改变该矩形框的填充颜色。

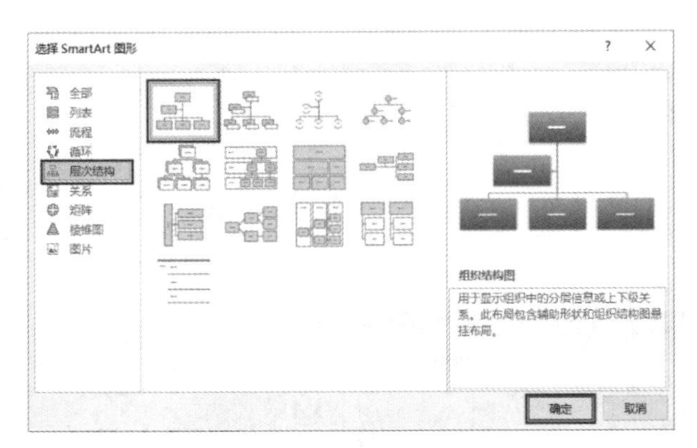

图 2-7　选择 SmartArt 图形

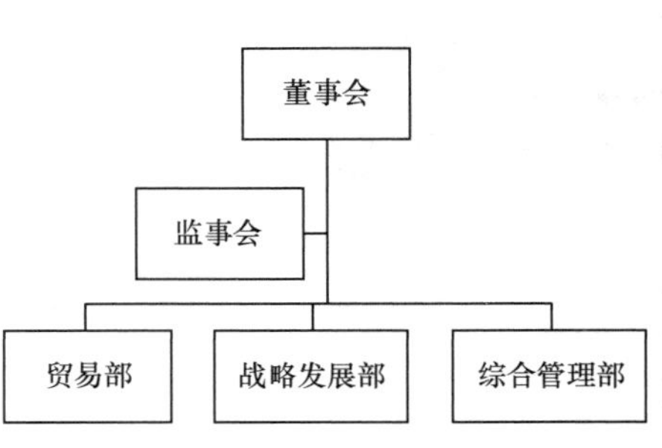

图 2-8　输入部门名称

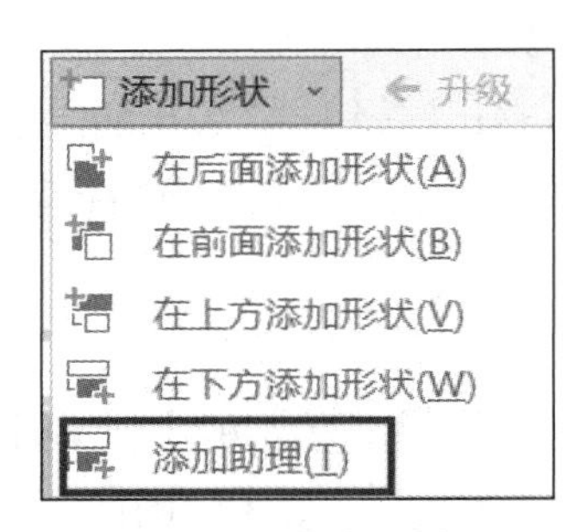

图 2-9　添加助理形状

图 2-10　输入“总经理”文字

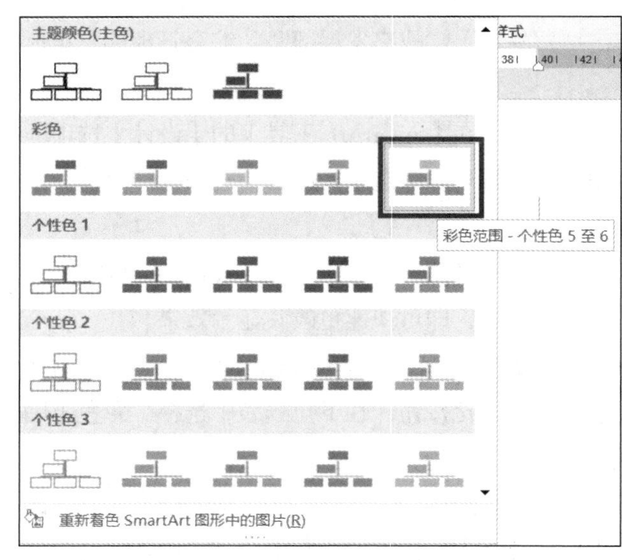

图 2-11　更改 SmartArt 图形颜色

步骤 8：插入图形

（1）在【插入】选项卡的【插图】功能区中单击【形状】下拉按钮，在下拉列表中选择“带形：上凸弯”图形，如图 2-12 所示，将鼠标指针移至文档的末尾按下鼠标左键并向右下方拖动鼠标，即可绘制相应的图形。

（2）选择文档最后一行文字“我们热忱的希望：你我携手，共创美好未来！”，单击【开始】选项卡中【剪贴板】功能区的【剪切】按钮将其剪切。

（3）右键单击上述绘制的“带形：上凸弯”图形，在弹出的快捷菜单中选择“在图形中添加文字”选项，然后单击【开始】选项卡中【剪贴板】功能区的【粘贴】按钮，即可将最后一行文字移动到该图形中。

（4）单击选中该图形，将鼠标指针移至图形旁边自左向右的第二个橙色小圆圈上，向左拖动鼠标，改变图形的弧度，直至使文字显示在一行。

（5）保持图形的选中状态，在【绘图工具】的【格式】选项卡的【形状样式】功能区中单击【其他】按钮，在下拉列表中选择“彩色填充-红色，强调颜色 2”选项，然后单击【形状效果】按钮，在下拉列表中选择“阴影”→“内部”→“内部：上”效果，即可改变图形的显示效果。

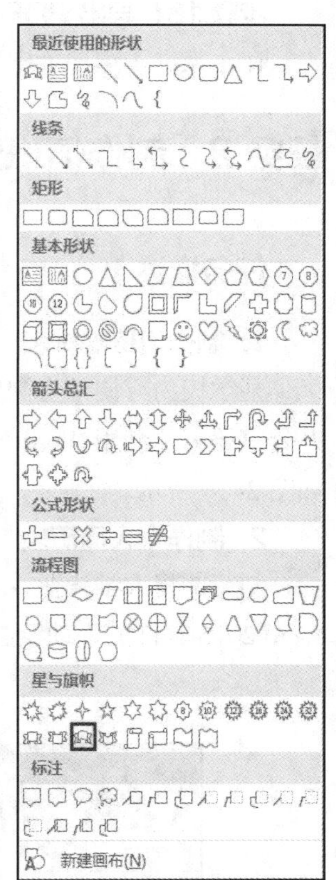

图 2-12　插入“带形：上凸弯”图形

步骤 9：添加封面

在【插入】选项卡的【页面】功能区中单击【封面】下拉按钮，在下拉列表中选择“运动型”封面样式，输入相应的封面文字内容，右键单击封面图片选择“更改图片”→“此设备”选项，在“插入图片”对话框中选择好封面图片后单击【插入】按钮即可。

步骤 10：添加背景

在【设计】选项卡的【页面背景】功能区中单击【页面颜色】下拉按钮，在下拉列表中选择 “填充效果”选项，在弹出的对话框中单击【纹理】选项卡，选择“羊皮纸”选项后单击【确定】按钮即可。

步骤 11：添加水印

在【设计】选项卡的【页面背景】功能区中单击【水印】下拉按钮，在下拉列表中选择一种水印效果（如“机密 1”）。

步骤 12：保护文档

在【文件】选项卡中单击“信息”选项，然后单击中部的【保护文档】下拉按钮，在下拉列表中选择“用密码进行加密”选项，如图 2-13 所示，在弹出的对话框中输入保护密码（例如:abc123）后单击【确定】按钮，重复输入一遍保护密码，最后单击【文件】选项卡的“保存”选项即可。下次打开该文档时需输入正确的密码。

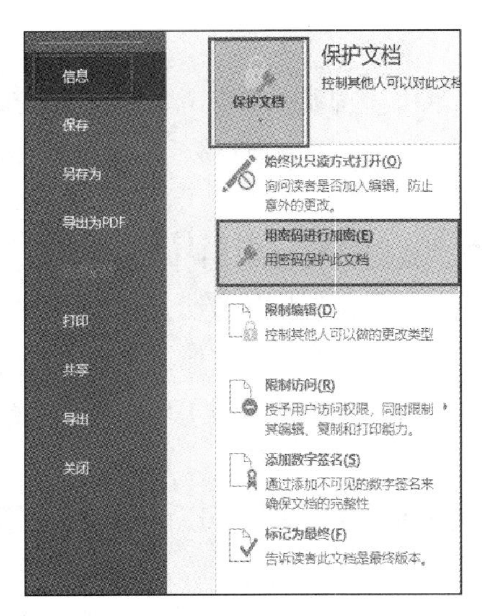

图 2-13　用密码保护文档

步骤 13：导出 PDF 文档

在【文件】选项卡中单击“导出”选项，在右侧单击【创建 PDF/XPS】按钮。

任务 2　制作值班安排表和个人简历表

任务描述

1. 制作值班安排表

某学校为方便师生国庆期间安排自己的行程，需在宣传栏公布各部门的值班安排，小张作为办公室秘书，利用 Word 2016 软件中自动插入表格的方法制作了学校国庆期间值班安排表，效果如图 2-14 所示。

2. 制作个人简历表

刘芳即将大学毕业，在找工作的过程中，为了能让求职单位快速、清晰地了解自己，便利用 Word 2016 软件的手动绘制表格功能制作了一份个人简历表，效果如图 2-15 所示。

国庆期间值班安排表

时间 部门	10月3日		10月4日		10月5日		10月6日		10月7日	
	上午	下午	上午	下午	上午	下午	上午	下午	上午	下午
学生处	刘老师	黄老师	谢老师	李老师	周老师	何老师	谭老师	余老师	刘老师	黄老师
人事处	潘老师	卢老师	吴老师	陈老师	王老师	张老师	钱老师	钟老师	潘老师	卢老师
后勤处	丘老师	杨老师	汤老师	詹老师	高老师	石老师	韦老师	苏老师	丘老师	杨老师
保卫处	蓝老师	陆老师	周老师	伍老师	石老师	蔡老师	林老师	曾老师	蓝老师	陆老师
医务室	萧老师	潘老师	肖老师	柯老师	张老师	梁老师	田老师	孙老师	萧老师	潘老师
备注：上午：8：30~11:30　下午：14:30~17:30										

图 2-14　国庆期间值班安排表效果

个人简历

<table>
<tr><td colspan="2">姓名</td><td>刘芳</td><td>性别</td><td>女</td><td rowspan="4"> </td></tr>
<tr><td colspan="2">出生年月</td><td>1997年5月10日</td><td>籍贯</td><td>湖南</td></tr>
<tr><td colspan="2">学历</td><td>大学本科</td><td>毕业院校</td><td>中南大学</td></tr>
<tr><td colspan="2">专业</td><td>商务英语</td><td>计算机水平</td><td>计算机等级二级</td></tr>
<tr><td rowspan="4">个人能力</td><td>性格特点</td><td colspan="4">本人性格开朗、活跃、乐观向上，爱好广泛，拥有较强适应能力、协调组织能力，思维活跃，极富创造力，易于沟通，具有良好的人际交往能力，具备团队协作精神。能够积极参加学校及班级组织的活动，并能在活动中充分发挥自己的作用。</td></tr>
<tr><td>外语水平</td><td colspan="4">有较强的英语听、说、读、写、译能力，并通过国家英语六级考试。尤其擅长撰写和回复英文商业信函，可熟练运用互联网查阅相关英文资料并能及时予以翻译；在校期间进行过专业的日语学习，能够翻译简单的日语函电。</td></tr>
<tr><td>社会实践</td><td colspan="4">2021年6月——2021年8月 湖南外贸电子产品公司经理助理
2022年7月——2022年8月 常州外贸公司翻译</td></tr>
<tr><td>所获奖励</td><td colspan="4">在校期间曾连续五个学期获一等或二等专业奖学金；
优秀团员、优秀团干部、优秀组织者；
有近两年的网络生涯，六年前就开始接触计算机、对其相关操作非常熟悉。</td></tr>
<tr><td colspan="2">主修课程</td><td colspan="4">剑桥商务英语、商务英语写作、商务礼仪、商务英语精读、商务英语口语、国际贸易实务、国际商法、商务英语谈判、英美文化、商务英语听力。</td></tr>
<tr><td colspan="2">联系方式</td><td colspan="4">联系电话1：13712345678
联系电话2：0731-1234567
通讯地址：中南大学经管系16信箱
邮　编：410000
E-mail：liufang123@163.com</td></tr>
</table>

图2-15　个人简历表效果

技术分析

该任务主要包含了以下操作：自动插入表格、手动绘制表格、单元格合并及拆分、绘制斜线表头、设置文字方向、设置文字对齐方式、平均分布行或列、设置单元格底纹效果等。

任务实现

（一）制作值班安排表步骤

1. 插入表格

单击【插入】选项卡，在【表格】功能区中单击【表格】下拉按钮，移动鼠标指针划到5×6表格单击，即可自动插入一个5列6行的表格。

2. 添加行或列

将鼠标指针移动到最后一列任意一个单元格单击，单击【表格工具】下的【布局】选项卡，在【行和列】功能区中单击【在右侧插入】按钮为表格添加 1 列；同理，将鼠标指针移动到最后一行任意一个单元格单击，单击【在下方插入】按钮为表格添加 1 行。

3. 合并或拆分单元格

将鼠标指针移动到表格最末尾一行左边缘单击鼠标选中该行，在【布局】选项卡的【合并】功能区中单击【合并单元格】按钮，将该行所有单元格合并为一个单元格；同理，利用拖曳鼠标的方法同时选中第 1 行的第 2 ~ 6 个单元格，在【合并】功能区中单击【拆分单元格】按钮将该行拆分成 2 行 5 列，如图 2–16 所示。

图 2–16　拆分单元格

4. 改变行或列的尺寸

将鼠标指针移动到第一列的右边线上，然后往右拖动鼠标适当增加该列的宽度，同理，将鼠标指针移动到第一行的下边线上，然后往下拖曳鼠标适当增加该行的高度。

5. 输入文字并设置文字对齐方式

将光标分别定位到需要输入文字的单元格中，按照图 2–14 的效果在单元格中输入相应的文字。将鼠标指针移动到表格的左上角，单击⊞选中整个表格，单击【表格工具】下的【布局】选项卡，在【对齐方式】功能区中单击【水平居中】按钮使单元格中所有文字居中对齐。需要注意的是，第一个单元格中的文字暂时不输入。

6. 套用表格样式设置表格外观

单击表格左上角的⊞选中整个表格，然后单击【表格工具】下的【设计】选项卡，在【表格样式】功能区中单击选择一个样式，例如单击右侧的下拉按钮，选择“网格表 4–着色 2”样式。同时选中第 2 行的第 2 ~ 6 列单元格，单击【底纹】下拉按钮，选择“橙色”。选中最后一行，单击【底纹】下拉按钮选择“白色，背景 1，深色 15%”。

7. 设置表格边框

单击表格左上角的⊞框选中整个表格，单击【表格工具】下的【设计】选项卡，在【边框】

功能区中单击【边框】下拉按钮，选择“边框和底纹”选项，在弹出的“边框和底纹”对话框中单击“边框”选项卡，选择“自定义”选项，在“样式”列表中选择“实线”，在“颜色”下拉列表中选择“黑色”，在“宽度”下拉列表中选择“1.5 磅”，然后在右侧的预览区中单击选中四条外框线；使用同样的方法，设置内框线为实线、黑色、0.5 磅。之后在“应用于”下拉列表中选择“表格”，最后单击“确定”按钮，如图 2–17 所示。

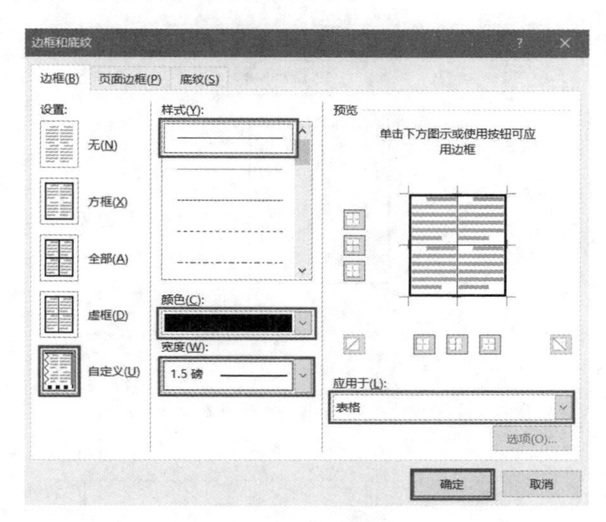

图 2–17　设置表格边框

8. 绘制斜线表头

将光标置于左上角单元格中，单击【表格工具】下的【设计】选项卡，在【边框】功能区中单击【边框】下拉按钮，选择“斜下框线”选项，即可绘制斜线表头。斜线表头的文字可通过按回车键分两行输入，第 1 行文字的对齐方式设置为右对齐，第 2 行文字的对齐方式设置为左对齐。

（二）绘制个人简历表步骤

1. 绘制表格的框架

单击【插入】选项卡，在【表格】功能区中单击【表格】下拉按钮，选择“绘制表格”选项，此时鼠标指针为铅笔形状，然后在编辑区中按住鼠标左键不放往右下方向拖动鼠标绘制矩形外框后松开左键，然后根据图 2–15 的效果在大致的位置依次绘制表格中的框线。绘制结束时再次单击【表格工具】下【布局】选项卡中的“绘制表格”选项即可退出绘制状态。

2. 平均分布行和列

将所有的列同时选中，单击【表格工具】下【布局】选项卡中的“分布列”选项，即可平均分配各列的宽度。同理，将需要设置为相同高度的行同时选中，单击【表格工具】下【布局】选项卡中的“分布行”选项，即可平均分配各行的高度。

3. 设置单元格底纹效果

按照图 2–15 的效果同时选中需要设置底纹颜色的单元格，单击【表格工具】下的【设计】选项卡，在【表格样式】功能区中单击【底纹】下拉按钮选择相应的颜色选项。

4. 在单元格中插入文字及图片

将光标分别定位到需要输入文字的单元格中，按照图 2–15 的效果在单元格中输入相应的文字。将光标置于右上角放置图片的单元格中，在【插入】选项卡的【插图】功能区中单击【图片】下拉按钮，选中“此设备”选项，在弹出的对话框中选择图片文件后单击【插入】按钮，如图 2–18 所示。

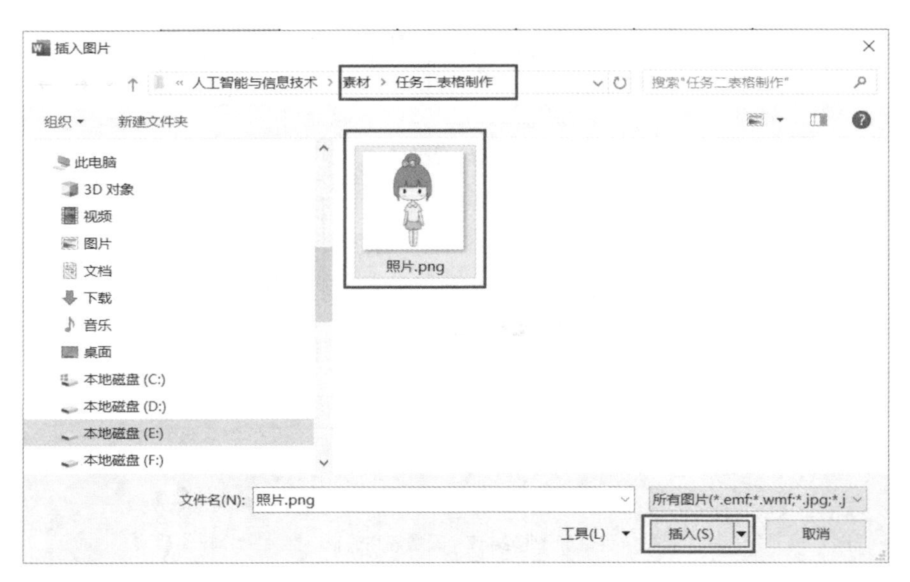

图 2–18　插入图片

5. 设置文字方向

同时选中“个人能力”“性格特点”“外语水平”“社会实践”和“所获奖励”单元格，在【表格工具】菜单下的【布局】选项卡中单击“文字方向”选项，将文字方向设置为竖向。

任务 3　制作批量邀请函和批量通知单

任务描述

在日常工作中，经常需要给多个不同的人分发相同形式的证书或各种函件，例如毕业证书、结业证书、考核证书、欠费通知书等，这种情况下证书或函件上面的内容除了个人信息（如姓名、职务、单位名称、编号）等少数项目不同，其他内容格式完全一样。要想大批量制作证书或函件，传统的制作方法有两种：一种是先将模板批量打印出来，然后在每份证书或函件上手工填写个人信息；另一种是使用复制粘贴方法，将证书或函件公共的文字内容复制多份，然后分别在每一份上录入不同的个人信息，最后统一打印出来。这两种方法比较烦琐且容易出错。Word 2016 软件中的“邮件合并”功能为批量制作证书或函件提供了完美的解决方案，它可以将数据源中的多条数据信息整合到一份 Word 文档中，快速批量创建出目标证书或函件。批量邀请函效果如图 2–19 所示，批量电费缴费通知单效果如图 2–20 所示。

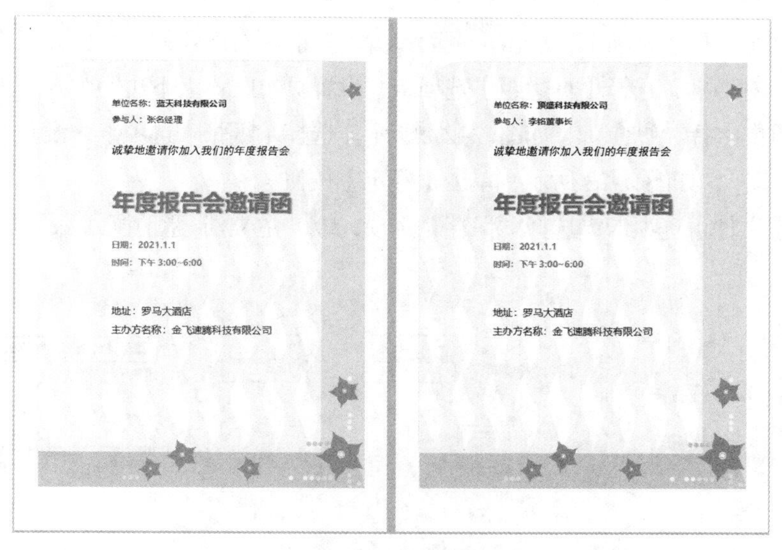

单位名称：蓝天科技有限公司
参与人：张名经理
诚挚地邀请你加入我们的年度报告会
年度报告会邀请函
日期：2021.1.1
时间：下午 3:00~6:00
地址：罗马大酒店
主办方名称：金飞速腾科技有限公司

单位名称：顶盛科技有限公司
参与人：李铭董事长
诚挚地邀请你加入我们的年度报告会
年度报告会邀请函
日期：2021.1.1
时间：下午 3:00~6:00
地址：罗马大酒店
主办方名称：金飞速腾科技有限公司

图 2–19　批量邀请函效果

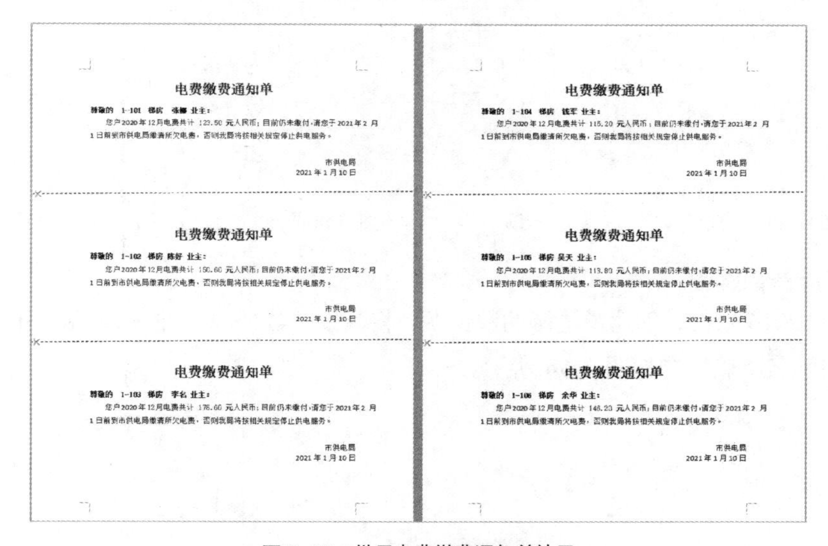

电费缴费通知单
尊敬的 1-101 梯房 张[illegible] 业主：
您户 2020 年 12 月电费共计 123.50 元人民币；目前仍未缴付，请您于 2021 年 2 月 1 日前到市供电局缴清所欠电费，否则我局将按相关规定停止供电服务。
市供电局
2021 年 1 月 10 日

电费缴费通知单
尊敬的 1-102 梯房 陈好 业主：
您户 2020 年 12 月电费共计 150.60 元人民币；目前仍未缴付，请您于 2021 年 2 月 1 日前到市供电局缴清所欠电费，否则我局将按相关规定停止供电服务。
市供电局
2021 年 1 月 10 日

电费缴费通知单
尊敬的 1-103 梯房 李名 业主：
您户 2020 年 12 月电费共计 176.60 元人民币；目前仍未缴付，请您于 2021 年 2 月 1 日前到市供电局缴清所欠电费，否则我局将按相关规定停止供电服务。
市供电局
2021 年 1 月 10 日

电费缴费通知单
尊敬的 1-104 梯房 钱军 业主：
您户 2020 年 12 月电费共计 115.20 元人民币；目前仍未缴付，请您于 2021 年 2 月 1 日前到市供电局缴清所欠电费，否则我局将按相关规定停止供电服务。
市供电局
2021 年 1 月 10 日

电费缴费通知单
尊敬的 1-105 梯房 吴天 业主：
您户 2020 年 12 月电费共计 113.80 元人民币；目前仍未缴付，请您于 2021 年 2 月 1 日前到市供电局缴清所欠电费，否则我局将按相关规定停止供电服务。
市供电局
2021 年 1 月 10 日

电费缴费通知单
尊敬的 1-106 梯房 余华 业主：
您户 2020 年 12 月电费共计 148.20 元人民币；目前仍未缴付，请您于 2021 年 2 月 1 日前到市供电局缴清所欠电费，否则我局将按相关规定停止供电服务。
市供电局
2021 年 1 月 10 日

图 2–20　批量电费缴费通知单效果

技术分析

该任务主要包含以下操作：新建主文档、准备数据源、邮件合并、页面设置、批量打印等。

任务实现

1. 批量邀请函制作步骤

步骤 1：新建一个邀请函模板主文档

（1）启动 Word 2016 软件，在【文件】选项卡下单击“新建”选项，在右侧的“搜索联机模板”框中输入“邀请函”，然后按下回车键，在右侧窗口中向下拖动滚动条，单击“公司假日聚会邀请”模板即可新建一个邀请函模板文档，如图 2–21 所示。

（2）切换到【布局】选项卡，单击【页面设置】功能区右下角的【页面设置】功能按钮，打开“页面设置”对话框，选择【页边距】选项卡，设置页边距：上下边距为 3 厘米，左右边距为 3 厘米；纸张方向选择“纵向”，如图 2–22 所示。选择【纸张】选项卡，设置纸张大小为“16 开 195 × 270 毫米”，如图 2–23 所示，单击【确定】按钮。

（3）单击【文件】选项卡，选择“保存”选项，以“主文档–邀请函.docx”为文件名保存。

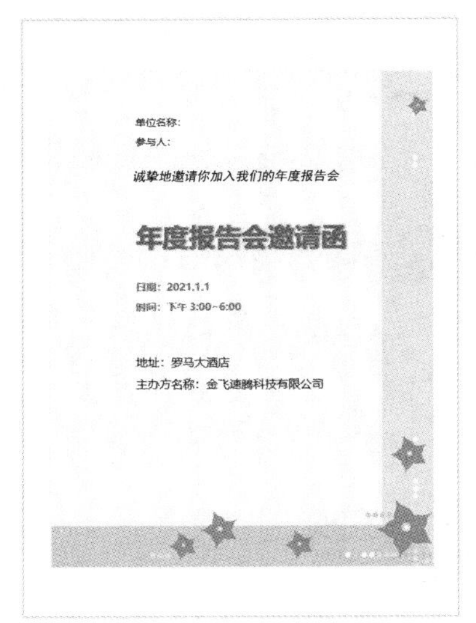

图 2–21　邀请函模板

图 2–22　【页边距】选项卡

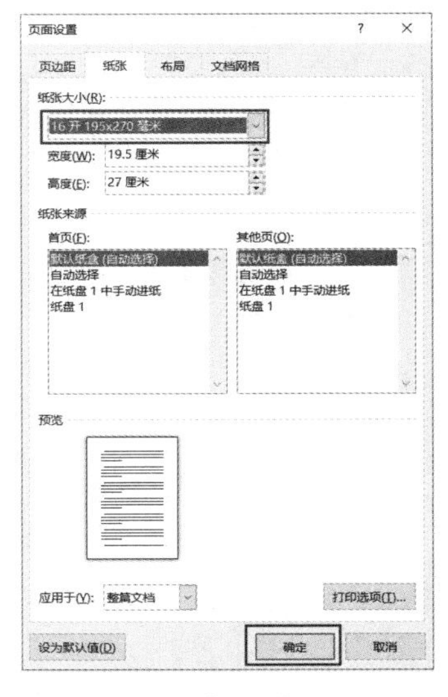

图 2–23　【纸张】选项卡

步骤 2：准备数据源

启动 Excel 2016 软件，创建邀请函的数据源，将其以“数据源文件–邀请函名单.xlsx”为文件名保存。邀请函名单表结构如图 2–24 所示。

姓名	职务	单位名称
张名	经理	蓝天科技有限公司
李铭	董事长	顶盛科技有限公司
陈爽	总监	优豪股份有限公司
王浩	总经理	名典股份有限公司
江涛	董事长	力拓股份有限公司
胡敏	经理	起航科技有限公司
杨霞	经理	东方股份有限公司
黄泽	董事长	北通科技有限公司
余强	董事长	南方数据有限公司
吴刚	总监	致远股份有限公司

图 2–24　邀请函名单表结构

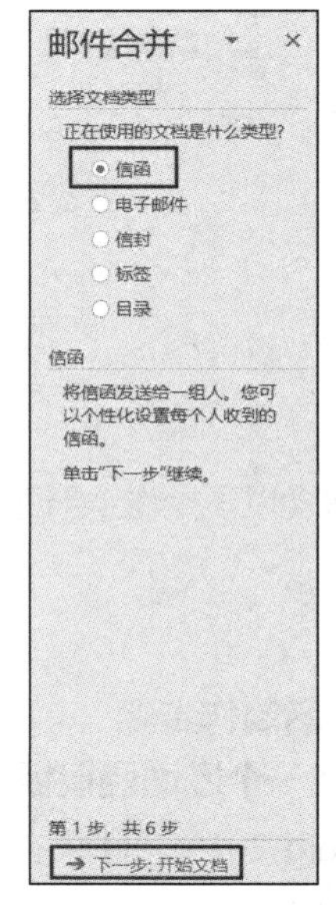

图 2–25　“邮件合并”任务窗格

步骤 3：利用“邮件合并分步向导”生成批量邀请函

（1）打开事先创建的“主文档-邀请函.docx”，切换到【邮件】选项卡。在【开始邮件合并】功能区中单击【开始邮件合并】下拉按钮选择“邮件合并分步向导”选项。

（2）在“邮件合并”任务窗格的“选择文档类型”向导页中选中“信函”选项，并单击“下一步：开始文档”超链接，如图 2-25 所示。

（3）在“选择开始文档”向导页中选中“使用当前文档”选项，并单击“下一步：选取收件人”超链接。

（4）在“选择收件人”向导页中选中“使用现有列表”选项，并单击下方的【浏览】按钮，在弹出的“选取数据源”对话框中选择数据源“数据源文件-邀请函名单.xlsx”，如图 2-26 所示。在弹出的“选择表格”对话框中选择邀请函名单信息所在工作表 Sheet1，单击【确定】按钮，在弹出的“邮件合并收件人”对话框中勾选表中所有的收件人并单击【确定】按钮，如图 2-27 所示。需要注意的是，如果事先没有创建数据源，也可以在第（3）步中通过“键入新列表”选项来创建数据源。

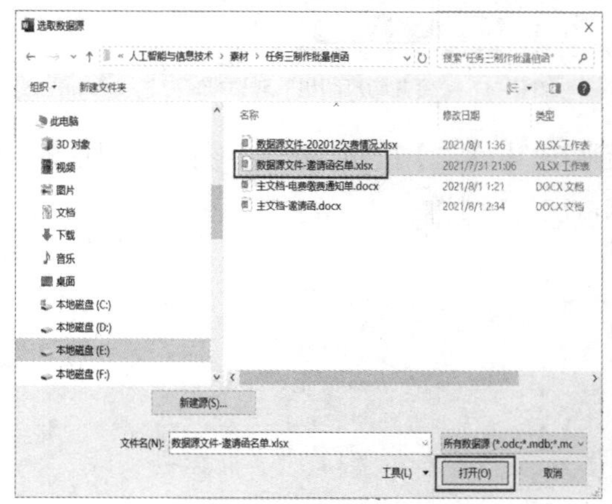

图 2-26　“选取数据源”对话框

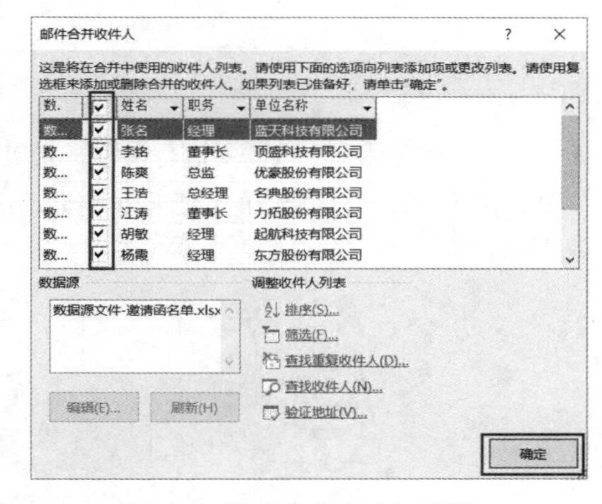

图 2-27　“邮件合并收件人”对话框

（5）单击“下一步：撰写信函”超链接，打开“撰写信函”向导页。依次将光标插入点定位到主文档中需要插入合并域的位置，例如“单位名称”“参与人”之后，在工具栏单击【插入合并域】下拉按钮，依次选择对应的域名称，如图 2-28 所示，此时编辑区的效果如图 2-29 所示。

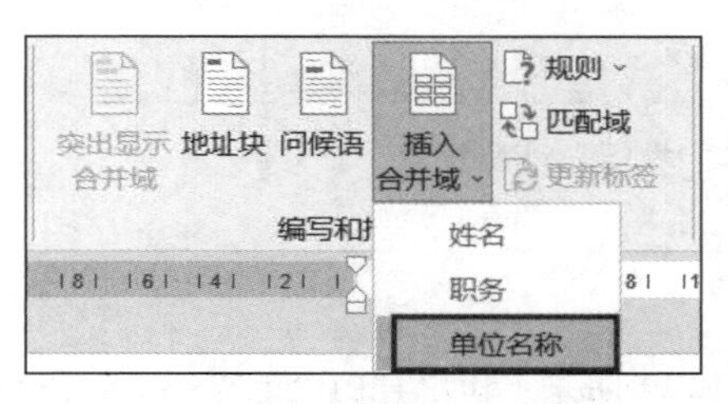

图 2-28　【插入合并域】下拉按钮

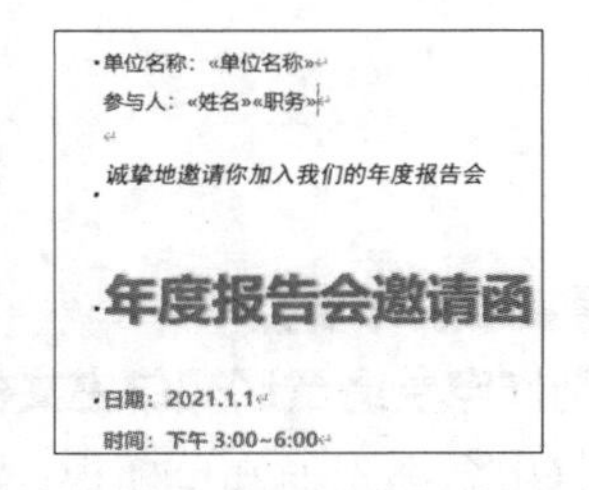

图 2-29　插入合并域后编辑区效果

（6）单击“下一步：预览信函”超链接，在打开的“预览信函”向导页中单击“收件人”左右的【<】和【>】按钮可以预览不同的联系人的信函。

（7）单击“下一步：完成合并”超链接，打开“完成合并”向导页，单击【打印】按钮可开始打印信函，或单击【编辑单个信函】按钮打开“合并到新文档”对话框，选择要合并的记录，若选择后者，如图 2–30 所示。

（8）将合并后的邀请函文档以“批量邀请函.docx”命令另存到计算机，以便随时打印。

步骤 4：打印邀请函

如果要将邀请函直接输出到打印机，可以在步骤 3 的第（6）步完成，具体操作步骤如下。

（1）在“完成合并”任务窗格中单击【打印】按钮，打开“合并到打印机”对话框，如图 2–31 所示。

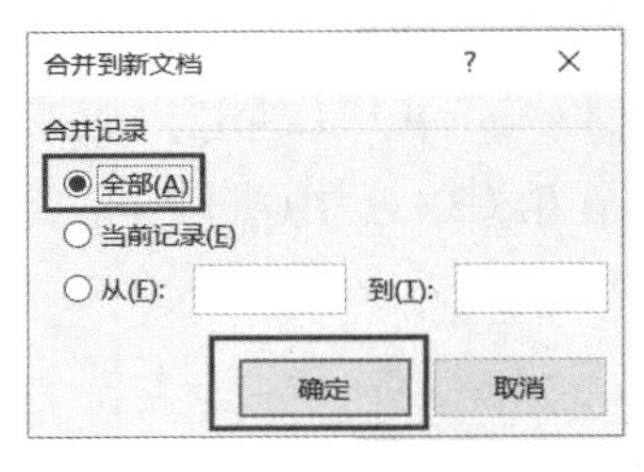

图 2–30 “合并到新文档”对话框

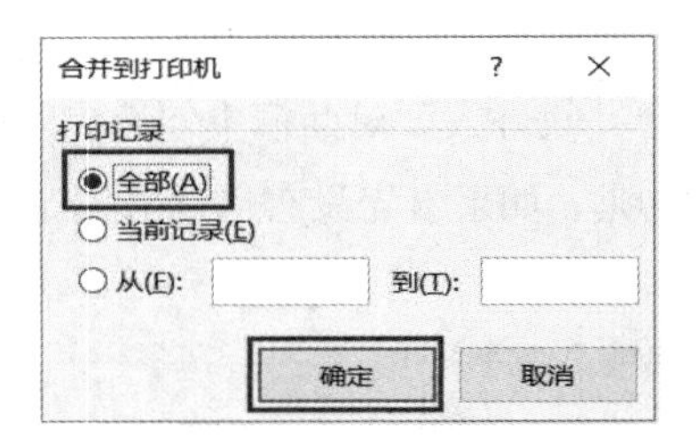

图 2–31 “合并到打印机”对话框

（2）在对话框中按需要进行设置，完成后单击【确定】按钮，弹出“打印”对话框，如图 2–32 所示，进行相应的设置即可将邀请函依次打印出来。

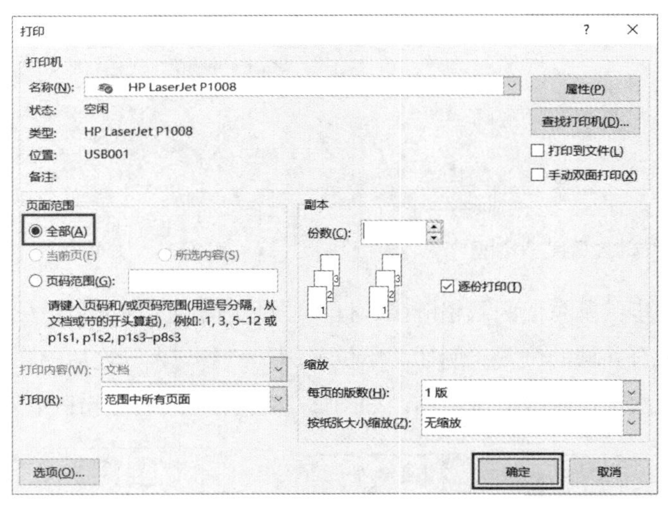

图 2–32 “打印”对话框

2. 批量通知单制作步骤

步骤 1：制作电费缴费通知单主文档

首先制作好电费缴费通知单模板，如图 2–33 所示，并将其以“主文档–电费缴费通知单.docx”为文件名保存在“邮件合并”文件夹中。

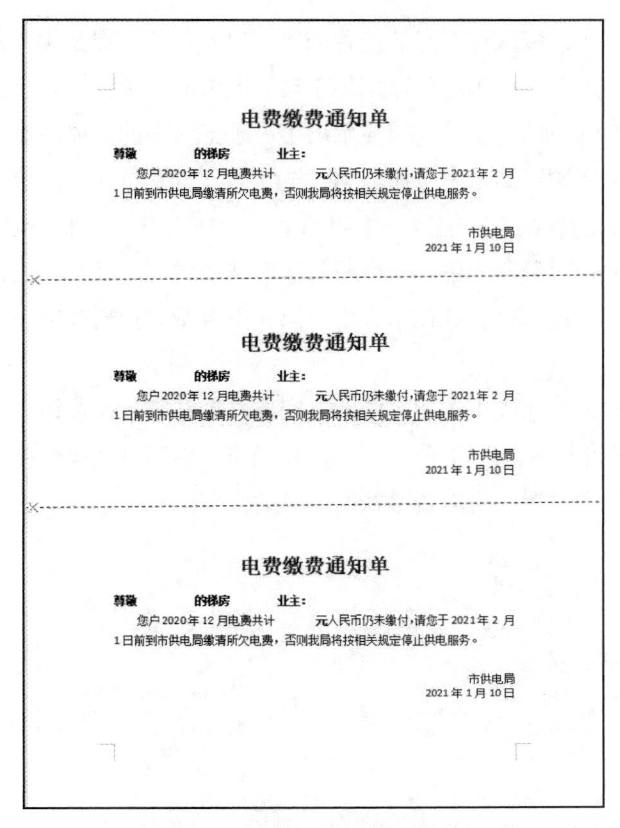

电费缴费通知单

尊敬　　的梯房　　业主：

您户 2020 年 12 月电费共计　　元人民币仍未缴付，请您于 2021 年 2 月 1 日前到市供电局缴清所欠电费，否则我局将按相关规定停止供电服务。

市供电局
2021 年 1 月 10 日

电费缴费通知单

尊敬　　的梯房　　业主：

您户 2020 年 12 月电费共计　　元人民币仍未缴付，请您于 2021 年 2 月 1 日前到市供电局缴清所欠电费，否则我局将按相关规定停止供电服务。

市供电局
2021 年 1 月 10 日

电费缴费通知单

尊敬　　的梯房　　业主：

您户 2020 年 12 月电费共计　　元人民币仍未缴付，请您于 2021 年 2 月 1 日前到市供电局缴清所欠电费，否则我局将按相关规定停止供电服务。

市供电局
2021 年 1 月 10 日

图 2-33　电费缴费通知单模板

步骤 2：准备数据源

启动 Excel 2016 软件创建数据源，内容如图 2-34 所示，并将其以“数据源文件-202012 欠费情况.xlsx”为文件名保存在“邮件合并”文件夹中，并关闭该文件。

步骤 3：利用“邮件合并”功能生成批量电费缴费通知单

（1）打开事先创建好的“主文档-电费缴费通知单.docx”，切换到【邮件】选项卡。在【开始邮件合并】功能区中单击【开始邮件合并】下拉按钮选择“普通 WORD 文档”选项，此时【邮件】选项卡各功能区中的按钮无任何变化。

（2）在【开始邮件合并】功能区中单击【选择收件人】下拉按钮，在弹出的下拉菜单中选择“使用现有列表”选项，弹出“选取数据源”对话框，选择“邮件合并”文件夹中的“数据源文件-202012 欠费情况.xlsx”并单击【打开】按钮，在弹出的“选择表格”对话框中选择欠费信息名单所在工作表 Sheet1，单击【确定】按钮。

（3）将光标插入点定位到主文档中需要插入合并域的位置，例如“尊敬”二字后面，单击【插入合并域】下拉按钮选择相应

房号	户名	欠费金额（元）
1-101	张娜	123.5
1-102	陈好	150.6
1-103	李名	178.6
1-104	钱军	115.2
1-105	吴天	113.8
1-106	余华	146.2
1-107	庞丽	170.2
1-108	伍芳	105.5
1-109	何明	108.6
1-110	朱英	112.5
1-111	冯刚	165.3
1-112	郭谋	132.2
1-113	孙淘	118.2
1-114	叶涛	120.6
1-115	王梅	128.2
1-116	刘宁	160.3
1-117	陆才	180.5
1-118	李超	113.3
1-119	周婷	154.3
1-120	汤浩	116.1
1-121	蔡翔	102.3

图 2-34　通知单“数据源”结构

的域名称（如“房号”），依次在对应的位置插入“户名”“欠费金额（元）”域名，插入合并域后的效果如图 2–35 所示。单击【预览结果】功能区中的【预览结果】按钮，便可以查看合并数据，这时电费缴费通知单的各个数据域显示出第一条记录中的具体数据。

（4）单击工具栏的【预览结果】按钮取消预览状态，分别将光标定位到每一份通知单末尾的下一行，单击【编辑和插入域】功能区中【规则】下拉列表中的“下一记录（N）”选项，此时在第 2 份、第 3 份“电费缴费通知单”的标题前出现域名“«下一记录»”，效果如图 2–36 所示。再次单击【预览结果】按钮，可看到在第 2 份、第 3 份电费缴费通知单中已显示出下一条记录的数据了。

（5）确定无误后单击【完成】功能区中的【完成并合并】下拉按钮，根据需要选择其中一个选项，例如选择“编辑单个文档”选项，完成合并操作。本实例选择合并“全部”记录，这样便实现了合并时在一页纸内放置三份电费缴费通知单的操作。

图 2–35　插入合并域后的效果　　　　图 2–36　插入“下一记录（N）”后的效果

提示：在 Word 2016 软件中进行邮件合并时，如果合并的是 Excel 数据表且数据中出现多位小数位数，可以通过如下办法解决，选中插入的合并域，在其上方右击鼠标选择“切换域代码”选项，在已经存在的域代码末尾即反括号左边输入\#"0.00"（注意是在英文输入格式下）后右击鼠标选择“更新域代码”选项即可。如果只想保留一位小数点就只输入\#"0.0"。

任务 4 排版毕业论文

任务描述

大四学生张三临近毕业，按照学校要求，每位学生需要提交毕业论文。现在张三需要按照毕业论文的排版要求进行论文排版并将论文打印出来。

技术分析

该任务主要包含以下操作：插入分隔符，设置样式，制作页眉页脚，插入页码、脚注、尾注、题注，制作目录，打印设置等。

任务实现

步骤 1：应用样式

（1）打开“毕业论文原文.docx”，按住【Ctrl】键同时将鼠标指针移动到所有一级标题左侧选定栏的位置，分别单击鼠标选中所有一级标题。在【开始】选项卡的【样式】功能区中单击“标题 1”，例如“1 集群简介”“2 LVS 集群简介”为一级标题。

（2）同理，按住【Ctrl】键同时分别单击选定栏选中所有二级标题，在【开始】选项卡的【样式】功能区中单击“标题 2”，例如“1.1 集群的概念”“1.2 集群的发展现状”“2.1 LVS 集群的概念”“2.2 LVS 集群的结构”等为二级标题。

（3）同理，按住【Ctrl】键同时分别单击选定栏选中所有三级标题，在【开始】选项卡的【样式】功能区中单击“标题 3”，例如“1.2.1 国外现状”“1.2.2 国内现状”“2.2.1 调度器”“2.2.2 真实服务器”“2.2.3 共享存储”等为三级标题。

步骤 2：插入尾注、脚注、题注

（1）插入尾注

选中第 2 章中第一段落的“LVS 集群”文本，在【引用】选项卡的【脚注】功能区中单击【插入尾注】按钮，在光标闪烁的位置输入尾注的内容“李善平，季江民，尹康凯等著. 边学边干（第二版）——LINUX 内核指导[M].杭州.浙江大学出版社，2008.04”。同理，选中第二段落的“调度器”文本，为其添加尾注内容“Douglas E. Comer, David L. Stevens 著.张卫，王能译.TCP/IP 网络互联技术（卷 3）[M].北京.清华大学出版社，2004-09.”。

（2）插入脚注

选中“1.1 集群的概念”下方第一段落的“局域网”文本，在【引用】选项卡的【脚注】功能区中单击【插入脚注】按钮，在脚注的位置输入脚注的内容“局域网：简称 LAN，是指在某一区域内由多台计算机互联成的计算机组。”

（3）插入题注

单击选中第 2 章的第一幅图，在【引用】选项卡的【题注】功能区中单击【插入题注】按钮，为正文的图片添加题注，题注的格式为“图”“章编号”．“X”，例如第 2 章中第一幅图的编号为图 2.1，如图 2–37 所示。同理，用相同的方法为剩余的图片插入题注。

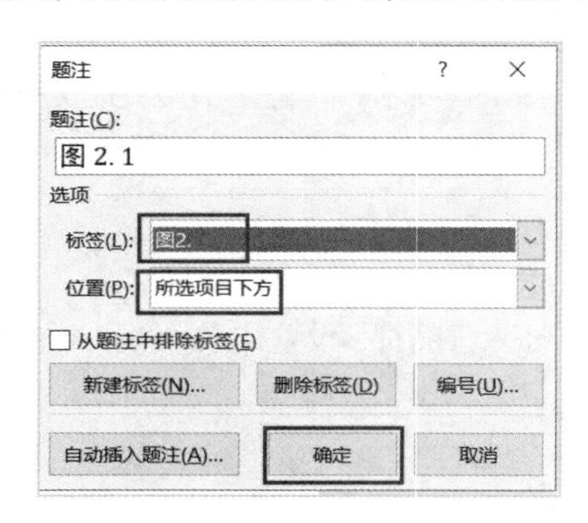

图 2–37 插入题注

步骤 3：插入分隔符

将光标移至摘要页中“关键词”行的末尾，在【布局】选项卡的【页面设置】功能区中单击【分隔符】下拉按钮，即可插入一个分隔符，分隔符的类型为“分页符”，此时自动增加一个空页，作为目录页；在目录页、正文每一章的末尾分别插入一个分隔符，分隔符的类型为“分节符”→“下一页”。

步骤 4：制作页眉和页脚

（1）将光标置于正文第一个一级标题所在页面，单击【插入】选项卡，在【页眉和页脚】功能区中单击【页眉】下拉按钮，选择一种页眉格式进入页眉编辑状态，例如选择“空白（三栏）”，在页眉的中间位置输入该章的一级标题名称“1 集群简介”，左侧和右侧分别输入学校名称和作者姓名，如图 2–38 所示。

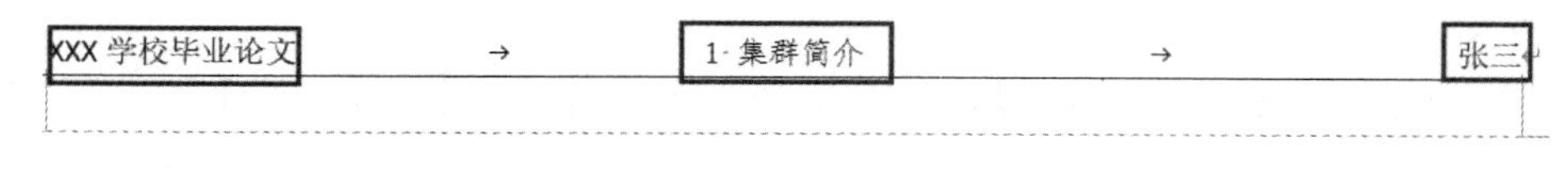

图 2–38 插入页眉

（2）单击【页眉和页脚工具】下【设计】选项卡的【下一条】按钮进行下一分节即第 2 章的页眉设置，单击工具栏的【链接到前一节】按钮断开与第 1 章的链接，然后在页眉位置输入第 2 章的页眉内容“2 LVS 集群简介”。

（3）将光标移动到空白目录页的页眉位置，单击工具栏的【链接到前一节】按钮断开与第 1 章的链接，选中页眉各个部分单击【Delete】键将其删除。

（4）将光标置于正文第 1 章的页眉位置，单击【页眉和页脚工具】下【设计】选项卡的【转至页脚】按钮，然后单击工具栏的【链接到前一节】按钮断开与目录页的链接。

（5）单击【插入】选项卡，在【页眉和页脚】功能区中单击【页码】下拉按钮，选择一种页码格式，例如选择“页面底端”→“加粗显示的数字 2”。

（6）在编辑区双击鼠标即可退出页脚的编辑状态。

步骤 5：制作目录

将光标定位到空白的目录页中，在第一行输入“目录”两个字并设置其字号为“二号”、居中对齐，按两次回车键空两行；在【引用】选项卡的【目录】功能区中单击【目录】下拉按钮，从下拉列表中选择“自定义目录”选项，参照图 2–39 进行设置，单击【确定】按钮即可插入目录；如果文档内容有更新导致页码发生改动，则可以右键单击目录，然后选择“更新域”选项，即可对目录进行更新。

步骤 6：修订内容

在【审阅】选项卡的【修订】功能区中单击【修订】下拉按钮，选择“修订”选项，即可启动修订功能，此时可以尝试对文档任意内容进行修改，被修改的内容会有相应的标记显示，如果接受修订，则选中修改的内容并单击鼠标右键选择“接受修订”选项或者直接在已修改的内容处单击鼠标右键选择“接受修订”选项即可完成修订。

步骤 7：打印设置

（1）页面设置

选中正文所有段落，在【开始】选项卡的【段落】功能区中单击右下角的【段落功能】按钮，设置段落的行距为 1.5 倍行距，段前段后间距为 1 行。在【布局】选项卡的【页面设置】功能区中单击【纸张大小】下拉按钮，选择纸张大小为“A4”。

（2）打印设置

在【文件】选项卡下单击“打印”选项，根据需要进行打印设置，例如设置打印份数为 2 份、打印所有页面且双面打印等，如图 2–40 所示。

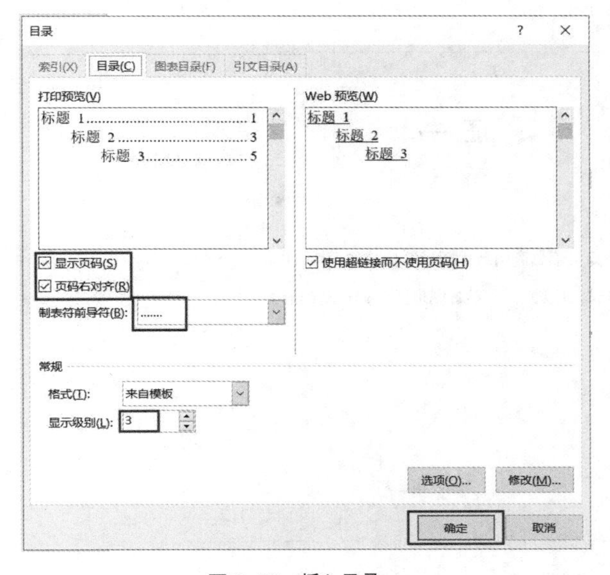

图 2–39　插入目录

图 2–40　打印设置

【项目小结与展望】

Word 软件提供了强大的文本文档编辑功能。本项目讲解了如何利用 Word 软件制作公司简介、值班安排表、个人简历表、批量邀请函和通知单及排版毕业论文。通过学习读者掌握了普通文档编辑排版的要点、了解了表格制作的两种常用方法，学会了利用“邮件合并”功能制作大批量的信函文档，例如证件、证书、函件等。此外，读者了解了书籍、合同之类的长文档的排版要点，极大地提高了日常办公的效率，为今后的自动化办公应用奠定了良好的基础。随着无纸化办公和线上协同办公应用的普及，未来 Word 软件的在线编辑功能将被广泛使用，办公应用的工作效率将会得到进一步提升，软件将会朝着更智能化的方向发展。

【课后练习】

实操题

（1）批量制作证书。证书模板效果如图 2-41 所示，证书的数据源为素材文件夹的“证书名单信息.xlsx”文件。

（2）制作一个课程表，最终效果如图 2-42 所示。

（3）参照效果图编辑研究报告，要求：添加封面效果如图 2-43 所示，正文的一级、二级、三级标题分别使用标题 1、标题 2、标题 3 样式，不同级别标题的内容另起一页显示；在封面与正文之间增加一页用于自动生成目录页，目录页无页码，“目录”二字格式为二号字、黑体、居中对齐，目录页的段落行距为 1.5 倍行距；正文格式为所有段落首行缩进 2 字符、行距为 1.5 倍行距、段前段后间距各 0.5 行；正文需添加页眉，且页眉中的文字内容与页面内容对应的一级标题内容相同，并添加图 2-43 所示格式的页码。

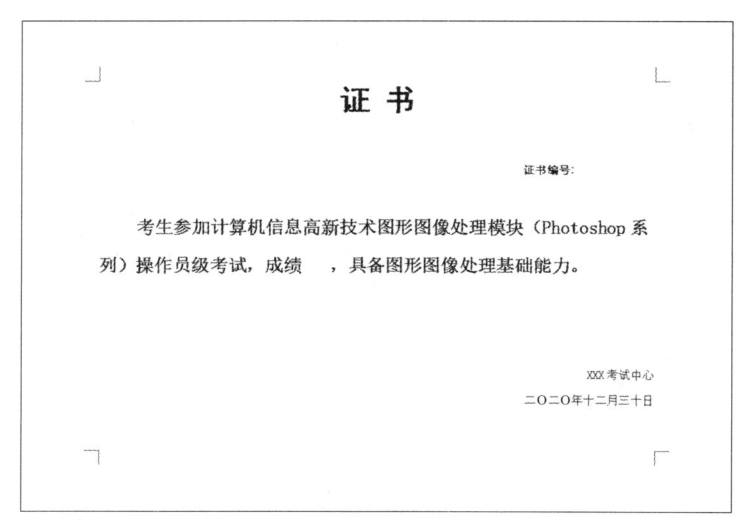

图 2-41　证书模板效果

XXX 班级 2020-2021（2）课程表

星期 时间		星期一	星期二	星期三	星期四	星期五
上午	第一节					
	第二节					
	第三节					
	第四节					
午休						
下午	第五节					
	第六节					
	第七节					
	第八节					

图 2-42　课程表效果

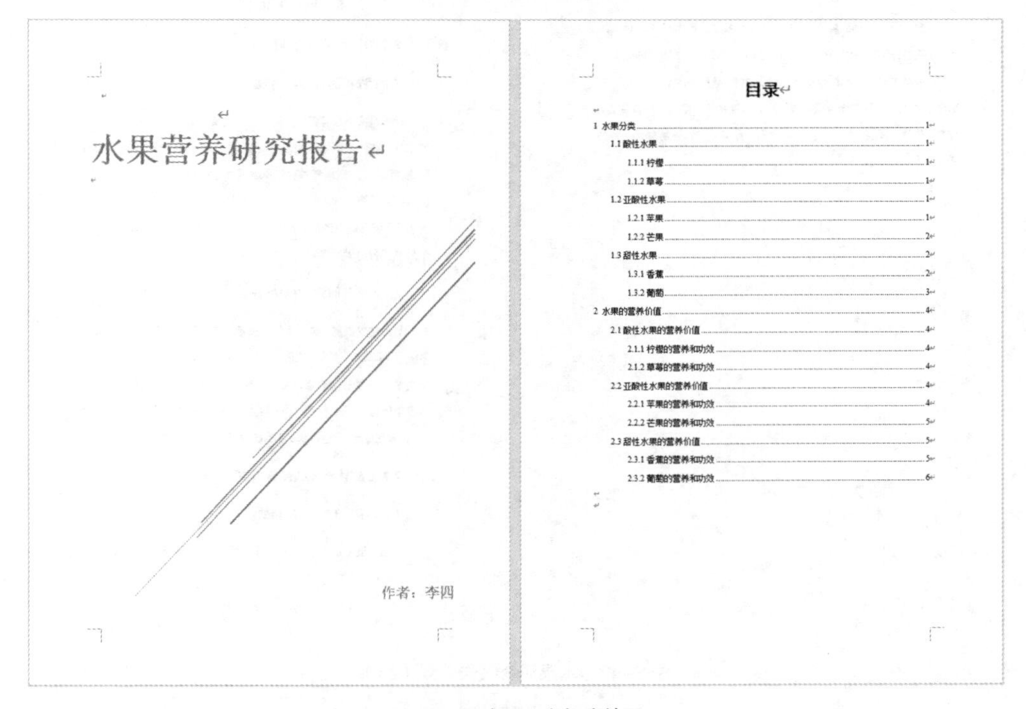

水果营养研究报告

作者：李四

目录

1 水果分类 1
1.1 酸性水果 1
1.1.1 柠檬 1
1.1.2 草莓 1
1.2 亚酸性水果 1
1.2.1 苹果 1
1.2.2 芒果 2
1.3 甜性水果 2
1.3.1 香蕉 2
1.3.2 葡萄 3
2 水果的营养价值 4
2.1 酸性水果的营养价值 4
2.1.1 柠檬的营养和功效 4
2.1.2 草莓的营养和功效 4
2.2 亚酸性水果的营养价值 4
2.2.1 苹果的营养和功效 4
2.2.2 芒果的营养和功效 5
2.3 甜性水果的营养价值 5
2.3.1 香蕉的营养和功效 5
2.3.2 葡萄的营养和功效 6

图 2-43　水果研究报告效果

1 水果分类

1 水果分类

1.1 酸性水果

1.1.1 柠檬

柠檬（Citrus limon）是芸香科柑橘属的常绿小乔木，原产于东南亚，现主要产地为美国、意大利、西班牙和希腊。其富含维生素C，主要为榨汁用，有时也用作烹饪调料，但基本不用作鲜食。柠檬由阿拉伯人带往欧洲，15 世纪时才在意大利热那亚开始种植，1494 年在亚速尔群岛出现，富含维生素 C。

1.1.2 草莓

草莓又叫红莓、洋莓、地莓等，是一种红色的水果。草莓是对蔷薇科草莓属植物的通称，属多年生草本植物。草莓的外观呈心形，鲜美红嫩，果肉多汁，含有特殊的浓郁水果芳香。

1.2 亚酸性水果

1.2.1 苹果

苹果，落叶乔木，叶子椭圆形，花白色带有红晕，果实圆形，味甜或略酸，是常见水果，具有丰富的营养成分，有食疗、辅助治疗功能。苹果原产于欧洲、中亚、西亚和土耳其一带，于19世纪传入中国。中国是世界上最大的苹果生产国，在东北、华北、华东、西北、四川和

1 水果分类

云南等地均有栽培。

1.2.2 芒果

芒果是一种原产于印度的常绿乔木，叶革质，互生；性温，花小，黄色或淡红色，成顶生的圆锥花序。芒果果实含有糖、蛋白质、粗纤维，芒果所含有的维生素 A 的前体胡萝卜素成分特别高，这在所有水果中都极为少见。其维生素 C含量也不低。矿物质、蛋白质、脂肪、糖类等，也是其主要营养成分。芒果是著名热带水果之一，因其果肉细腻，风味独特，深受人们喜爱，所以素有"热带果王"之誉称。

1.3 甜性水果

1.3.1 香蕉

香蕉，芭蕉科(Musaceae)芭蕉属(Musa)植物，又指其果实，热带地区广泛栽培食用。香蕉味香、富于营养，终年可收获，在温带地区也很受重视。植株为大型草本，从根状茎发出，由叶鞘下部形成高 3～6 米的假杆；叶长圆形至椭圆形，有的长达 3～3.5 米，宽 65 厘米，10～20 枚簇生茎顶。其花朵呈穗状且花序大，由假杆顶端抽出，多数呈淡黄色；果序弯垂，结果 10～20 串，约 50～150 个。植株结果后枯死，由根状茎长出的吸根继续繁殖，每一根株可活多年。

1 水果分类

1.3.2 葡萄

葡萄(Grapes)，葡萄属（Vitis）落叶藤本植物，掌叶状，3～5缺裂，复总状花序，通常呈圆锥形，浆果多为圆形或椭圆，色泽随品种而异。人类在很早以前就开始栽培这种水果，其产量几乎占全世界水果产量的四分之一；其营养价值很高，可制成葡萄汁、葡萄干和葡萄酒。粒大、皮厚、汁少、优质、皮肉难分离、耐储运的欧亚种葡萄又称为提子。

2 水果的营养价值

2 水果的营养价值

2.1 酸性水果的营养价值

2.1.1 柠檬的营养和功效

柠檬果实中含有糖类、钙、磷、铁及维生素B1、B2、C等多种营养成分，此外，还有丰富的有机酸和黄酮类物质、挥发油、橙皮苷等。对促进新陈代谢、延缓衰老现象及增强身体抵御能力等都十分有帮助。但其实除了强身健体的功效之外，柠檬亦是一种有相当高美容价值的食物，不但有美白的疗效，而且其独特的果酸成分更可软化角质层，令肌肤变得白皙而富有光泽。

2.1.2 草莓的营养和功效

草莓营养丰富，含有果糖、蔗糖、柠檬酸、苹果酸、水杨酸、氨基酸及钙、磷、铁等矿物质。此外，它还含有多种维生素，尤其是维生素 C 含量非常丰富，每 100 克草莓中就含有维生素 C60 毫克。草莓中所含的胡萝卜素是合成维生素 A 的重要物质，具有明目养肝作用。草莓还含有果胶和丰富的膳食纤维，可以帮助消化、通畅大便。

2.2 亚酸性水果的营养价值

2.2.1 苹果的营养和功效

多吃苹果可以增进记忆、提高智力。苹果不仅含有丰富的糖、

图 2-43　水果研究报告效果（续）

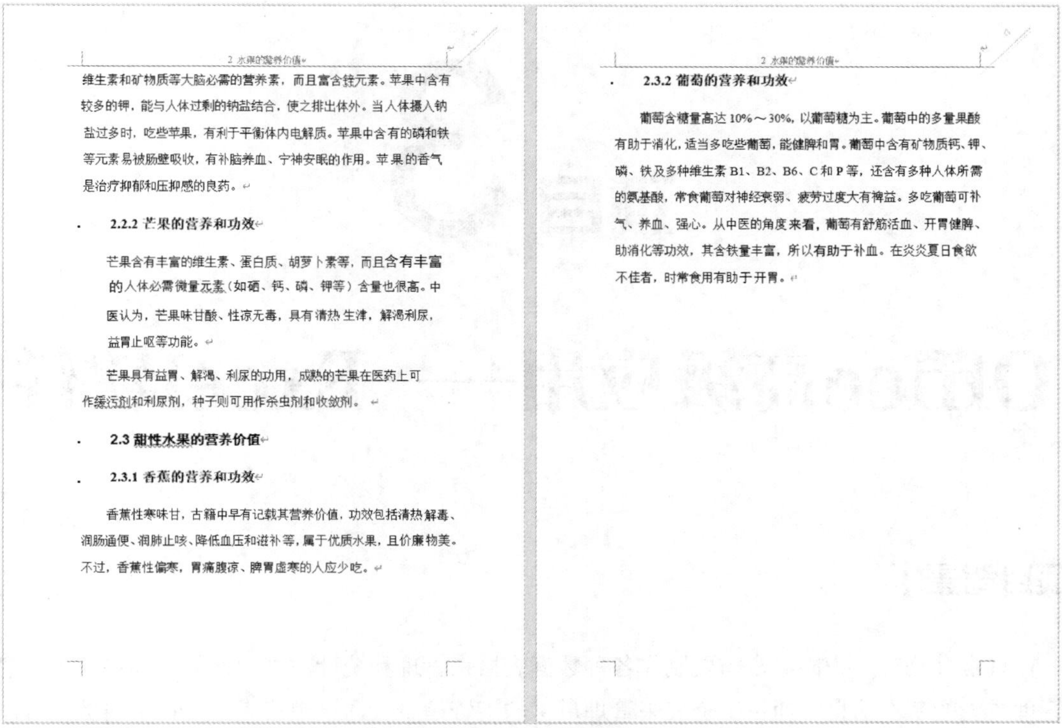

2 水果的营养价值

维生素和矿物质等大脑必需的营养素，而且富含锌元素。苹果中含有较多的钾，能与人体过剩的钠盐结合，使之排出体外。当人体摄入钠盐过多时，吃些苹果，有利于平衡体内电解质。苹果中含有的磷和铁等元素易被肠壁吸收，有补脑养血、宁神安眠的作用。苹果的香气是治疗抑郁和压抑感的良药。

2.2.2 芒果的营养和功效

芒果含有丰富的维生素、蛋白质、胡萝卜素等，而且含有丰富的人体必需微量元素（如硒、钙、磷、钾等）含量也很高。中医认为，芒果味甘酸、性凉无毒，具有清热生津，解渴利尿，益胃止呕等功能。

芒果具有益胃、解渴、利尿的功用，成熟的芒果在医药上可作缓泻剂和利尿剂，种子则可用作杀虫剂和收敛剂。

2.3 甜性水果的营养价值

2.3.1 香蕉的营养和功效

香蕉性寒味甘，古籍中早有记载其营养价值，功效包括清热解毒、润肠通便、润肺止咳、降低血压和滋补等，属于优质水果，且价廉物美。不过，香蕉性偏寒，胃痛腹凉、脾胃虚寒的人应少吃。

2 水果的营养价值

2.3.2 葡萄的营养和功效

葡萄含糖量高达 10%～30%，以葡萄糖为主。葡萄中的多量果酸有助于消化，适当多吃些葡萄，能健脾和胃。葡萄中含有矿物质钙、钾、磷、铁及多种维生素 B1、B2、B6、C 和 P 等，还含有多种人体所需的氨基酸，常食葡萄对神经衰弱、疲劳过度大有裨益。多吃葡萄可补气、养血、强心。从中医的角度来看，葡萄有舒筋活血、开胃健脾、助消化等功效，其含铁量丰富，所以有助于补血。在炎炎夏日食欲不佳者，时常食用有助于开胃。

图 2-43　水果研究报告效果（续）

项目 3

Office高级应用——Excel软件

【项目背景】

在日常办公时，我们经常需要制作各种数据表格来管理和统计数据，例如，通过员工信息表来管理员工的基本信息，通过工资表来管理员工的工资信息，通过销售表来统计销售数据等。作为 Office 办公软件中的重要组件之一，Excel 软件以表格形式组织、分析、处理数据，凭借其直观的界面、出色的计算功能和图表工具成为当今最流行的数据处理软件，它可以帮助人们进行各种数据的处理、统计分析和决策制定，被广泛地应用于管理、统计、金融等众多领域。

【思维导图】

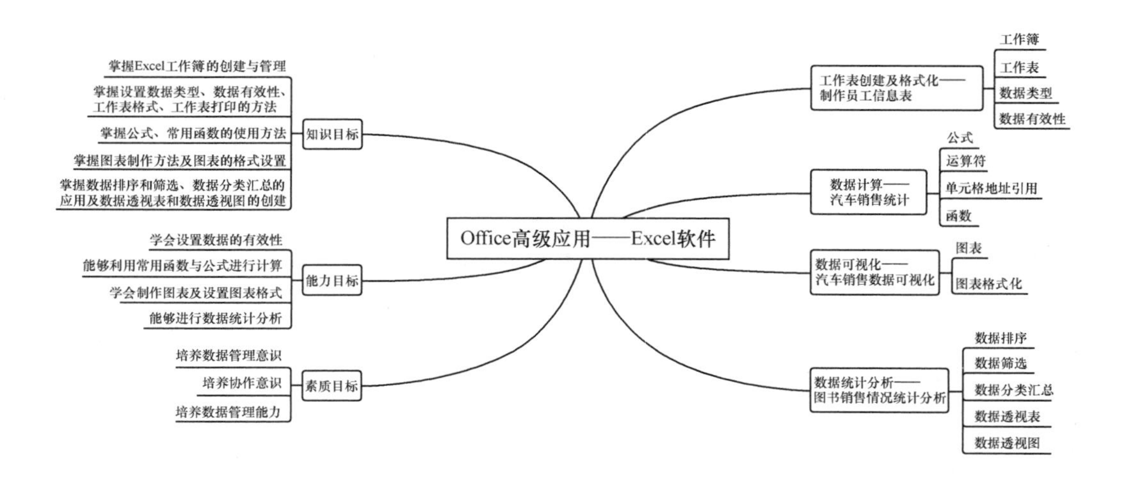

【项目相关知识】

3.1 工作表创建及格式化

1. 工作簿

工作簿是多个工作表的集合，一个工作簿最多可包含 255 个工作表，工作簿文件的扩展名为.xlsx。

2. 工作表

工作表是一个二维表格，它由行和列组成，行和列交叉的地方称为单元格，单元格是存放数据的地方，默认的工作表名称为 Sheet1。一个工作表最多可以有 1048576 行和 16384 列，行号用数字 1 ~ 1048576 表示，列号用英文字母 A ~ Z，AA ~ AZ，BA ~ BZ，…，XFA ~ XFD 表示。

3. 数据类型

Excel 软件中的数据类型包含数值型、日期型、时间型、货币型、文本型、百分比型等。如果想将数值当成普通的文本，则在输入数值前先输入半角状态的上撇符号，之后再输入数字。例如将数值编号“00001”当成文本时直接输入“'00001”，然后按下回车键，需要注意的是，输入的是双引号内的字符。通常将编号、邮政编码、身份证号码、电话号码等无须计算大小的数值当成文本处理。

4. 数据有效性

为了避免在录入过程中出现不规范的数据，可以在某些列设置数据有效性，采用下拉列表形式选择数据进行数据录入，避免用户录入下拉列表以外的数据。使用下拉列表录入数据的方式通常适用于选择个数少且规范的数据，例如性别、职称、工种、学历、学位、产品类型等。

3.2 数据计算

1. 公式

公式是指在单元格中执行计算功能的等式，所有公式都必须以等号开头，公式形式：=表达式。

2. 运算符

运算符是用于对公式中的元素进行运算而规定的特殊符号。常用的运算符有算术运算符、字符串连接运算符和关系运算符三类，按优先级别由高到低列出各种运算符（圆括号优先）及其含义，如表 3-1 所示。

表 3-1 运算符及其含义

运算符		含义	举例
算术运算符	-	负号	-9，-B1
	%	百分号	9%（即 0.09）
	^	乘方	9^2（即 9^2）
	*，/	乘、除	9*6, 9/6（即 9×6，9÷6）
	+，-	加、减	9+3，9-3
字符串连接运算符	&	字符串连接	“Office” & “2016” 为 “Office 2016”
关系运算符	=，<>	等于，不等于	9=3 的值为 false, 9<>3 的值为 true
	>，>=	大于，大于等于	9>3 的值为 true, 9>=3 的值为 true
	<，<=	小于，小于等于	9<3 的值为 false, 9<=3 的值为 false

3. 单元格地址引用

单元格地址引用分为相对引用、绝对引用、混合引用三类。相对引用是指引用的单元格与复制位置的单元格保持一致，即公式随着引用单元格位置变化而变化，通常直接使用由列号和行号表示的单元格地址，例如对 A7 的相对引用表示为 A7。绝对引用是指固定地址的引用，公式不会随着引用单元格位置变化而变化，通常在单元格名称的列号和行号左侧加上“$”符号，例如对 A7 的绝对引用表示为$A$7。混合引用是指只绝对引用固定的单列或单行，而别的行或列使用相对引用，例如对 A7 的混合引用表示为$A7 或 A$7。

4. 函数

函数即事先创建好的公式，函数同样以等号开头，函数的形式：=函数名([参数 1], [参数 2], …)。Excel 软件提供了大量、实用的函数，这些函数为分析计算提供了极大便利。例如 SUM 函数、AVERAGE 函数等。Excel 软件中的常用函数具体如下。

（1）SUM 函数

SUM 函数为求和函数，其功能是对选择的单元格或单元格区域进行求和计算，其语法结构为 SUM（number1, number2, …），其中 number1, number2, …表示若干个需要求和的参数。填写参数时，可以使用单元格地址（如 B4,C4,D4），也可以使用单元格区域（如 B4:D4），甚至可混合输入（如 B4, C4:D4）。

（2）AVERAGE 函数

AVERAGE 函数为平均值函数，其功能是求平均值，计算方法是，将选择的单元格或单元格区域中的数据先相加，再除以单元格个数，其语法结构为 AVERAGE（number1, number2, …），其中 number1, number2, …表示若干个需要求平均值的参数。填写参数时，如果对多个连续的单元格求平均值则直接使用单元格区域（如 B4:G4）即可。

（3）RANK 函数

RANK 函数是排名函数，其功能是求某一个数值在某一区域内的排位，其语法结构为

RANK(number, ref, [order])，其中 number 为需要排位的数字；ref 为一组数字或一个单元格区域，而 ref 中的非数值型参数将被忽略；order 为一个数字，用于确定排位的方式。如果 order 为 0 或省略，将按降序排位；如果 order 不为零，将按升序排位。

（4）IF 函数

IF 函数是条件函数，它能判断真假值，并根据逻辑计算的真假值返回不同的结果，其语法结构为 IF（logical_test, value_if_true, value_if_false），其中，logical_test 表示计算结果为 true 或 false 的任意值或表达式；value_if_true 表示 logical_test 为 true 时要返回的值，可以是任意数据；value_if_false 表示 logical_test 为 false 时要返回的值，也可以是任意数据。

（5）MAX/MIN 函数

MAX 函数为最大值函数，其功能是返回所选单元格区域中所有数值的最大值；MIN 函数为最小值函数，其功能是返回所选单元格区域中所有数值的最小值。其语法结构为 MAX/MIN（number1, number2, …），其中 number1, number2, …表示要筛选的若干个数值或一个单元格区域。

（6）COUNTIF 函数

COUNTIF 函数用于计算某个单元格区域中给定条件的单元格数目，其语法结构为 COUNTIF（range,criteria），其中 range 为需要计算的单元格区域；criteria 为确定哪些单元格将被计算在内的条件，其形式可以为数字、表达式或文本。

（7）INDEX 函数

INDEX 函数用于返回工作表单元格区域的值或对值的引用。INDEX 函数有两种形式：数组形式和引用形式。数组形式通常返回数值或数值数组；引用形式通常返回对值的引用。其语法结构有两种形式：INDEX(array, row_num, column_num)用于返回数组中指定的单元格或单元格数组的数值；INDEX(reference, row_num, column_num, area_num)用于返回引用中指定单元格或单元格区域的引用。

3.3　数据可视化

1. 图表

图表是进行数据分析的强有力工具，图表以工作表的数据为依据，以多种类型的图形反映工作表数据的相互关系和变化趋势。Excel 软件提供了多种类型的图表，包括柱形图、条形图、折线图、饼图、面积图、散点图、雷达图等，用户可根据不同的要求选用不同类型的图表。

2. 图表格式化

图表格式化即对图表进行格式设置，包括设置图表样式、添加图表元素、设置图表区尺寸和背景、设置图表区文字格式等。

3.4 数据统计分析

1. 数据排序

数据排序是按照一定的规则对数据列表中的数据进行整理排列的过程。数据排序的方式通常有“升序排序”和“降序排序”两种。

2. 数据筛选

数据筛选是指将工作表中符合查询条件的数据显示出来，不满足指定条件的数据暂时隐藏。Excel 软件的数据筛选通常有两种方式：自动筛选、高级筛选。自动筛选就是按照设定的条件对工作表中的数据进行筛选，每次只能按照一个条件筛选，用于筛选简单的数据，能够帮助用户从包含大量数据记录的数据列表中快速查找出满足条件的记录。高级筛选功能较强，可进行多条件的复杂查询。

3. 数据分类汇总

数据分类汇总是一个功能强大、使用方便的数据处理工具，它能按照用户指定的分类规则对指定的字段进行汇总计算并将结果在工作表中显示出来。

4. 数据透视表

数据透视表是一种交互式的数据报表，可以快速地按照多个条件汇总大量的数据并对汇总结果进行各种筛选，以查看源数据的不同统计结果。Excel 软件中的数据透视表集成了筛选、排序和分类汇总等功能，最终可生成包含多种汇总统计信息的汇总表格，是用户进行数据分析的有力工具。在数据透视表中可以从不同角度查看数据，以便做出更好的业务决策。

5. 数据透视图

数据透视图为关联数据透视表中的数据提供图形表示形式，它是一种交互式的图表。为了直观地查看数据情况，可以根据数据透视表制作相应的数据透视图。对于可视化演示文稿，可以使用交互式筛选控件创建数据透视图，以便分析数据子集。

【项目任务】

任务 1 制作员工信息表

任务描述

公司的行政管理人员常常需要通过制作员工信息表来管理员工信息。行政秘书小刘接到公司任务，需要创建公司内部的员工信息表，并将该信息表打印出来。员工信息表如图 3–1 所示。

员工信息表							
员工编号	姓名	性别	学历	部门	入职日期	身份证号	联系电话
0001	孙晓富	男	本科	市场部	2011/8/15	44120319910127XXXX	1591710XXXX
0002	李冠琛	男	大专	市场部	2012/9/7	15282219920801XXXX	1599231XXXX
0003	关俊涛	男	本科	培训部	2010/12/6	44098219900608XXXX	1831262XXXX
0004	曾青华	女	大专	人事部	2010/1/16	44090219900413XXXX	1832068XXXX
0005	李文平	女	中专	人事部	2011/2/10	44142619910422XXXX	1312496XXXX
0006	孙浩	男	大专	售后服务部	2016/3/10	44188219920916XXXX	1379090XXXX
0007	丁玲	女	本科	培训部	2012/4/8	44020419920429XXXX	1511918XXXX
0008	蔡娜	女	大专	人事部	2012/5/8	44080419901120XXXX	1511995XXXX
0009	罗军	男	研究生	培训部	2014/6/7	44088319890608XXXX	1342689XXXX
0010	肖羽	女	本科	售后服务部	2013/7/9	44058219911107XXXX	1343731XXXX
0011	甘晓明	男	大专	售后服务部	2010/8/11	44098219900126XXXX	1832068XXXX
0012	姜雪	女	大专	市场部	2012/9/4	44078219910531XXXX	1882068XXXX
0013	郑霞	女	中专	售后服务部	2011/12/7	44080419900429XXXX	1582017XXXX
0014	陈芳	女	中专以下	市场部	2013/1/9	44092119911004XXXX	1392673XXXX
0015	韩伟	男	中专	售后服务部	2011/2/11	44090219900509XXXX	1832068XXXX
0016	杨慧	女	中专	售后服务部	2010/3/4	44050619900317XXXX	1871916XXXX
0017	何军	男	本科	培训部	2010/4/13	53038119870107XXXX	1369001XXXX
0018	郝丽君	女	大专	市场部	2009/5/7	44051019900517XXXX	1392751XXXX
0019	罗美琳	女	大专	市场部	2012/6/11	44150219911116XXXX	1598655XXXX
0020	彭军	男	本科	培训部	2013/7/3	44182119910510XXXX	1317856XXXX
0021	吴美玲	女	本科	培训部	2013/8/4	44098119910530XXXX	1308579XXXX
0022	李苗	女	大专	售后服务部	2010/9/11	44182519910405XXXX	1304626XXXX
0023	杨丽	女	大专	市场部	2011/12/12	44092319911119XXXX	1369252XXXX
0024	陈昆	男	研究生	培训部	2015/1/5	44178119911127XXXX	1336029XXXX
0025	郑敏	女	本科	培训部	2012/2/9	44092319900818XXXX	1832068XXXX
0026	李晓	女	本科	人事部	2013/3/13	44172119910315XXXX	1591525XXXX
0027	肖良	男	研究生	培训部	2015/4/2	44078219910827XXXX	1508957XXXX
0028	黄凤连	女	大专	售后服务部	2010/5/3	44098119891101XXXX	1372589XXXX
0029	陈巧巧	女	大专	市场部	2012/6/12	44162119900618XXXX	1343756XXXX
0030	蔡玉婷	女	本科	人事部	2013/7/3	62222319910201XXXX	1369260XXXX
0031	陈焕	男	大专	市场部	2011/8/6	44092319910901XXXX	1597656XXXX
0032	陈宁	男	中专以下	市场部	2010/9/13	44088119890930XXXX	1871929XXXX
0033	李育龙	男	中专以下	市场部	2013/12/2	44092319900903XXXX	1341580XXXX

图 3-1　员工信息表效果

技术分析

制作员工信息表涉及以下相关操作：创建与管理 Excel 工作簿，单元格数据录入，数据有效性设置，修改工作表结构（如插入或删除行和列等），美化工作表（如单元格、行和列的格式设置，条件格式设置等），打印工作表等。

任务实现

步骤 1：创建与管理 Excel 工作簿

（1）新建工作簿文件：在桌面空白的地方单击鼠标右键，指针指向“新建”选项，单击“Microsoft Excel 工作表”，输入文件名“员工信息表工作簿”后按下回车键。

（2）重命名工作表：在编辑窗口左下方工作表标签“Sheet1”上单击鼠标右键选择“重命名”选项或者直接双击“Sheet1”标签，输入工作表名称“员工信息表 1”后按下回车键，即可重命名工作表。

（3）新增工作表：单击“员工信息表 1”标签右侧的⊕按钮即可新增一个工作表 Sheet2。

（4）复制工作表：右键单击“员工信息表 1”标签，选择“移动或复制”选项，在弹出的对话框中勾选“建立副本”选项，然后单击【确定】按钮即可复制工作表，复制的工作表标签为“员工信息表（2）”。

（5）删除工作表：右键单击工作表标签 Sheet2，在弹出的快捷菜单中选择“删除”选项即可删除该工作表。

（6）另存工作簿文件：单击【文件】选项卡，选择“另存为”选项，然后单击【浏览】按钮，在弹出的“另存为”对话框中选择好文件另存的位置（如“桌面”），在“文件名”右侧的输入框中输入文件名称“员工信息表”，单击【保存】按钮即可将当前修改后的工作簿文档另外保存一份到桌面，如图 3–2 所示。（需要注意的是，修改之前的文档仍然保留不变。）

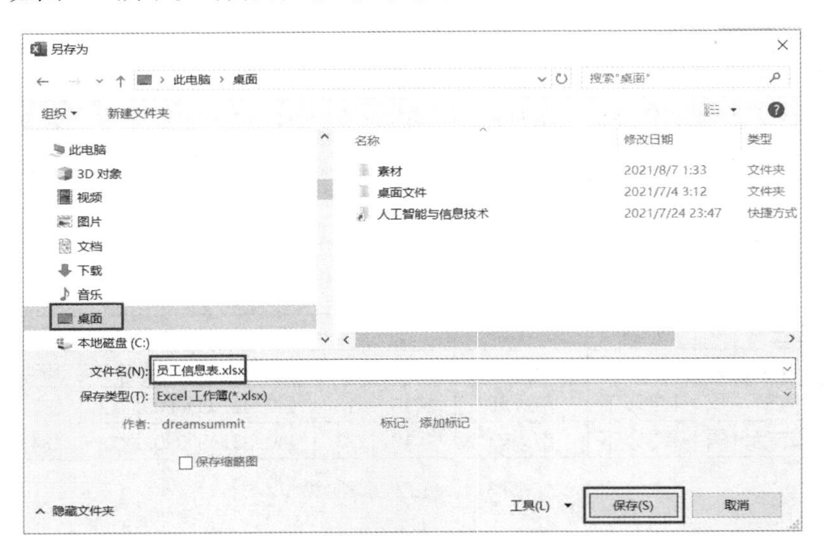

图 3–2　另存工作簿文件

步骤 2：单元格数据录入

（1）选定单元格

单击要录入数据的单元格。

（2）录入字符文本

逐字输入字符文本，输入完毕后按下回车键确认输入并自动将光标移动至下方单元格，如果输入后按下【Tab】键或右方向键则自动将光标移动至右侧单元格。按图 3-3 所示输入表头信息，并按照图 3-1 的内容在对应的单元格中输入具体的姓名。

员工信息表							
员工编号	姓名	性别	学历	部门	入职日期	身份证号	联系电话

图 3-3 输入表头信息

（3）录入数字文本

方法一：先录入半角单引号“'”，例如，输入第一个员工编号：'0001，然后利用句柄填充的方法快速输入其他的员工编号，即将鼠标指针移动到第一个员工编号单元格右下角小方点句柄的位置，当指针由白色空心的十字变成黑色实心的十字时，按下鼠标左键往下拖动鼠标至最后一个员工对应的员工编号单元格。使用相同的方法依次输入每个员工的身份证号和联系电话等文本。需要注意的是单元格左上角的绿色三角标记表示当前单元格的内容为数值型文本。

方法二：选择需要输入数值型文本的列，例如单击身份证号所在的 G 列标签，在【开始】选项卡的【数字】功能区中单击【数字格式】下拉按钮，选择“文本”选项，即可把身份证号整列数据设置为文本类型，此时无须输入半角单引号而直接录入身份证号后按下回车键即可。

（4）输入日期

年月日之间可以用“-”或“/”隔开，在工作表中输入“入职日期”列的数据，例如 1991 年 5 月 3 日可以在录入时输入 1991-5-3 或 1991/5/3，输入完毕按下回车键确认录入，依照图 3-1 所示的效果依次录入员工入职日期。

步骤 3：数据有效性设置

（1）设置“性别”数据有效性

选中性别列所在的单元格区域 C3:C35，在【数据】选项卡的【数据工具】功能区中单击【数据验证】下拉按钮，选择“数据验证”选项，弹出“数据验证”对话框，在【设置】选项卡的“验证条件”区域中单击“允许”框右侧的下拉按钮，选择“序列”选项，在“来源”下拉列表中输入“男,女”两个值（注意：两个值之间使用半角状态的逗号隔开），单击【确定】按钮即可完成性别列取值的下拉选择设置，如图 3-4 所示。此时在 C3:C35 区域中录入性别取值，即可显示下拉选择框。

（2）设置“学历”数据有效性

选中学历列所在的单元格区域 D3:D35，使用上述相同方法设置学历的取值选项：研究生,本科,大专,中专,中专以下，如图 3-5 所示。

（3）设置“部门”数据有效性

选中部门列所在的单元格区域 E3:E35，使用上述相同方法设置部门的取值选项：人事部,市场部,培训部,售后服务部，如图 3-6 所示。

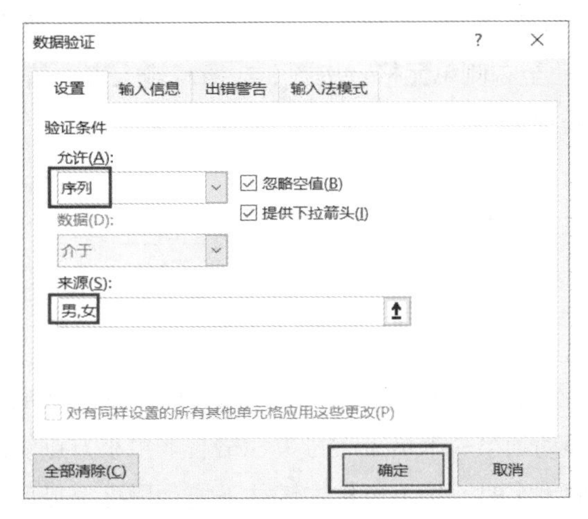

图 3–4　性别“数据验证”对话框

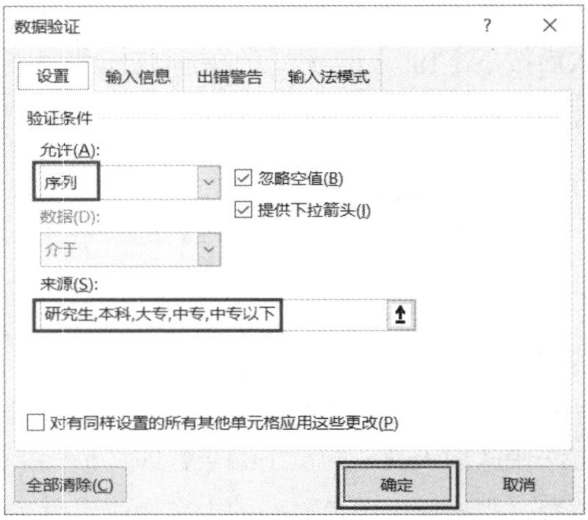

图 3–5　学历“数据验证”对话框

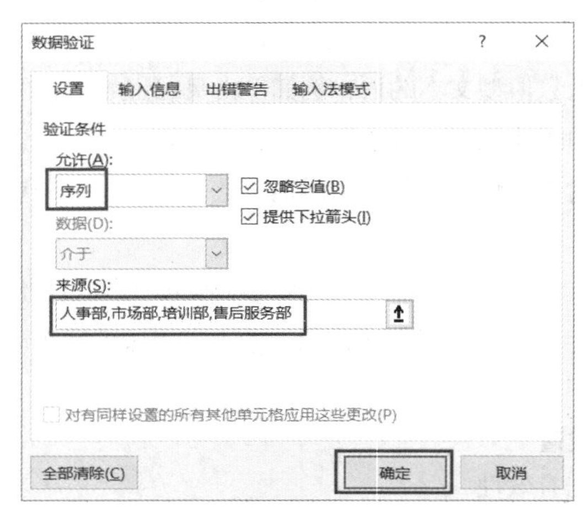

图 3–6　部门“数据验证”对话框

（4）设置“身份证号”数据的位数

选中身份证号列所在的单元格区域 G3:G35，在【数据】选项卡的【数据工具】功能区中单击【数据验证】下拉按钮，选择“数据验证”选项，弹出“数据验证”对话框，在【设置】选项卡的“验证条件”区域中单击“允许”框右侧的下拉按钮，选择“文本长度”选项，在“数据”下拉列表选择“等于”，在“长度”框中输入“18”，单击【确定】按钮即可完成身份证号列取值位数设置，如图 3–7 所示；为了提高人机交互性，可以在【输入信息】选项卡的“输入信息”框中设置输入提示信息“请输入 18 位的号码”，如图 3–8 所示；在【出错警告】选项卡的“错误信息”框中设置输入错误的提示信息“输入的位数超出范围，请重新输入 18 位号码”，如图 3–9 所示。此时，在 G3:G35 单元格中输入身份证号时只能输入 18 位数，一旦输入非 18 位的身份证号码将会弹出出错警告，提示重新输入。

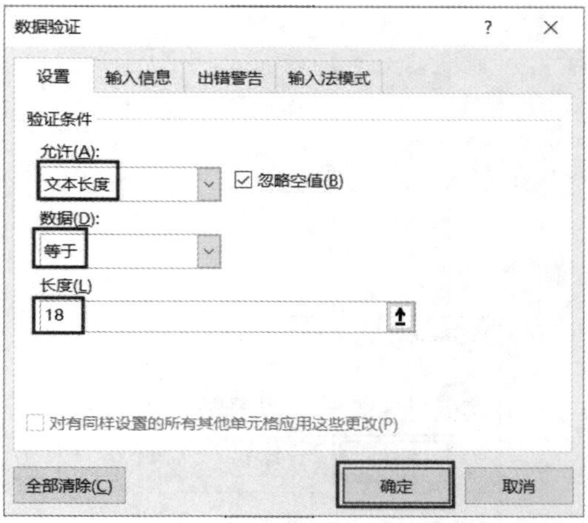

图 3-7　身份证号“数据验证”对话框

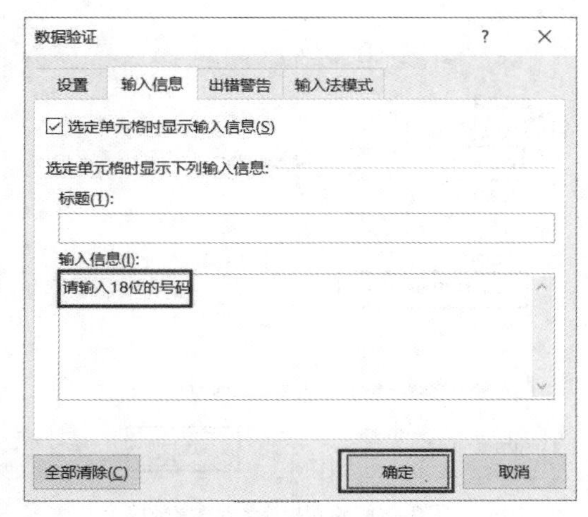

图 3-8　输入提示信息设置

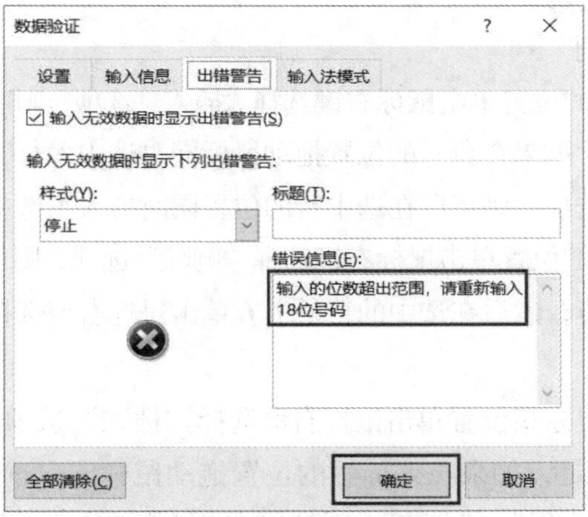

图 3-9　输入错误的提示信息设置

（5）设置拒绝录入重复数据

单击选中 A4 单元格，在【数据】选项卡的【数据工具】功能区中单击【数据验证】下拉按钮，选择“数据验证”选项，弹出“数据验证”对话框，在【设置】选项卡的“验证条件”区域中单击“允许”框右侧的下拉按钮，选择“自定义”选项，在“公式”框中输入“=COUNTIF(A:A,A3)=1”（注意：不含双引号，公式中的所有符号在英文半角状态下输入），单击【确定】按钮即可实现在录入“员工编号”时拒绝与上一个单元格重复录入内容的设置，如图 3-10 所示；将鼠标指针移动到 A4 单元格右下角小方点句柄的位置，当指针由白色空心的十字变成黑色实心的十字时，按下鼠标左键往下拖动鼠标至最后一个员工对应的员工编号单元格 A35，复制上述公式到其他员工编号单元格即可。此时，如果在 A4:A35 区域的任意一个单元格中输入与上一个单元格相同的数据则会弹出错误警告，提示输入有误，如图 3-11 所示。此时，只要单击【重试】按钮，关闭消息提示框重新输入正确的数据，即可以避免录入重复的数据。

图 3–10 设置拒绝录入重复数据

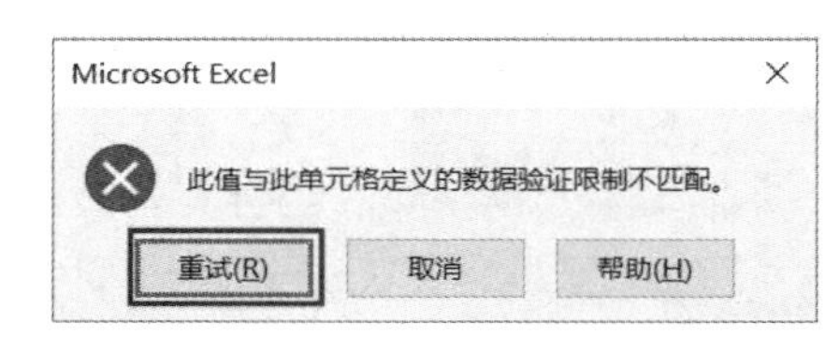

图 3–11 “重复录入”警告对话框

步骤 4：工作表格式设置

（1）插入或删除行和列

① 插入行。在行号 3 的位置单击鼠标右键选择“插入”选项，则可以在第三行的位置插入一个空白行。需要说明的是，如果在行号的位置拖动鼠标同时选中多行，然后在选中的行号上方单击鼠标右键选择“插入”选项，则可以在选中行的位置同时插入与选中数量相同的空白行。

② 删除行。在行号 3 的位置单击鼠标右键选择“删除”选项，则可以将第三行删除。需要说明的是，如果同时选中多行，然后在选中的行号上方单击鼠标右键选择“删除”选项，则可以将选中的多行同时删除。

③ 插入列。在 E 列的标签位置单击鼠标右键选择“插入”选项，则可以在 E 列的位置插入一个空列。需要说明的是，如果在列标签的位置拖动鼠标同时选中多列，然后在选中的列标签上方单击鼠标右键选择“插入”选项，则可以在选中的列位置同时插入与选中数量相同的空列。

④ 删除列。在 E 列的标签位置单击鼠标右键选择“删除”选项，则可以将 E 列删除。需要说明的是，如果同时选中多列，然后在选中的列标签上方单击鼠标右键选择“删除”选项，则可以将选中的多列同时删除。

（2）设置字体格式

选中需要设置格式的单元格，在【开始】选项卡的【字体】功能区中进行相应的设置。例如，将标题“员工信息表”设置为黑体、加粗、20 磅。

（3）设置行高和列宽

单击员工信息表中的任一单元格，按下【Ctrl】+【A】组合键全选工作表，在【开始】选项卡的【单元格】功能区中单击【格式】下拉按钮，选择“行高”选项，在弹出的“行高”对话框中输入“20”，单击【确定】按钮，即可将员工信息表的行高设置为 20；继续在【单元格】功能区中单击【格式】下拉按钮选择“自动调整列宽”选项，即可根据列的内容自动调整列的宽度。

（4）设置对齐方式

选择标题所在的单元格区域 A1:H1，在【开始】选项卡的【对齐方式】功能区中单击【合并后居中】按钮，即可使标题合并居中显示；选中内容所在的单元格区域 A2:H35，继续在【对齐方式】功能区中单击【垂直居中】按钮和【居中】按钮，即可将单元格的内容水平、垂直居中显示。

（5）设置边框

选择单元格区域 A2:H35，在【开始】选项卡的【字体】功能区中单击【边框】下拉按钮，选择“所有框线”选项，即可为员工信息表加边框。

（6）设置底纹及背景

选择列标题所在的单元格区域 A2:H2，在【开始】选项卡的【字体】功能区中单击【填充】下拉按钮，选择“绿色”选项，即可将列标题单元格的底纹设置为绿色；在【页面布局】选项卡的【页面设置】功能区中单击【背景】按钮，如图 3–12 所示，在弹出的窗口中单击【浏览】按钮选择背景图片，即可为工作表设置背景图像；如果要取消背景，则在【页面设置】功能区中单击【删除背景】按钮即可。

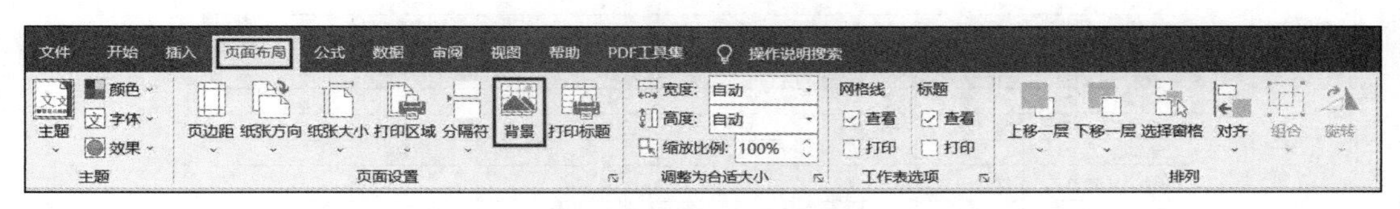

图 3–12　设置背景

步骤 5：打印区域设置

选中 A1:H35 区域，在【文件】选项卡中选择“打印”选项，单击【设置】下拉按钮选择“打印选定区域”选项，即可对选中的内容进行打印，如图 3–13 所示。

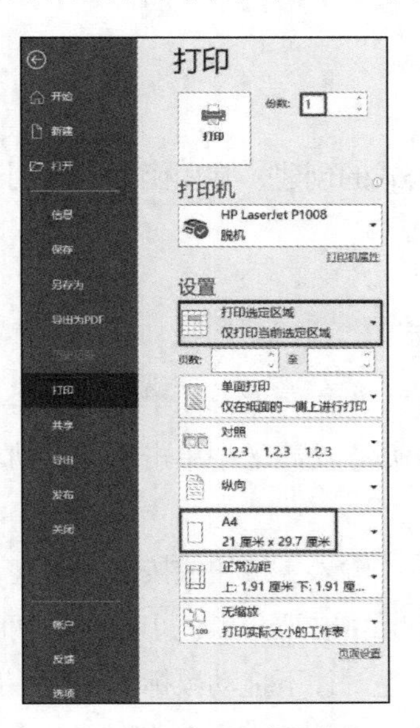

图 3–13　打印区域设置

任务 2 汽车销售统计

任务描述

小明作为某汽车销售公司的销售经理，在做半年总结汇报的时候需要统计一至六月的销售情况，包括每位销售员的上半年营业总额、月平均营业额、总额排名、销售等级、月最高营业额、月最低营业额、月营业额大于 100 万元的人数及周婷六月的营业额等，最终统计结果如图 3-14 所示。

汽车销售测评表										
姓名	月营业额（万元）						上半年营业总额（万元）	月平均营业额（万元）	总额排名	销售等级（月平均营业额大于等于 100:一等，大于等于90且小于100:二等，小于90:三等）
	一月	二月	三月	四月	五月	六月				
张宇名	105	95	90	85	95	115	585	93	7	二等
廖开源	122	115	95	96	98	102	628	105	3	一等
冯晓松	90	86	85	80	90	98	529	83	10	三等
李玉婷	103	102	115	96	86	113	615	103	4	一等
温雅玲	108	102	96	92	96	106	600	100	5	一等
陈坤	126	105	95	90	95	132	643	107	2	一等
钟明	96	82	88	80	83	98	527	83	11	三等
李明	85	78	83	86	75	95	502	84	12	三等
潘星宇	90	83	88	93	82	102	538	90	9	三等
卢梅	96	107	98	88	84	118	591	99	6	二等
周婷	135	123	112	90	90	126	676	113	1	一等
余家豪	98	93	85	92	102	114	584	97	8	二等
月最高营业额	135	123	115	96	102	132				
月最低营业额	85	78	83	80	75	95				
月营业额大于100万元的人数	6	6	2	0	1	9				
周婷六月的营业额	126									

图 3-14 “汽车销售测评表”最终效果

技术分析

该任务主要包含以下操作：公式的创建、常用函数的使用。

任务实现

步骤 1：计算上半年营业总额

（1）选中第一位销售员对应的上半年营业总额单元格 H4。

（2）在【开始】选项卡的【编辑】功能区中单击【∑自动求和】按钮，此时 H4 单元格中会出现“=SUM(B4:G4)”函数。

（3）单击“编辑栏”的【√】（输入）按钮或按下回车键，即可显示求和结果。

（4）将鼠标指针移动到 H4 单元格右下角黑色小方点句柄的位置，当指针由白色空心的十字变成黑色实心的十字时，按下鼠标左键往下拖动鼠标至最后一位销售员对应的上半年营业总额单元格即 H15 单元格后松开左键，即可将求和函数复制到其他单元格逐一进行求和计算。

步骤 2：计算月平均营业额

（1）选中第一位销售员对应的月平均营业额单元格 I4。

（2）在【开始】选项卡的【编辑】功能区中单击【∑自动求和】右侧下拉按钮中的“平均值”选项，此时 I4 单元格中会出现“=AVERAGE(B4:H4)”函数。

（3）在编辑栏修改参数为“B4:G4”，然后单击“编辑栏”的【√】（输入）按钮或按下回车键，即可显示求平均值的结果。

（4）将鼠标指针移动到 I4 单元格右下角黑色小方点句柄的位置，当指针由白色空心的十字变成黑色实心的十字时，按下鼠标左键往下拖动鼠标至最后一位销售员对应的月平均营业额单元格即 I15 单元格后松开左键，即可将平均值函数复制到其他单元格，然后逐一进行求平均值计算。

步骤 3：计算总额排名

（1）选中第一位销售员对应的总额排名单元格 J4，在【公式】选项卡中单击【fx 插入函数】按钮，此时出现“插入函数”对话框，在“搜索函数”框中输入“rank”后单击右侧的【转到】按钮，在“选择函数”框中选中“RANK”，单击【确定】按钮，如图 3–15 所示。

（2）在“函数参数”对话框中填写参数，将光标置于“Number”框中，然后单击第一位销售员对应的上半年营业总额单元格；将光标置于“Ref”框中，选中排名区域 H4:H15，需要注意的是，由于后续的其他成员都是在相同的排名区域中进行排名，故此处需对排名区域进行绝对引用，即选中该 H4:H15 参数后按下键盘的 F4 按键即可改为绝对引用$H$4:$H$15；在“Order”框中输入数字“0”，即按降序排列，单击【确定】按钮，如图 3–16 所示，此时 J4 单元格中会直接显示排序结果。

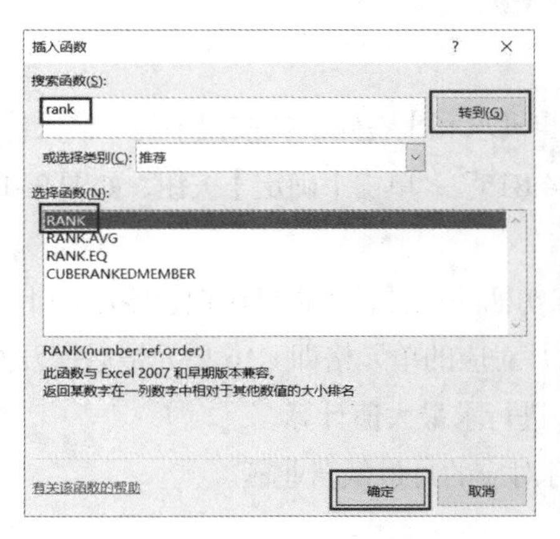

图 3–15 插入 RANK 函数

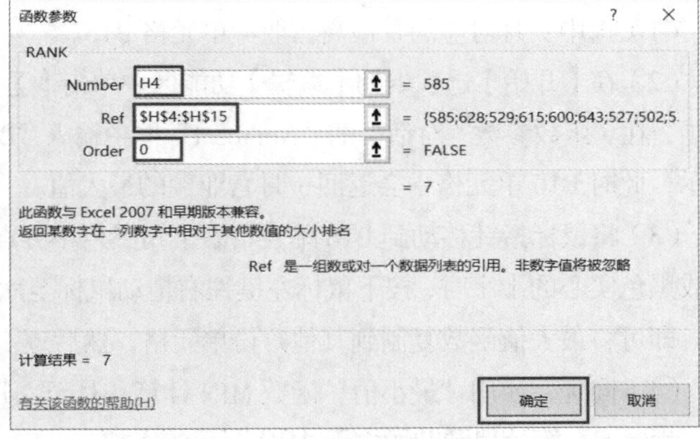

图 3–16 RANK 函数的参数设置

（3）将鼠标指针移动到 J4 单元格右下角黑色小方点句柄的位置，当指针由白色空心的十字变成黑色实心的十字时，按下鼠标左键往下拖动鼠标至最后一位销售员对应的总额排名单元格即 J15 单元格后松开左键，即可将排名函数复制到其他单元格，然后逐一进行排名。

步骤 4：计算销售等级

（1）选中第一位销售员对应的销售等级单元格 K4，在【公式】选项卡中单击【fx 插入函数】按钮，此时出现“插入函数”对话框，在“选择函数”框中选中“IF”，单击【确定】按钮，如图 3–17 所示。

（2）在“函数参数”对话框中分别填写参数，将光标置于“Logical_test”框中，输入满足“一等”的判断表达式“I4>=100”，将光标置于“Value_if_true”框中，输入等级“"一等"”，在“Value_if_false”框中输入嵌套函数“IF(I4>=90,"二等","三等")”，单击【确定】按钮，如图 3-18 所示，此时 K4 单元格中会直接显示等级结果。

（3）将鼠标指针移动到 K4 单元格右下角黑色小方点句柄的位置，当指针由白色空心的十字变成黑色实心的十字时，按下鼠标左键往下拖动鼠标至最后一位销售员对应的销售等级单元格即 K15 单元格后松开左键，即可将条件函数复制到其他单元格，然后逐一进行求等级计算。

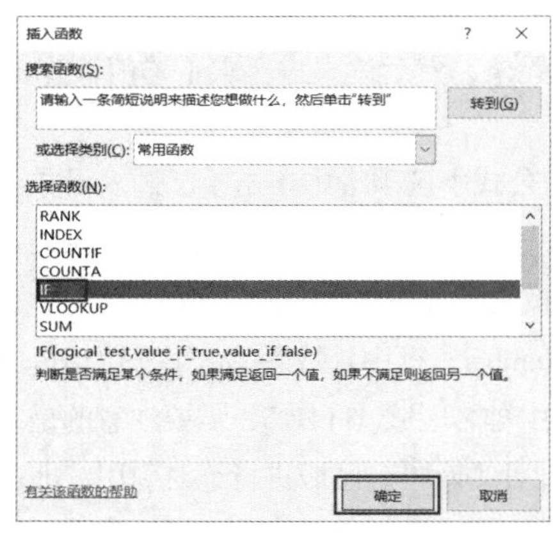

图 3-17　插入 IF 函数

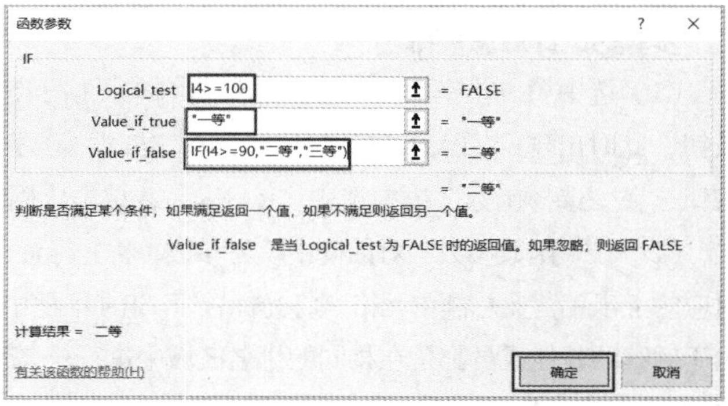

图 3-18　IF 函数的参数设置

步骤 5：计算月最高/最低营业额

（1）选中一月对应的月最高营业额单元格 B16。

（2）在【开始】选项卡的【编辑】功能区中单击【Σ自动求和】右侧下拉按钮中的“最大值”选项，在“函数参数”对话框的“Number1”框中输入“B4:B15”，单击【确定】按钮，如图 3-19 所示，此时 B16 单元格中会返回一月营业额的最大值。

（3）将鼠标指针移动到 B16 单元格右下角黑色小方点句柄的位置，当指针由白色空心的十字变成黑色实心的十字时，按下鼠标左键往右拖动鼠标至六月对应的单元格即 G16 单元格后松开左键，即可将最大值函数复制到其他月份单元格，然后逐一进行求最大值计算。

（4）同理，使用“最小值”函数 MIN 计算一月至六月对应的月最低营业额。

步骤 6：统计月营业额大于 100 万元的人数

（1）选中一月对应的月营业额大于 100 万元的人数单元格 B18。

（2）在【公式】选项卡中单击【fx 插入函数】按钮，此时出现“插入函数”对话框，在“选择函数”框中选中“COUNTIF”，单击【确定】按钮。

（3）在“函数参数”对话框中填写参数，将光标置于“Range”框中，输入“B4:B15”，将光标置于“Criteria”框中，输入统计条件“>100”，单击【确定】按钮，如图 3-20 所示，此时 B18 单元格中会直接显示统计结果。

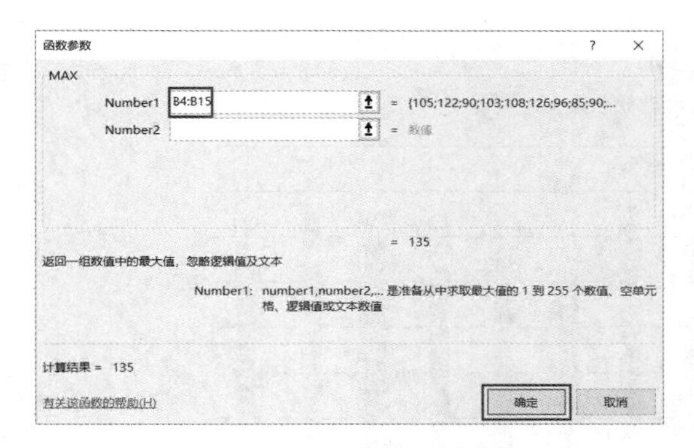

图 3-19　MAX 函数的参数设置

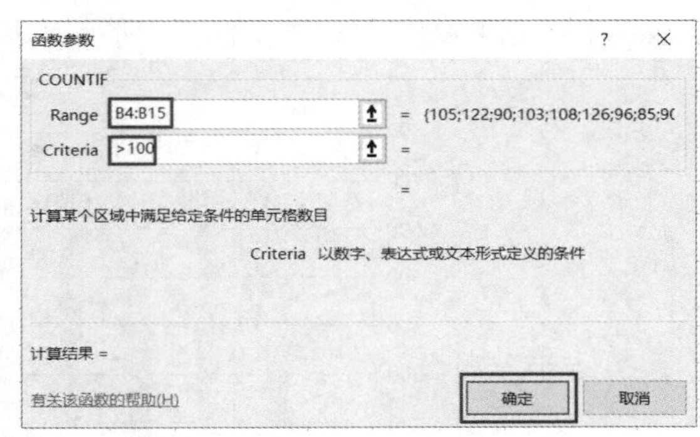

图 3-20　COUNTIF 函数的参数设置

（4）将鼠标指针移动到 B18 单元格右下角黑色小方点句柄的位置，当指针由白色空心的十字变成黑色实心的十字时，按下鼠标左键往右拖动鼠标至六月对应的单元格即 G18 单元格后松开左键，即可将 COUNTIF 函数复制到其他月份单元格，然后逐一进行求给定条件的单元格数目的统计计算。

步骤 7：查询单元格的内容

（1）选中周婷六月的营业额单元格 B20。

（2）在【公式】选项卡中单击【fx 插入函数】按钮，此时出现“插入函数”对话框，在“选择函数”框中选中 “INDEX”，单击【确定】按钮。

（3）在“选定参数”对话框中选择第一项参数“array,row_num,column_num”，单击【确定】按钮，如图 3-21 所示。

（4）在“函数参数”对话框的“Array”框中输入数据区域“A4:G15”，在“Row_num”框中输入要查询的人所在的行数“11”，在“Column_num”框中输入要查询的人所在的列数“7”，如图 3-22 所示，单击【确定】按钮，此时 B20 单元格中会显示查询结果。

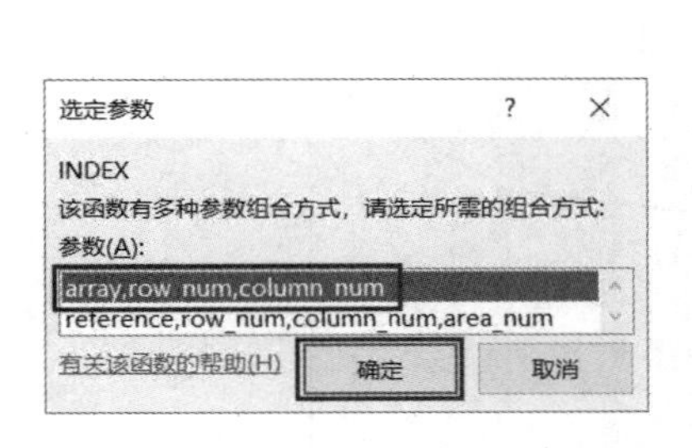

图 3-21　INDEX 函数的选定参数设置

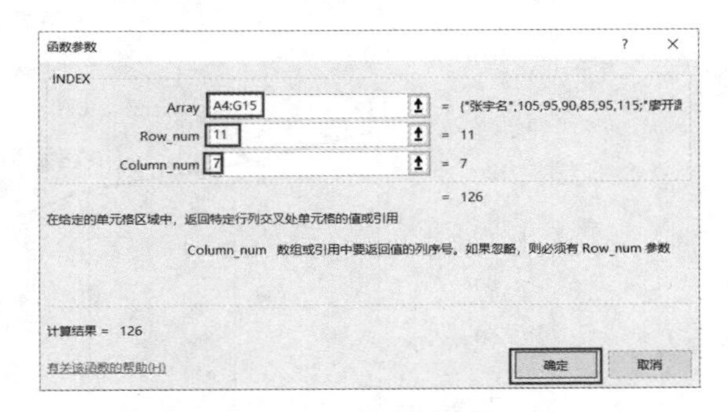

图 3-22　INDEX 函数的参数设置

任务 3　汽车销售数据可视化

任务描述

小明作为某汽车销售公司的销售经理，为了更直观地展示统计数据，使用图表的方式对统计结果进行数据可视化操作，如图 3-23 所示。

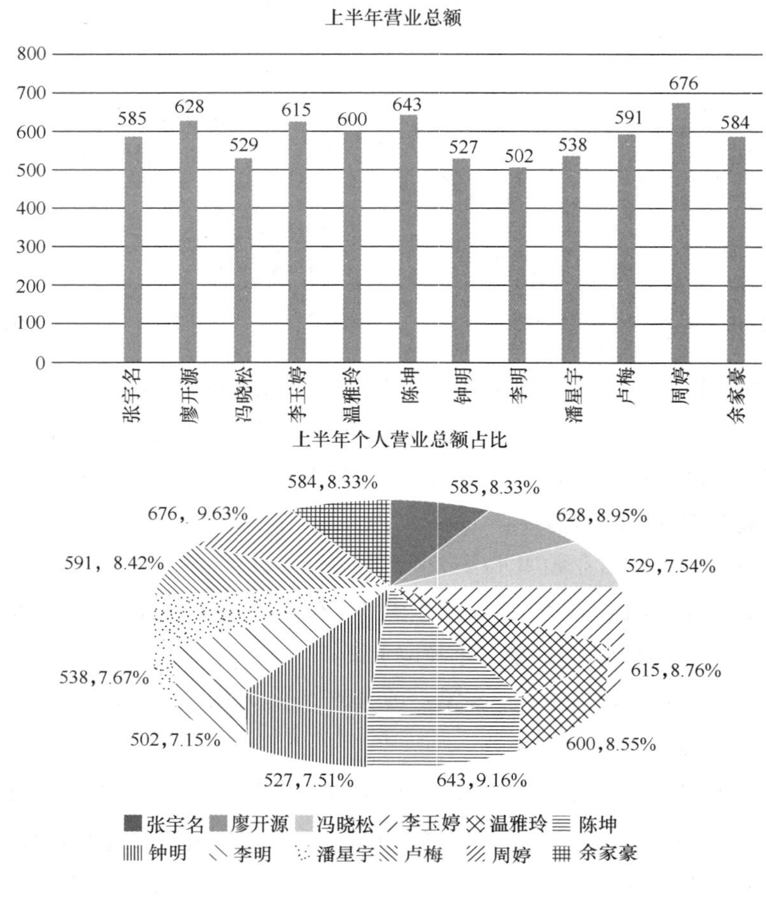

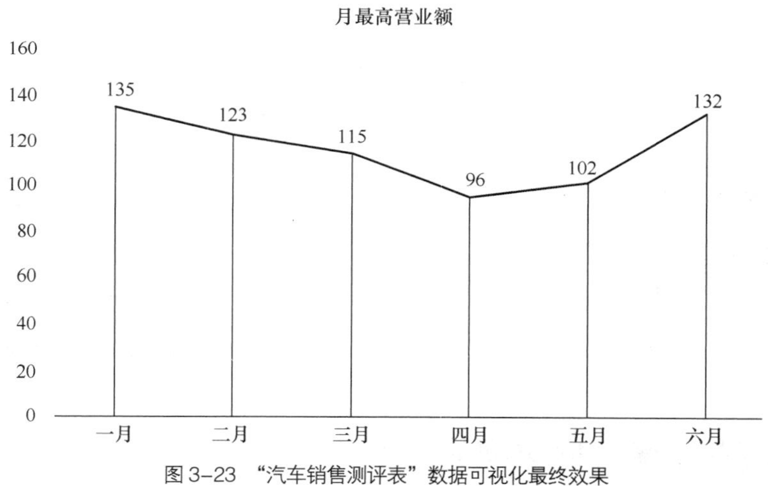

图 3-23 “汽车销售测评表”数据可视化最终效果

技术分析

该任务主要包含以下操作：图表制作和图表格式设置。

任务实现

步骤 1：绘制上半年营业总额柱状图

（1）在汽车销售测评表下方任意空白位置单击鼠标。

（2）在【插入】选项卡的【图表】功能区中单击【插入柱形图或条形图】下拉按钮，在弹出的下拉列表中选择“簇状柱形图”，如图 3–24 所示。

（3）单击选中步骤（2）插入的空白图表区，在【图表工具】的【设计】选项卡的【数据】功能区中单击【选择数据】按钮。

（4）在弹出的“选择数据源”对话框中，将光标定位到“图表数据区域”右侧的文本框中，按住【Ctrl】键不放在数据区域拖动鼠标同时选中 A2:A15 和 H2:H15 单元格区域，如图 3–25 所示，单击【确定】按钮。

（5）将鼠标指针移至图表区的右侧控制点，适当向右拖动增大图表区的宽度，使姓名水平显示。

（6）让图表区处于选中状态，在【图表工具】的【设计】选项卡的【图表布局】功能区中单击【添加图表元素】下拉按钮，在下拉列表中选择“数据标签”→“数据标签外”选项，即可在柱形图中显示对应的数值。

（7）单击选中图表区的图表标题，在【开始】选项卡的【字体】功能区中选择字体为“黑体”，字号为“20”，即可改变文字的格式。

（8）让图表区处于选中状态，在【图表工具】的【格式】选项卡的【形状样式】功能区中单击【形状填充】下拉按钮，选择“纹理”→“羊皮纸”选项，即可改变图表区的背景样式，图表效果如图 3–26 所示。

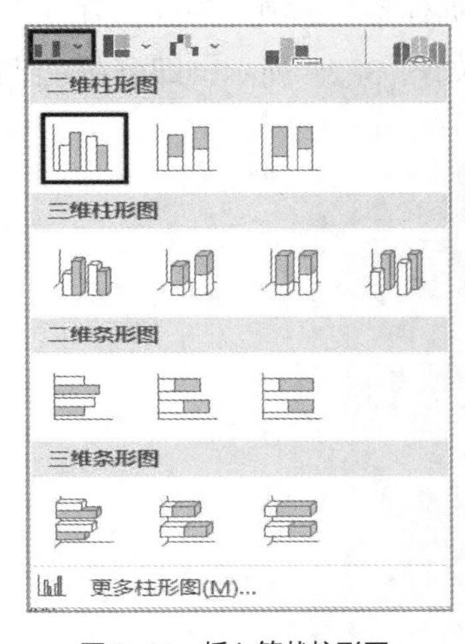

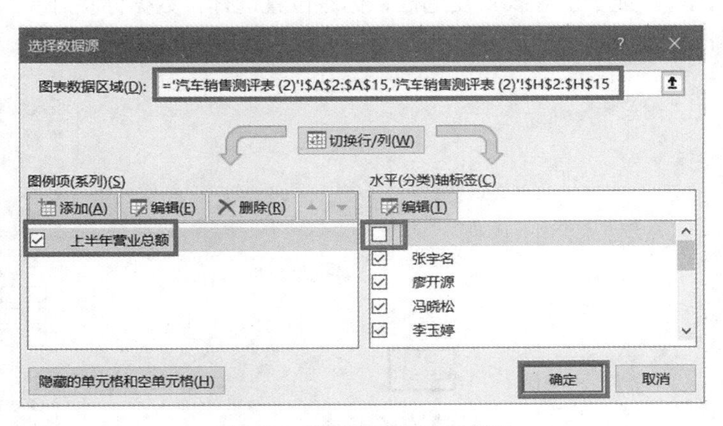

图 3–24　插入簇状柱形图

图 3–25　选择簇状柱形图数据源

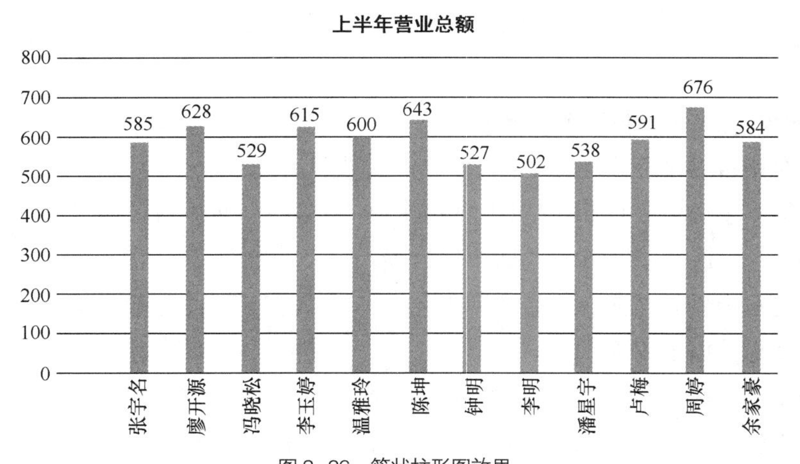

图 3–26 簇状柱形图效果

步骤 2：绘制上半年个人营业总额占比饼图

（1）在汽车销售测评表任意空白位置单击鼠标。

（2）在【插入】选项卡的【图表】功能区中单击【插入饼图或圆环图】按钮，在弹出的下拉列表中选择“三维饼图”，如图 3–27 所示。

（3）单击选中步骤（2）插入的空白图表区，在【图表工具】的【设计】选项卡的【数据】功能区中单击【选择数据】按钮。

（4）在弹出的“选择数据源”对话框中，将光标定位到“图表数据区域”右侧的文本框中，按住【Ctrl】键不放在数据区域拖动鼠标同时选中 A2:A15 和 H2:H15 单元格区域，如图 3–25 所示，单击【确定】按钮。

（5）让图表区处于选中状态，在【图表工具】的【设计】选项卡的【图表布局】功能区中单击【添加图表元素】下拉按钮，选择“数据标签”→“其他数据标签”选项，勾选“值”“百分比”“显示引导线”复选框，标签位置选择“数据标签外”，如图 3–28 所示，即可在三维饼图中显示对应的数值和所占百分比，图表效果如图 3–29 所示。

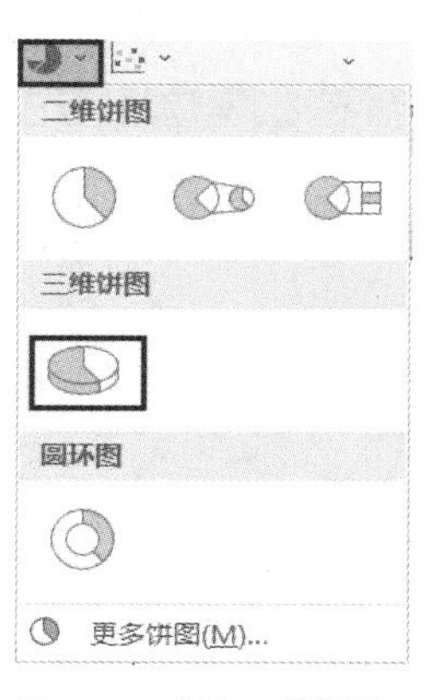

图 3–27 插入三维饼图

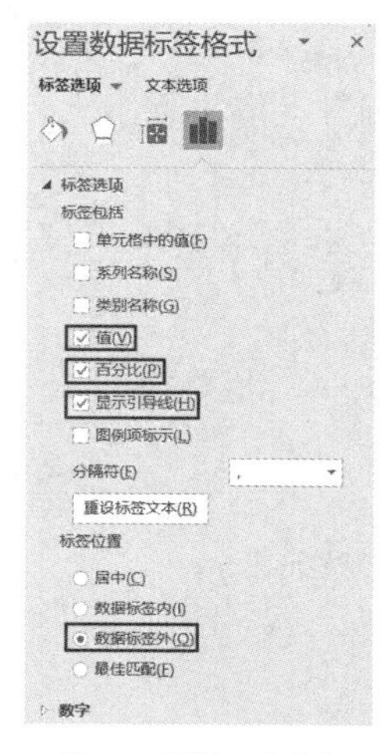

图 3–28 设置三维饼图的数据标签格式

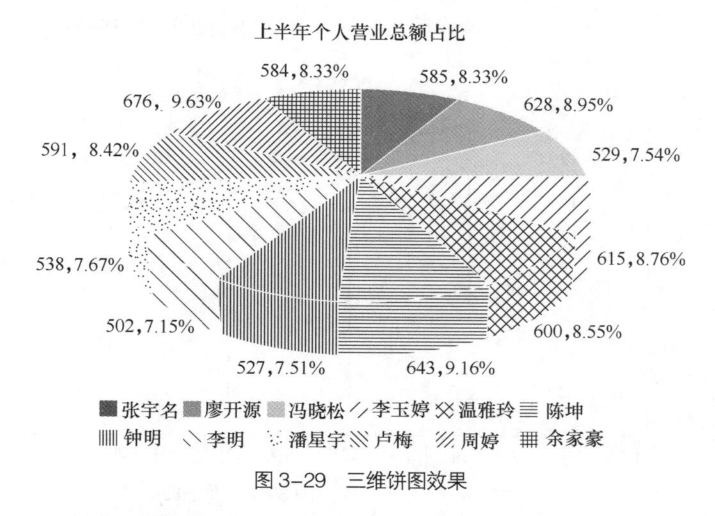

图 3-29　三维饼图效果

步骤 3：绘制月最高营业额走势图

（1）在汽车销售测评表下方任意空白位置单击鼠标。

（2）在【插入】选项卡的【图表】功能区中单击【插入折线图或面积图】按钮，在弹出的下拉列表中选择“折线图”，如图 3-30 所示。

（3）单击选中步骤（2）插入的空白图表区，在【图表工具】的【设计】选项卡的【数据】功能区中单击【选择数据】按钮。

（4）在弹出的“选择数据源”对话框中，将光标定位到“图表数据区域”右侧的文本框中，按住【Ctrl】键不放在数据区域拖动鼠标同时选中 B3:G3 和 B16:G16 单元格区域，如图 3-31 所示。

（5）单击“选择数据源”对话框中“图例项（系列）”下方的【编辑】按钮，打开“编辑数据系列”对话框，将光标定位到“系列名称”下方的文本框中，选择 A16 单元格，即可将“系列名称”改为“月最高营业额”，如图 3-32 所示，单击【确定】按钮。

（6）让图表区处于选中状态，在【图表工具】的【设计】选项卡的【图表布局】功能区中单击【添加图表元素】下拉按钮，选择“数据标签”→“上方”选项，即可在折线上方显示对应的数值，图表效果如图 3-33 所示。

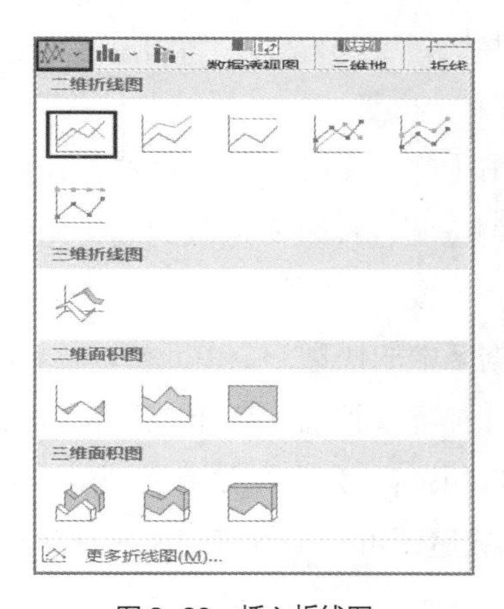

图 3-30　插入折线图

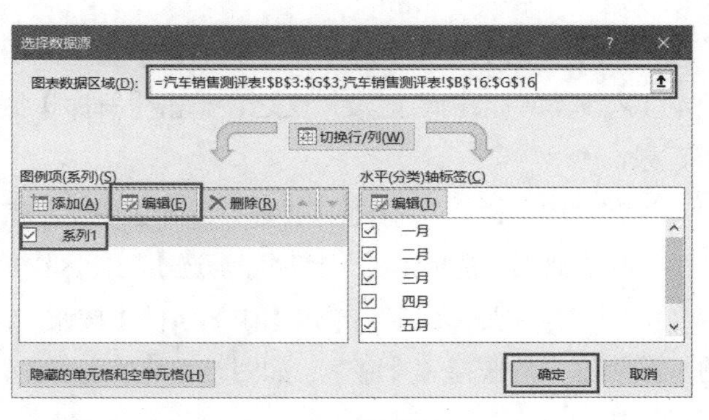

图 3-31　选择数据源

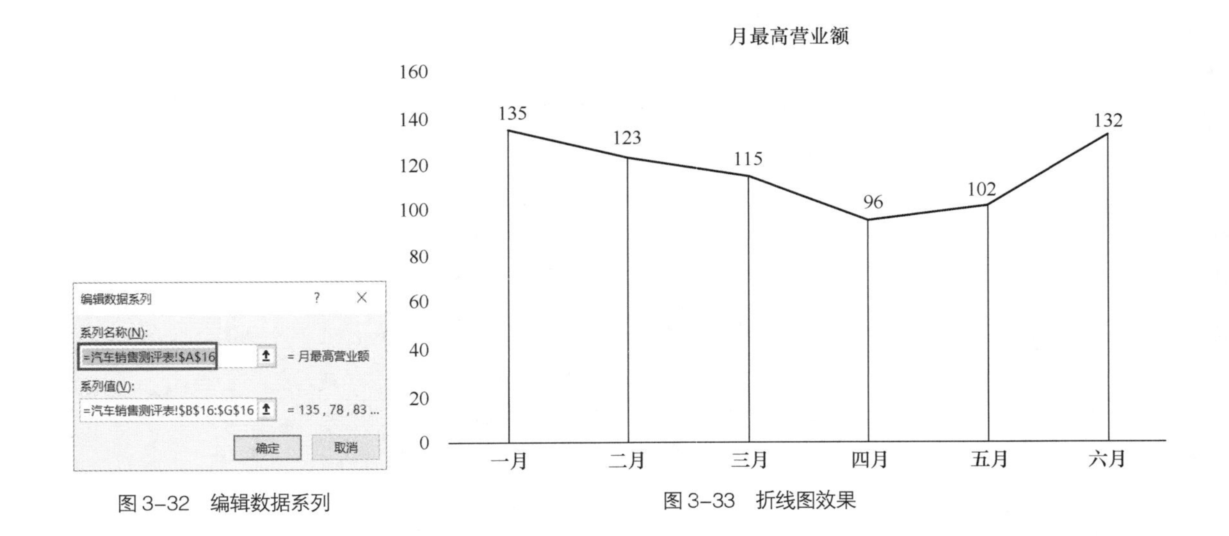

图 3-32 编辑数据系列

图 3-33 折线图效果

任务 4 图书销售情况统计分析

任务描述

小肖是某书店的销售经理，为了快速掌握图书销售情况进而调整销售策略，需要对图书的交易记录进行排序、筛选、分类汇总、数据透视等操作。

技术分析

该任务主要包含以下操作：数据排序、数据筛选、数据分类汇总、创建数据透视表、创建数据透视图等。

任务实现

步骤 1：数据排序

（1）打开“图书销售表.xlsx”，在“图书销售表–单条件排序”工作表中，单击“合计金额”列中的任意一个数据单元格。

（2）在【数据】选项卡的【排序和筛选】功能区中单击【降序】按钮，即可按照合计金额从高到低排列每一条销售记录，反之，单击【升序】按钮可按照合计金额从低到高排列每一条销售记录。

（3）在“图书销售表–多条件排序”工作表中，单击数据区中的任意一个单元格。

（4）在【数据】选项卡的【排序和筛选】功能区中单击【排序】按钮，打开“排序”对话框，选择“类别”为主要关键字，单击【添加条件】按钮，选择“书名”为次要关键字，在“次序”下方的列表框中均选择“升序”，如图 3-34 所示。设置完成后即可在工作表中快速查找到某一种书的销售记录。

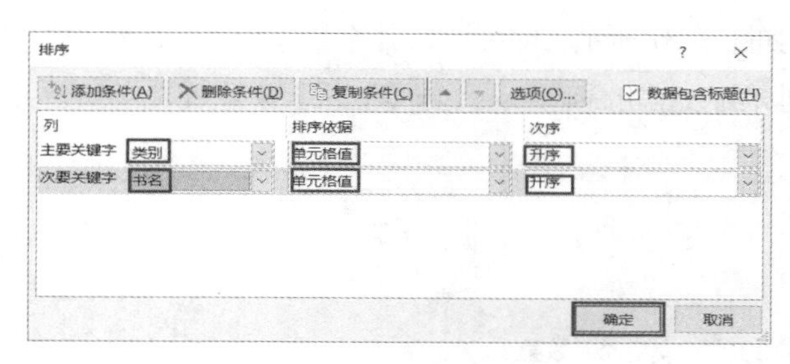

图 3-34 “排序”对话框

书名	销售日期
现代光学基础	2011/2/6

图 3-35　创建条件区域

步骤 2：数据筛选

（1）在“图书销售表-自动筛选”工作表中，单击数据区中的任意一个单元格。

（2）在【数据】选项卡的【排序和筛选】功能区中单击【筛选】按钮。

（3）在“书名”列名称右侧的下拉列表中，单击“全选”左侧的复选框取消选中，勾选“算法概论”左侧的复选框，即可单独筛选出“算法概论”图书的所有销售记录。

（4）在“图书销售表-高级筛选”工作表中的任意空白单元格创建条件区域，例如在 M13:N14 单元格区域创建条件区域，具体设置如图 3-35 所示。

（5）单击数据区中的任意一个单元格，在【数据】选项卡的【排序和筛选】功能区中单击【高级】按钮。

（6）在“高级筛选”对话框中，默认选择第一种显示方式，在“列表区域”框中单击鼠标然后选择“A1:K75”，在“条件区域”框中单击鼠标然后选择“M13:N14”，单击【确定】按钮，如图 3-36 所示，即可筛选出“现代光学基础”图书 2011 年 2 月 6 日的销售记录。

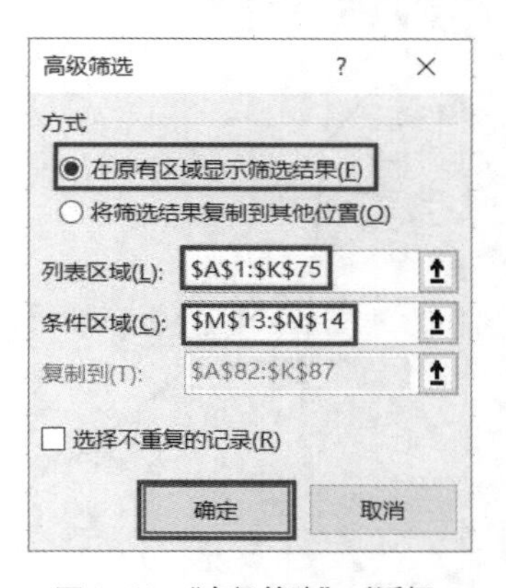

图 3-36 “高级筛选”对话框

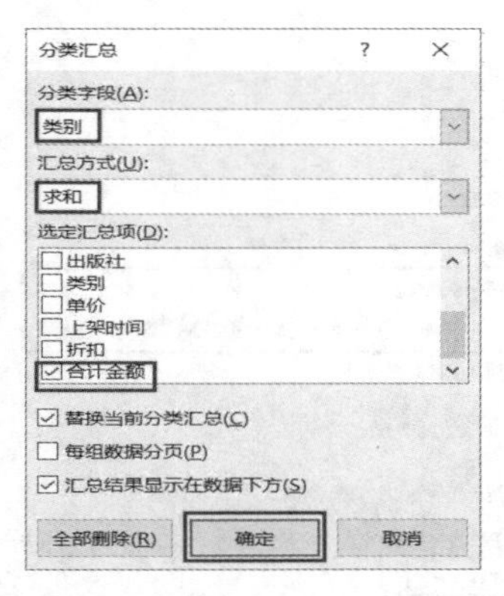

图 3-37 “分类汇总”对话框

步骤 3：数据分类汇总

（1）在“图书销售表-分类汇总”工作表中，将光标定位到“类别”列的任意一个数据单元格中。

（2）在【数据】选项卡的【排序和筛选】功能区中单击【升序】或【降序】按钮，对分类字段“类别”进行排序。

（3）在【数据】选项卡的【分级显示】功能区中单击【分类汇总】按钮。

（4）在“分类汇总”对话框中选择分类字段为“类别”，汇总方式为“求和”，选定汇总项为“数量”和“合计金额”，单击【确定】按钮，如图 3–37 所示，即可汇总出各类别的图书销售总量和销售总额，单击窗口左侧的减号按钮可将各类别详细数据折叠起来，“分类汇总”效果如图 3–38 所示。

	A	B	C	D	E	F	G	H	I	J	K
1	销售日期	ISBN	数量	书名	作者	出版社	类别	单价	上架时间	折扣	合计金额
31			420				计算机 汇总				¥16,834.70
56			419				经济管理 汇总				¥12,636.00
78			375				理工 汇总				¥11,674.80
79			1214				总计				¥41,145.50

图 3–38 “分类汇总”效果

步骤 4：创建数据透视表

（1）在“图书销售表–数据透视表”工作表中，单击数据区中的任意一个单元格。

（2）在【插入】选项卡的【表格】功能区中单击【数据透视表】按钮。

（3）在“创建数据透视表”对话框中保留默认选择或者选择“现有工作表”后指定一个空白区域（黑框标注为默认选择），单击【确定】按钮，如图 3–39 所示。

（4）此时打开一个新的工作表，在窗口右侧将相应的字段名称拖到下方对应的区域，即将“类别”字段拖动到“列”区域，将“销售日期”字段拖动到“行”区域，将“数量”和“合计金额”字段拖动到“值”区域，如图 3–40 所示。操作完成后即可创建出一个汇总出各类别图书在各月份的销售总量和销售总额的数据透视表，如图 3–41 所示。

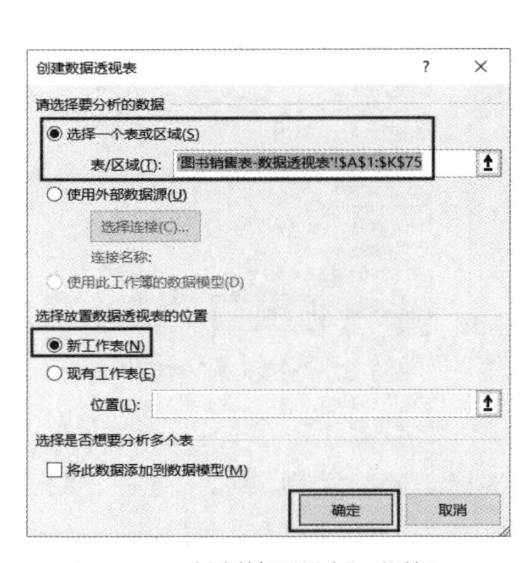

图 3–39 “创建数据透视表”对话框

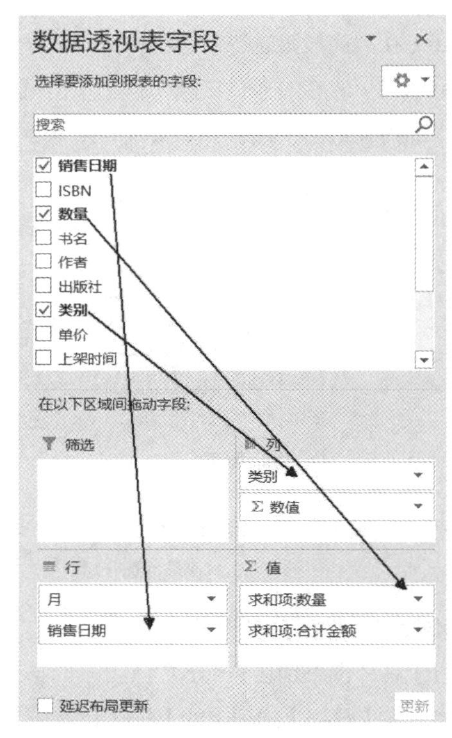

图 3–40 “数据透视表字段”窗格

行标签	计算机 求和项:数量	计算机 求和项:合计金额	经济管理 求和项:数量	经济管理 求和项:合计金额	理工 求和项:数量	理工 求和项:合计金额	求和项:数量汇总	求和项:合计金额汇总
⊞1月	74	2020.638	58	1747.6	81	2393.6	213	6161.838
⊞2月	205	7315.564	94	2856.4	145	4614	444	14785.964
⊞3月	94	4712.3	111	3283	37	1179.5	242	9174.8
⊞4月	5	240	26	676	80	2663.8	111	3579.8
⊞5月	42	2546.2	84	2819			126	5365.2
⊞6月			46	1254	32	823.9	78	2077.9
总计	420	16834.702	419	12636	375	11674.8	1214	41145.502

图 3-41 数据透视表效果

步骤 5：创建数据透视图

（1）在“图书销售表-数据透视图”工作表中，单击数据区中的任意一个单元格。

（2）在【插入】选项卡的【图表】功能区中单击【数据透视图】按钮。

（3）在“创建数据透视图”对话框中保留默认选择或者选择“现有工作表”后指定一个空白区域（黑框标注为默认选择），单击【确定】按钮，如图 3-42 所示。

（4）此时打开一个新的工作表，在窗口右侧将相应的字段名称拖到下方对应的区域，即将“出版社”字段拖动到“轴（类别）”区域，将“数量”和“合计金额”字段拖动到“值”区域，如图 3-43 所示。操作完成后即可创建出一个汇总出各出版社的销售总量和销售总额的数据透视图，如图 3-44 所示。

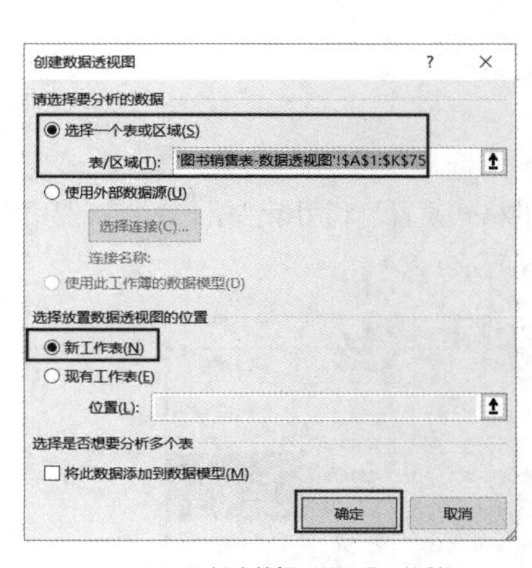

图 3-42 “创建数据透视图”对话框

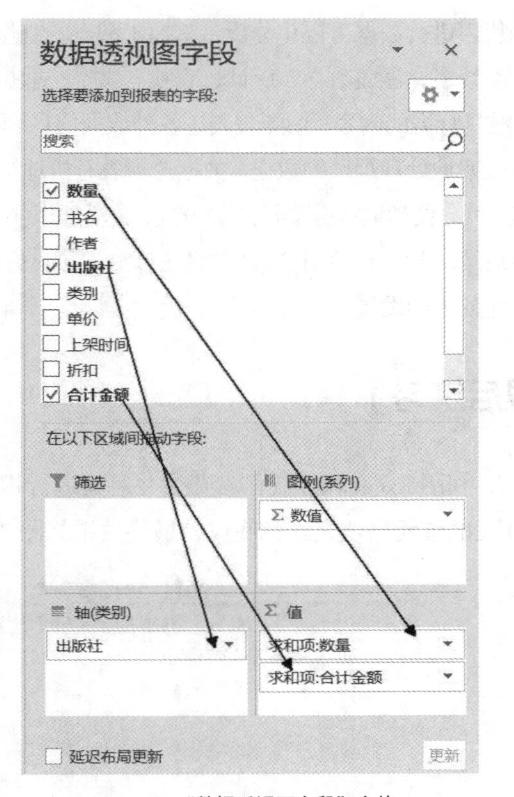

图 3-43 “数据透视图字段”窗格

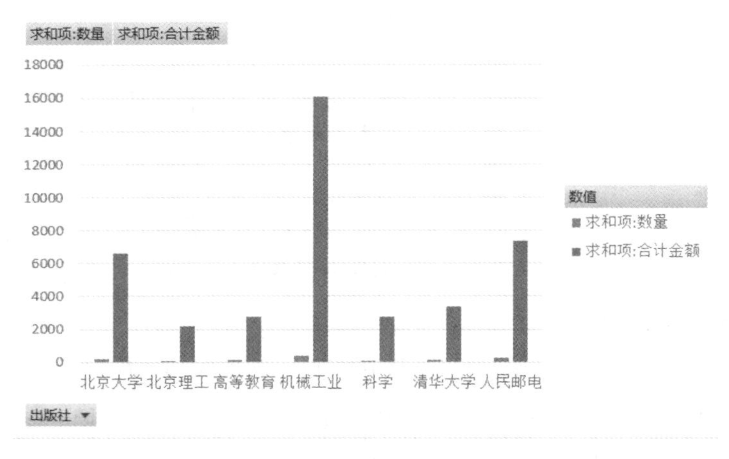

图 3-44 数据透视图效果

【项目小结与展望】

本项目通过制作员工信息表，让读者了解了 Excel 软件的基础操作；通过对汽车销售表进行计算、排序、筛选、分类汇总、数据透视等分析操作，掌握了函数的应用和常规的统计分析操作；通过对图书销售表进行数据可视化分析，掌握了图表的制作与美化方法。Excel 软件的函数功能非常强大，函数种类繁多，涵盖数学、统计、查找、文本、数据库、财务、信息、工程等领域，是 Excel 软件最核心、最具魅力的内容；用图表表达各种数据信息，能将数据更直观地展现出来，从而使用户可更清晰、更有效率地处理烦琐的数据。数据透视表有机地综合了排序、筛选、分类汇总等常用数据分析方法的优点，可方便地调整分类汇总的方式，灵活地以多种不同方式展示数据的特征。本项目为读者对 Excel 软件后续的学习和使用 Excel 软件工作奠定了良好的基础。未来，Excel 软件将向更加轻盈、智能化、网络化的方向发展。

【课后练习】

1. 利用 Excel 软件制作参赛表并对其进行相应的格式设置，利用条件格式为参赛费用大于 2500 元的单元格填充红色底纹，最终效果如图 3-45 所示。

2011-2012学年第一学期学院教师参赛表

序号	工号	部门	姓名	参赛版块	参赛项目	身份证号号	参赛时间	参赛费用
01	04006	招就处	何严红	板块（5）	羽毛球	34081119830617XXXX	2012/12/8	¥1,260.00
02	04003	财务处	赫凯	板块（5）	篮球	15272619880909XXXX	2012/4/3	¥1,500.50
03	06089	后勤处	王薇	板块（2）	羽毛球	35018119850621XXXX	2012/3/6	¥3,200.00
04	02001	财务处	余媛	板块（2）	乒乓球	34082819820112XXXX	2012/3/15	¥2,700.00
05	06075	教务处	张瑞	板块（4）	武术	23040519801222XXXX	2012/6/25	¥1,820.78
06	05021	后勤处	张钰	板块（5）	羽毛球	21040419791128XXXX	2012/5/7	¥2,100.00
07	02020	财务处	张云雷	板块（1）	篮球	34122319811010XXXX	2012/2/28	¥3,000.00

图 3-45 参赛表效果

2. 打开班级日常收支统计表素材，利用公式或函数计算相应的值并创建图表，最终效果如图 3–46 所示。（说明：奖励级别是对奖励金额进行判定，奖励金额>=700 元，级别设定为“高”；奖励金额在 500 ~ 700 元，级别设定为“中”；奖励金额<500 元，级别设定为“低”。）

班级日常收支统计表

班级号	专业	人数/人	班费收入/元	上年结余/元	义卖收入/元	奖励金额/元	日常开支/元	救灾捐款/元	剩余金额/元	义卖收入排名	奖励级别
1001	旅游管理	40	2560	1380	350	420	850	200	3660	8	低
1002	商务英语	45	2700	1630	510	550	1020	260	4110	1	中
1003	食品营养	35	2100	1220	320	350	860	230	2900	9	低
1004	财务管理	50	2950	1480	420	500	1320	280	3750	4	中
1005	应用化工	46	2730	1450	360	750	1150	270	3870	7	高
1006	石油工艺	43	2150	1120	380	430	1200	220	2660	5	低
1007	智能制造	47	2600	1640	300	560	1260	240	3600	10	中
1008	土木工程	52	3000	1230	460	700	1420	320	3650	3	高
1009	计算机软件	48	2980	1420	480	400	1310	260	3710	2	低
1010	计算机网络	42	2700	1550	370	510	1180	280	3670	6	中
			合计	14120	3950	5170	11570	2560	35580		
			平均值	1412.0	395.0	517.0	1157.0	256.0	3558.0		
			高：奖励>=700的班级数	2							
			中：奖励在500～700的班级数	4							
			低：奖励<500的班级数	4							
			总班级数	10							

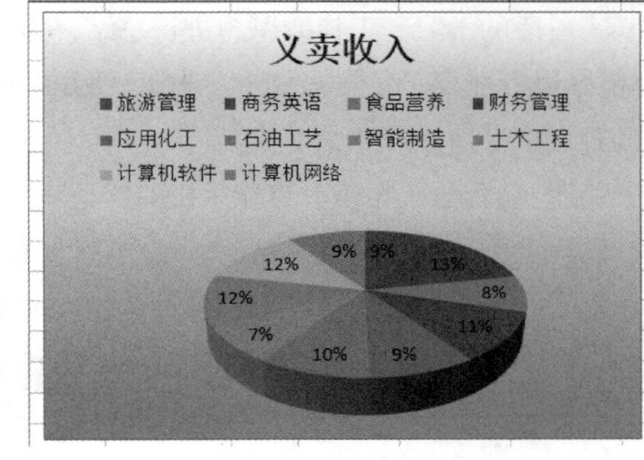

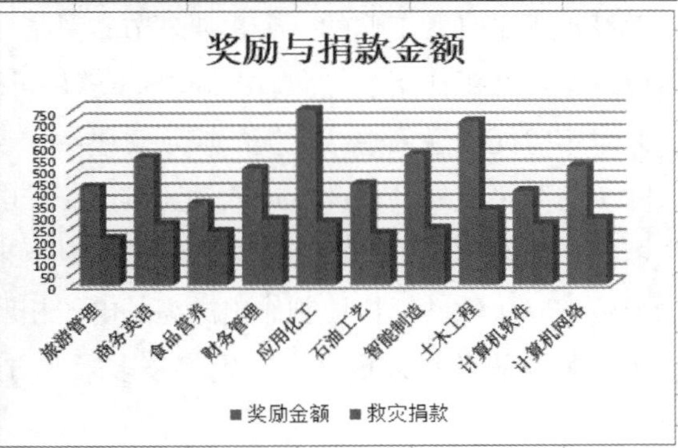

图 3–46　班级日常收支统计效果

项目4

Office高级应用——PowerPoint软件

【项目背景】

总结汇报是日常工作的一个重要环节，是指对某一阶段的学习、工作或思想进行总结，为下一阶段的学习和工作指引方向。PowerPoint软件可以很好地将视频、表格、图表、图像、组织结构图、艺术字等元素融入总结汇报的演示文稿中，帮助我们更好地完成总结汇报。

除了总结汇报外，PowerPoint软件还可以制作电子相册。随着数码相机和智能手机的广泛应用，将学习、生活和工作中的点滴用数码照片记录下来，已经成为了大家的日常活动。现在我们可以利用 PowerPoint 软件轻松地制作出漂亮的电子相册。电子相册采用图、文、声、像并茂的表现手法，可以将数码照片以更动态、更多姿多彩的方式展现出来，还可以在重要的时刻向亲朋好友分享。

【思维导图】

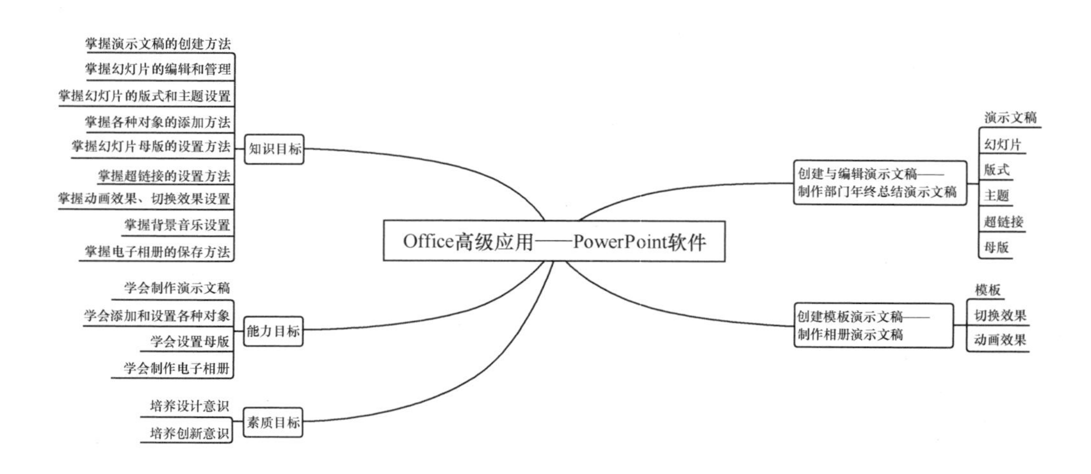

【项目相关知识】

4.1　创建与编辑演示文稿

1. 演示文稿

演示文稿是为了演示某种效果而制作的文档，把静态文件制作成动态文件浏览，从而使复杂的问题变得通俗易懂，使之更生动，给人留下更为深刻的印象，主要用于会议、演讲和教学等场景。一套完整的演示文稿一般包含封面、目录、图片页、文字页、封底等。

2. 幻灯片

演示文稿由若干张幻灯片构成，每张幻灯片有独立表达的内容。

3. 版式

版式是幻灯片内容在幻灯片上的排列方式。版式由占位符组成，占位符中可放置各种对象，例如文字、表格、图表、图片、剪贴画和形状等。应用版式可以更加合理、简洁地完成文字、图片等对象的布局。

4. 主题

主题是一组统一的设计元素，包括颜色、字体和图像。通过应用主题可以快速设置幻灯片的外观。PowerPoint 软件中提供了很多模板，它们将幻灯片的配色方案、背景和格式组合成各种主题，这些模板称为幻灯片主题。利用幻灯片主题可以快速地美化和统一每一张幻灯片的风格。

5. 超链接

超链接是控制演示文稿播放的一种重要手段，可以在播放时实现幻灯片的跳转播放。通过超链接可以实现同一个演示文稿内不同幻灯片之间的跳转和不同演示文稿之间的跳转。既可以在普通文字上创建超链接，也可以在图形、图像等对象上创建超链接。

6. 母版

母版是指可以出现在每一张幻灯片上的显示元素，例如图片、动作按钮、文本占位符等。母版可以统一幻灯片的呈现风格，使所有的幻灯片包含相同的字体和图像（如 Logo），在一个位置中对这些元素进行更改便可应用到所有幻灯片中。PowerPoint 软件中的母版有三种类型，分别是幻灯片母板、讲义母版、备注母版。每个演示文稿的每个关键组件（内容幻灯片、标题幻灯片、演讲者备注和听众讲义）都有一个母版。

4.2　创建模板演示文稿

1. 模板

模板就是一组预先设计好的仅有背景图案的空演示文稿，其只包含格式和颜色而不含具体文字内容。模板是演示文稿的骨架性组成部分，可以让演示文稿思路更清晰、逻辑更严谨，更方便处理图表、文字、图片等内容。一套好的模板可以让演示文稿的形象迅速提升，大大增加可观赏性，方便使用者快速进行演示文稿的制作，提高制作效率。

2. 切换效果

切换效果是指在放映演示文稿时从一张幻灯片移至下一张幻灯片时出现的过渡视觉效果，添加切换效果可以使演示文稿变得更加生动。设置切换效果时可以控制速度、添加声音和自定义切换效果外观。PowerPoint 2016 软件提供了多种生动的切换效果。

3. 动画效果

适当的动画能给我们的文稿演示带来一定的帮助，搭配上合适的切换效果进行美化可以有效增强演示文稿的动感与美感，为演示文稿的设计锦上添花。PowerPoint 软件可以将演示文稿中的文本、图片、形状、表格、SmartArt 图形和其他对象制作成动画，赋予它们进入、退出、大小或颜色变化甚至移动等视觉效果。

【项目任务】

任务 1　制作部门年终总结演示文稿

任务描述

小王作为部门经理，为了向公司全面且直观地汇报部门的年度工作情况，将视频、表格、图表、图像、组织结构图、艺术字等元素融入了汇报的演示文稿中，最终效果如图 4–1 所示。

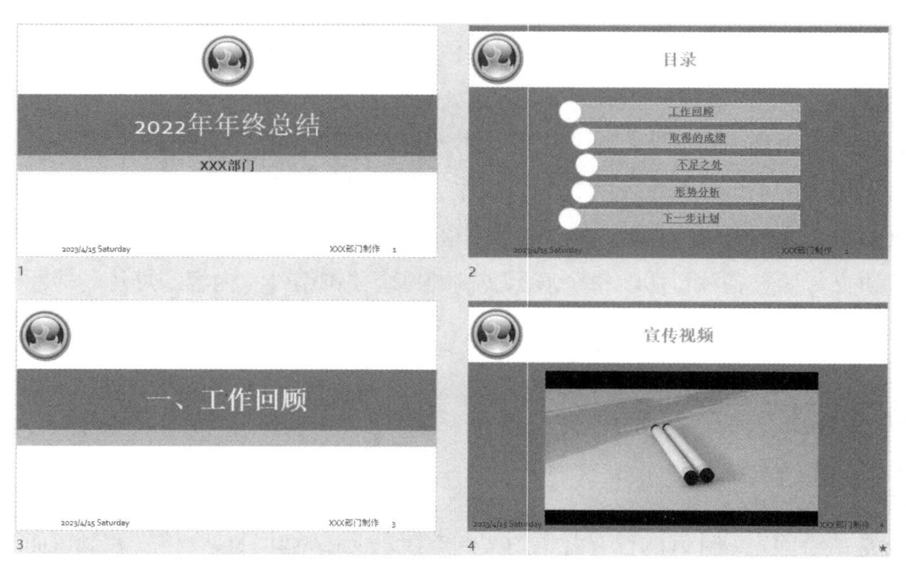

图 4–1 “年终总结”演示文稿最终效果

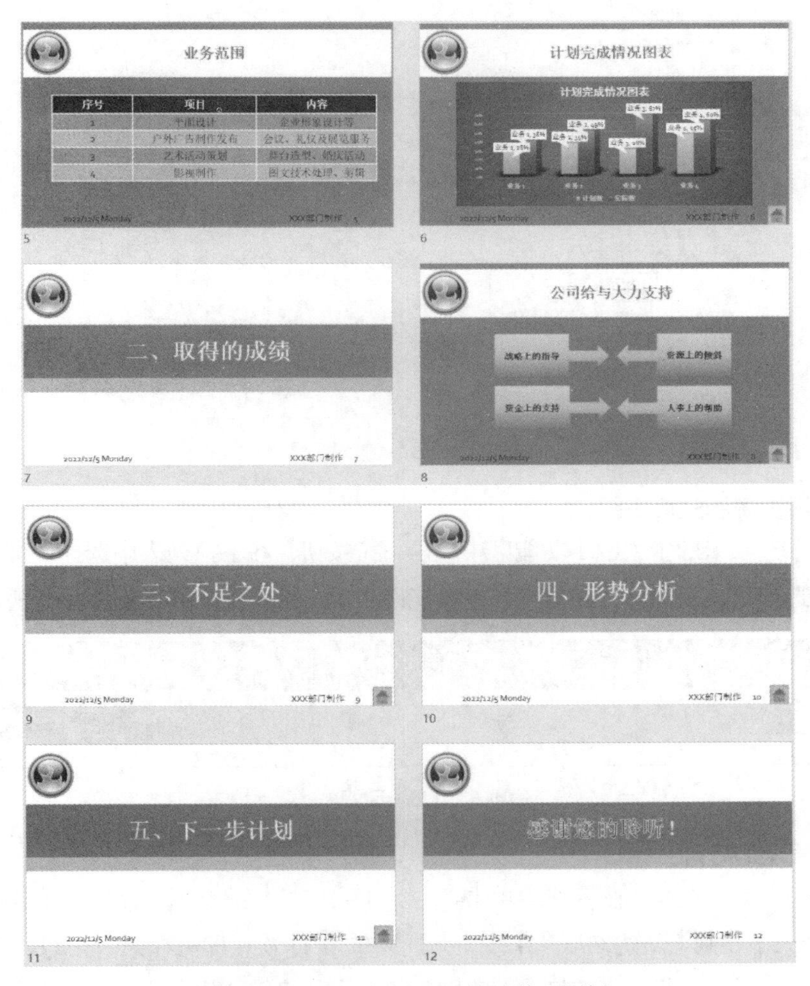

图 4-1 “年终总结”演示文稿最终效果（续）

技术分析

制作总结类演示文稿，一般需要进行新建演示文稿，增加幻灯片，复制幻灯片，删除幻灯片，设置版式和主题，插入图形、图像、艺术字、表格、文本框、图表、音频、视频，设置超链接，设置母版等操作。

任务实现

步骤 1：新建及保存演示文稿

（1）单击桌面左下角的【开始】按钮，查找 PowerPoint 图标，找到后单击该图标，此时将显示启动界面。在启动界面中单击“空白演示文稿”图标，即可新建一个空白的演示文稿。

（2）在【文件】选项卡中单击“保存”选项，单击【浏览】按钮，在“另存为”对话框中选择保存位置、输入保存的文件名“年终总结.pptx”，单击【保存】按钮，如图 4-2 所示。

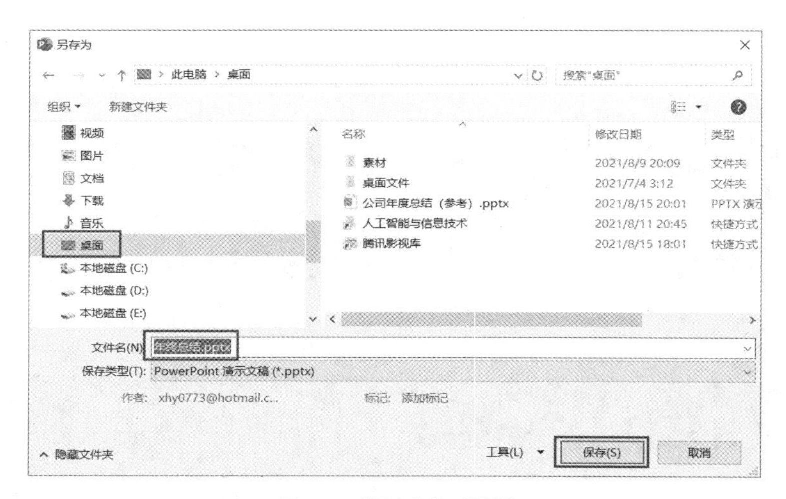

图 4-2　“另存为”对话框

步骤 2：设置演示文稿主题

在【设计】选项卡的【主题】功能区中单击下拉按钮，在下拉列表中选择“带状”（如果没有该主题也可选择其他主题）；在【变体】功能区中单击第 2 个变体，如图 4-3 所示。

图 4-3　设置演示文稿主题

步骤 3：管理幻灯片

（1）新建幻灯片：在缩略图窗格中单击选中第 1 张幻灯片缩略图，然后在【开始】选项卡的【幻灯片】功能区中找到【新建幻灯片】按钮并连续单击 11 次，即可在第一张幻灯片之后添加 11 张空白幻灯片。也可以在每一张幻灯片缩略图后单击【新建幻灯片】按钮来新建多张幻灯片。

（2）删除幻灯片：在缩略图窗格右键单击最后一张幻灯片缩略图，选择“删除幻灯片”选项，即可删除选中的幻灯片。

（3）复制幻灯片：在缩略图窗格右键单击第 1 张幻灯片缩略图，选择“复制幻灯片”选项，即可在第 2 张幻灯片的位置复制第 1 张幻灯片。

（4）移动幻灯片：在缩略图窗格中单击第 2 张幻灯片缩略图，按住鼠标左键拖动至最后一张幻灯片的下方后松开鼠标左键，即可将第 2 张幻灯片移动到最后一张幻灯片的位置。

步骤 4：编辑幻灯片文字

（1）在缩略图窗格中单击第 1 张幻灯片缩略图，在右侧的编辑区标题占位符的位置单击鼠标，输入封面标题文字“2022 年年终总结”，在副标题占位符的位置单击鼠标，输入“×××部门”。

（2）将副标题“×××部门”选中，在【开始】选项卡的【字体】功能区中设置字号为“32”，字体颜色为“黑色”。

（3）在缩略图窗格中单击第 2 张幻灯片缩略图，在右侧的编辑区标题占位符的位置单击鼠标，输入“目录”，并在【开始】选项卡的【字体】功能区中将其设置为加粗、居中对齐。

（4）按照效果图依次在其他幻灯片标题占位符的位置输入相应的标题。

步骤 5：插入 SmartArt 图形

（1）在缩略图窗格中单击第 2 张幻灯片缩略图，在右侧的编辑区单击【插入】选项卡中【插图】功能区的【插入 SmartArt 图形】按钮，然后在“选择 SmartArt”对话框中选择“垂直曲形列表”，单击【确定】按钮。

（2）单击选中已插入图形的最后一个矩形框，在【SmartArt 工具】的【设计】选项卡的【创建图形】功能区中单击【添加形状】下拉按钮，选择“在后面添加形状”，共操作两次，即可增加两个矩形框，如图 4–4 所示。

（3）在【SmartArt 工具】的【设计】选项卡的【SmartArt 样式】功能区中选择“嵌入”，即可改变图形的样式，如图 4–5 所示。

（4）保持 SmartArt 图形的选中状态，在旁边的信息列表输入各个小标题，如图 4–6 所示，或在每个矩形上双击鼠标直接输入小标题。

（5）适当拖动 SmartArt 图形边缘的控制点缩小其宽度，并通过在【SmartArt 工具】的【格式】选项卡【排列】功能区中单击【对齐】下拉按钮选择“水平居中”，将其设置为居中对齐，如图 4–7 所示。

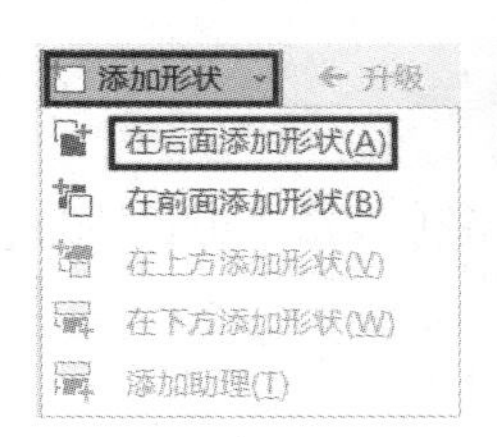

图 4–4　添加形状

图 4–5　改变图形样式

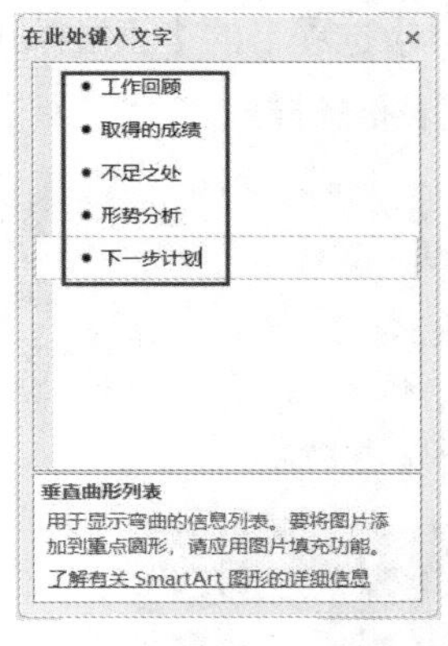

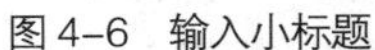

图 4–6　输入小标题

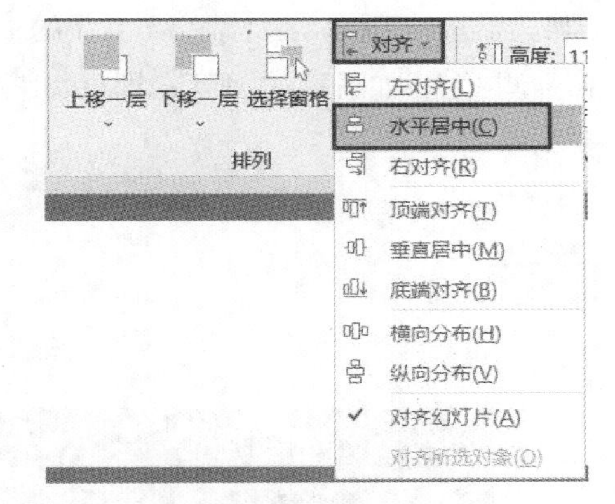

图 4–7　设置图形对象居中对齐

步骤 6：修改版式

按下【Ctrl】键，同时在缩略图窗格中单击第 3、7、9、10、11 张幻灯片缩略图，将其同时选中，在【开始】选项卡的【幻灯片】功能区中单击【版式】下拉按钮并选择“节标题”，改变幻灯片的版式，如图 4–8 所示，并在每张幻灯片标题占位符的位置依次输入各个页面标题：工作回顾、取得的成绩、不足之处、形势分析、下一步计划。

步骤 7：插入视频

在缩略图窗格中单击第 4 张幻灯片缩略图，在右侧的编辑区中单击【插入】选项卡，在【媒体】功能区中单击【视频】下拉按钮并选择“此设备”，打开“插入视频文件”对话框，选择“素材”文件夹中的“文化宣传视频.mp4”文件，单击【插入】按钮，如图 4–9 所示。

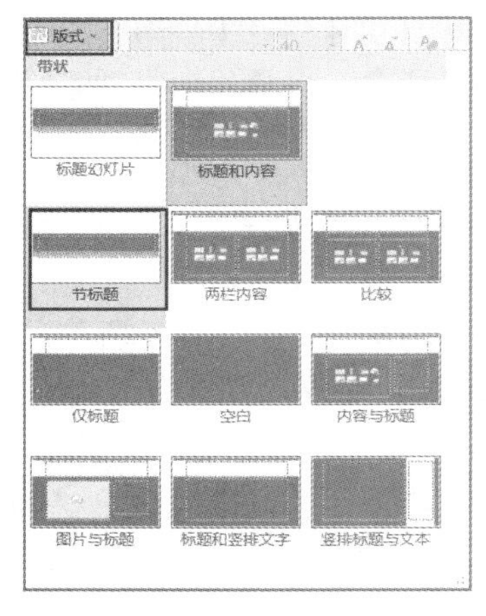

图 4–8　修改版式

图 4–9　插入视频

步骤 8：插入表格

（1）在缩略图窗格中单击第 5 张幻灯片缩略图，在右侧的编辑区中单击【表格】功能区的【表格】下拉按钮，选择“插入表格”，打开“插入表格”对话框，设置表格为 5 行 3 列，单击【确定】按钮，如图 4–10 所示。

（2）在相应的单元格输入相应的内容，如图 4–11 所示。

（3）单击表格边框选中表格，在【表格工具】的【设计】选项卡的【表格样式】功能区中选择“深色样式 1–强调 1”，如图 4–12 所示，即可快速改变表格的样式。

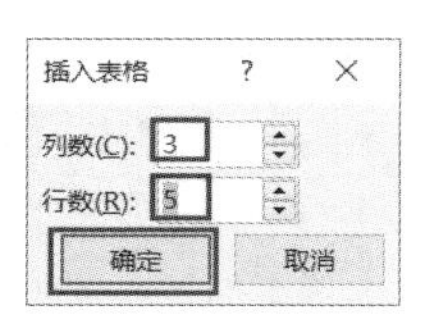

图 4–10　插入表格

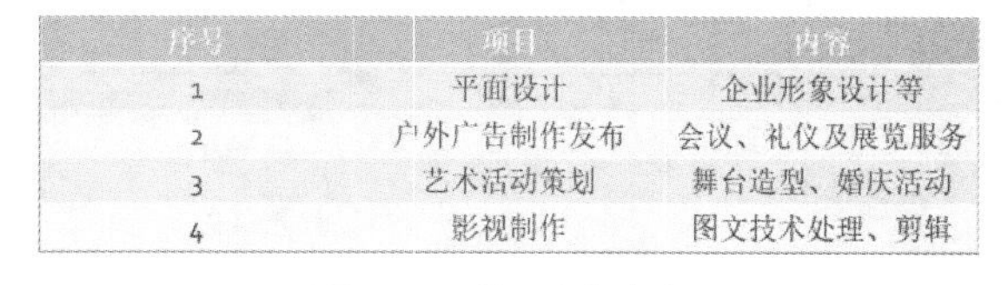

序号	项目	内容
1	平面设计	企业形象设计等
2	户外广告制作发布	会议、礼仪及展览服务
3	艺术活动策划	舞台造型、婚庆活动
4	影视制作	图文技术处理、剪辑

图 4–11　输入表格内容

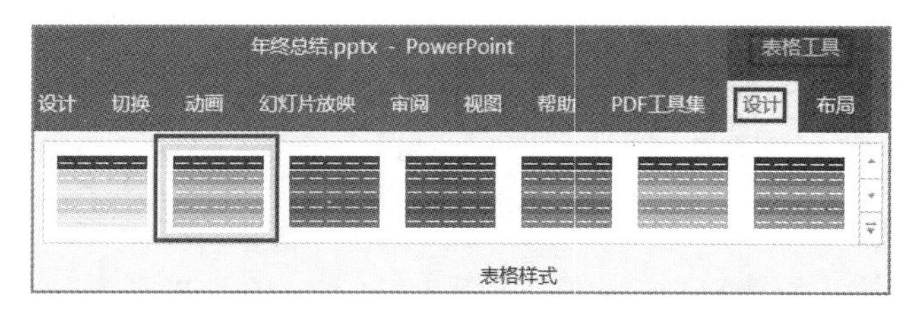

图 4–12　表格样式设置

步骤 9：插入图表

（1）在缩略图窗格中单击第 6 张幻灯片缩略图，在右侧的编辑区单击【插入】选项卡中【插图】功能区的【图表】按钮，打开“插入图表”对话框，选择“三维簇状柱形图”，单击【确定】按钮，如图 4–13 所示。

（2）在自动打开的电子表格窗口中输入相应的数据，删除多余的数据，如图 4–14 所示。

（3）单击图表边框选中图表，在【图表工具】的【设计】选项卡的【图表样式】功能区中选择“样式 9”，如图 4–15 所示，即可快速改变图表的显示格式。

（4）将图表的标题改为“计划完成情况图表”。

（5）让图表处于选中状态，在【图表工具】的【设计】选项卡的【图表布局】功能区中单击【添加图表元素】下拉按钮，选择“数据标签”→“数据标注”，即可将数据显示在图表中，如图 4–16 所示。

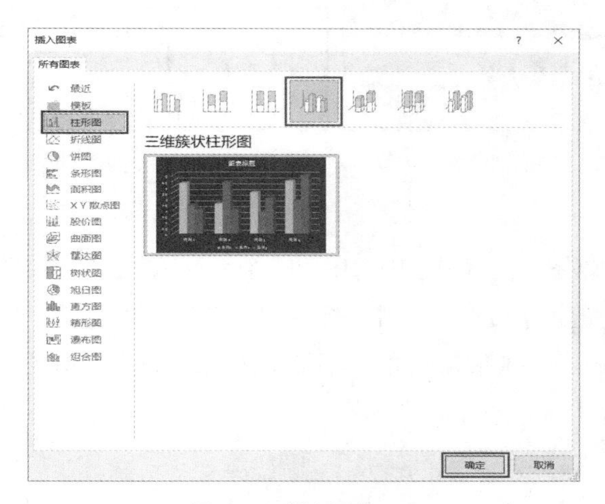

图 4–13　插入图表

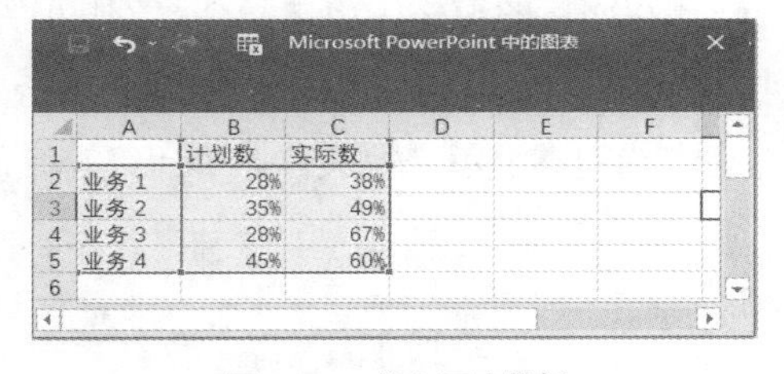

	A	B	C
1		计划数	实际数
2	业务 1	28%	38%
3	业务 2	35%	49%
4	业务 3	28%	67%
5	业务 4	45%	60%

图 4–14　输入图表数据

图 4–15　图表样式设置

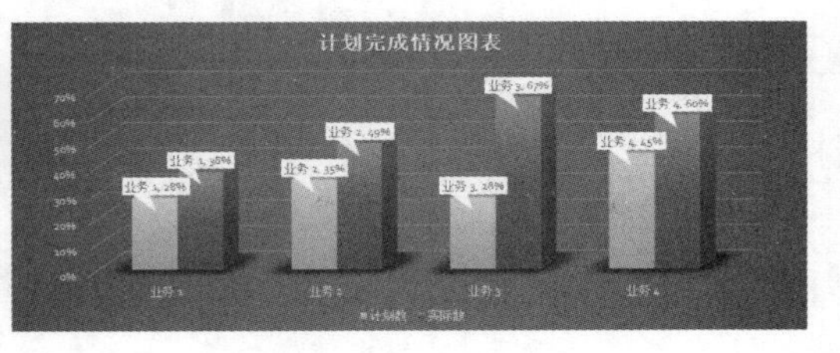

图 4–16　图表效果

步骤 10：插入图形和图像

（1）在缩略图窗格中单击第 8 张幻灯片缩略图，在【插入】选项卡【插图】功能区中单击【形状】下拉按钮选择“标注：右箭头”，在编辑区按下鼠标左键拖动鼠标绘制相应的图形。在该图形上单击鼠标右键，选择“复制”选项后，在工具栏单击三次【粘贴】按钮可复制出三个相同的图形，依照效果图拖动每个图形到合适的位置，并使用工具栏的【旋转】按钮设置图形的方位；使用鼠标右键单击各个图形，选择“编辑文字”选项，在图形中输入相应的文字并设置合适的字号，如图 4–17 所示。

（2）按下【Ctrl】键单击所有绘制的图形将其选中，在【绘图工具】的【格式】选项卡的【形状样式】功能区中选择“渐变填充–金色，强调颜色 6，无轮廓”，如图 4–18 所示，即可快速改变图形的样式。

（3）在缩略图窗格中单击第 1 张幻灯片缩略图，在【插入】选项卡的【图像】功能区中单击【图片】下拉按钮选择“此设备”，选择“素材”文件夹中的“公司 Logo.png”后，单击【打开】按钮。

步骤 11：插入艺术字

在缩略图窗格中单击第 12 张幻灯片缩略图，在编辑区的标题占位符处输入“感谢您的聆听！”文字，选中文字，在【形状格式】选项卡的【艺术字样式】功能区中选择合适的艺术字样式，如图 4–19 所示。

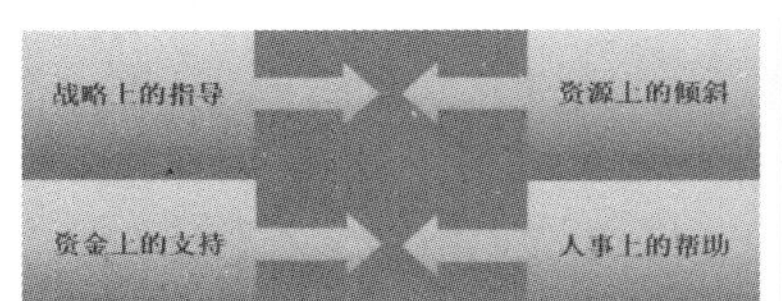

图 4–17　插入图形

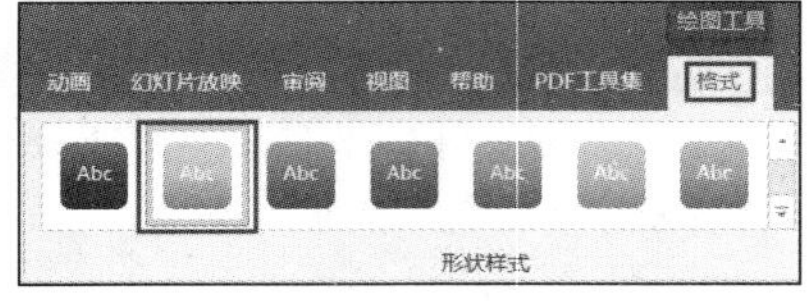

图 4–18　图形样式设置

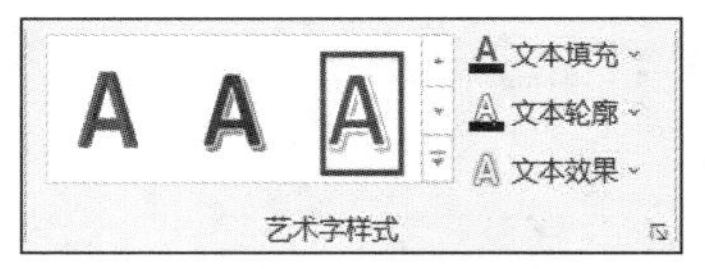

图 4–19　艺术字样式设置

步骤 12：插入超链接

（1）在缩略图窗格中单击第 2 张幻灯片缩略图，在编辑区中选中第一个小标题“工作回顾”，在【插入】选项卡的【链接】功能区中单击【链接】按钮，打开“插入超链接”对话框，在当前文件夹中选中本演示文稿文件名“年终总结.pptx”后单击右侧的【书签】按钮，如图 4–20 所示。

图 4–20　“插入超链接”对话框

（2）在打开的“在文档中选择位置”对话框中选择目标幻灯片的标题“3.一、工作回顾”后单击【确定】按钮，如图 4–21 所示，返回“插入超链接”对话框后单击【确定】按钮。

（3）同理，在第 2 张幻灯片的编辑区中选中其他小标题，重复步骤（1）、步骤（2）操作分别链接到相应的目标幻灯片标题。

（4）在缩略图窗格中单击第 6 张幻灯片缩略图，在【插入】选项卡的【插图】功能区中单击【形状】下拉按钮，从下拉列表中选择“动作按钮：转到主页”，如图 4–22 所示，在编辑区的右下角按下鼠标左键往右下方向拖动鼠标绘制一个动作按钮。

（5）可在弹出的“操作设置”对话框中设置动作按钮超链接，在“链接到”下拉列表中选择“幻灯片”后单击【确定】按钮，如图 4-23 所示。

（6）弹出“超链接到幻灯片”对话框，选择“2.目录”标题后单击【确定】按钮，如图 4-24 所示，动作按钮即可链接到目录页。

（7）同理，对第 8、9、10、11 张幻灯片重复步骤 4 ~ 步骤 6，为其添加动作按钮以实现幻灯片播放跳转。

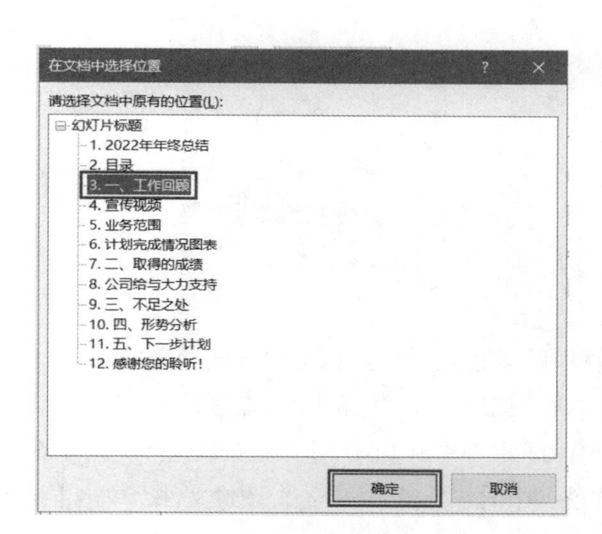

图 4-21　“在文档中选择位置”对话框

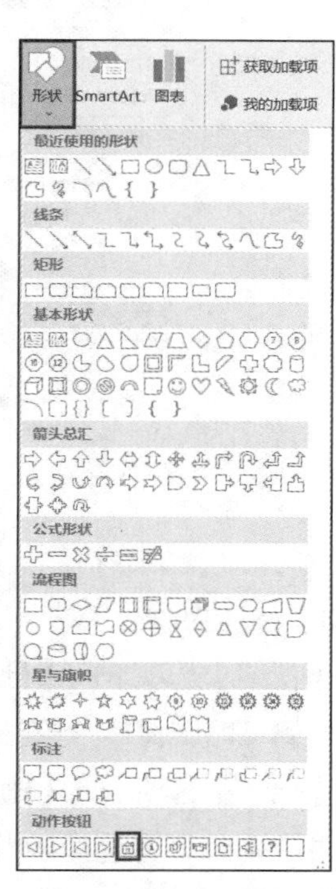

图 4-22　插入“动作按钮：转到主页”

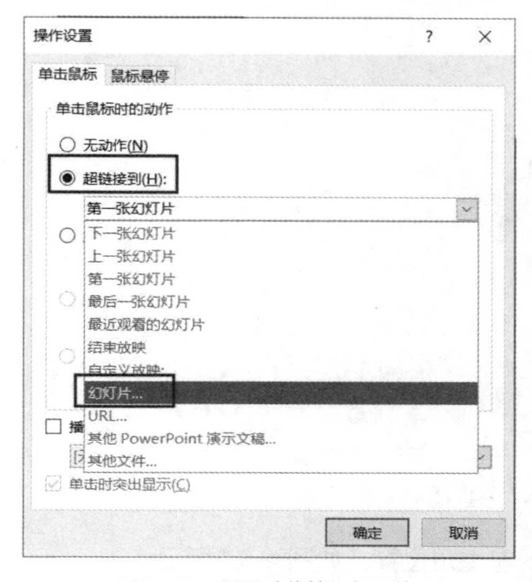

图 4-23　设置动作按钮超链接

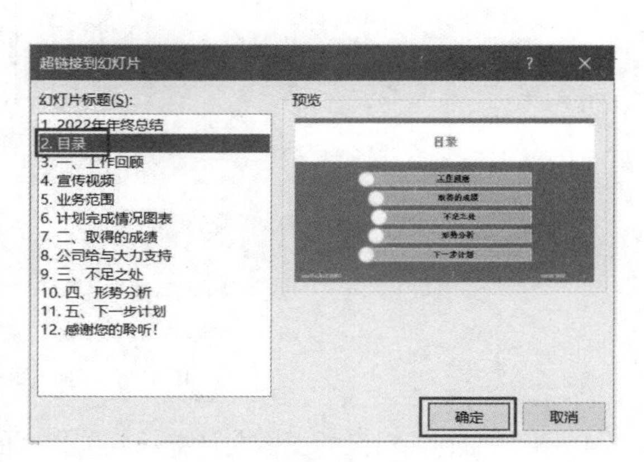

图 4-24　“超链接到幻灯片”对话框

步骤 13：插入页眉页脚

在【插入】选项卡的【文本】功能区中单击【页眉页脚】按钮，弹出“页眉和页脚”对话框，勾选“自动更新”“幻灯片编号”“页脚”选项，并在“页脚”选项下方的文本框中输入页脚内容“×××部门制作”，单击【全部应用】按钮，如图 4–25 所示，即可一次性为每一张幻灯片添加日期、编号和指定的页脚内容。

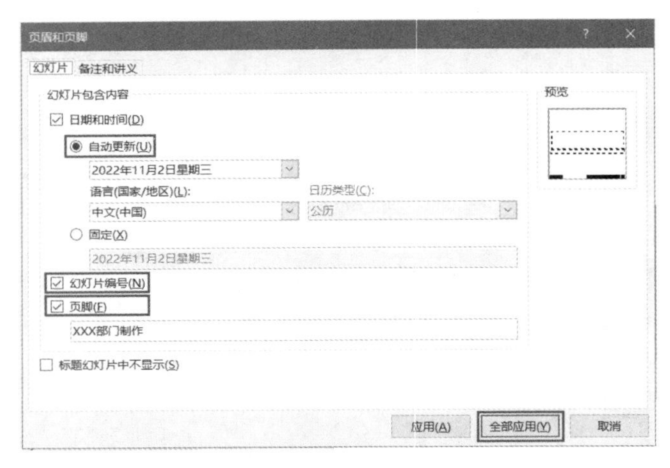

图 4–25　页眉和页脚设置

步骤 14：修改母版

（1）在【视图】选项卡的【母版视图】功能区中单击【幻灯片母版】按钮。

（2）在左侧缩略图窗口中单击选中第 3 张幻灯片“标题和内容版式”缩略图。

（3）在【插入】选项卡的【图像】功能区中单击【图片】下拉按钮选择“此设备”，在打开的“插入图片”对话框中选择素材文件夹中的“公司 Logo.png”图像文件，单击【插入】按钮，如图 4–26 所示。

图 4–26　“插入图片”对话框

（4）将添加到编辑区的图像文件拖动到编辑区的左上角位置，如图 4–27 所示。

（5）在【幻灯片母版】选项卡中单击【关闭母版视图】按钮，如图 4–28 所示，即可在所有

“标题和内容版式”的幻灯片左上角自动添加公司 Logo 图标。

（6）同理，在【视图】选项卡的【母版视图】功能区中单击【幻灯片母版】按钮，在左侧缩略图窗口中单击选中第 4 张幻灯片“节标题版式”缩略图，重复步骤（3）~步骤（5），即可在所有“节标题版式”的幻灯片左上角自动添加公司 Logo 图标。

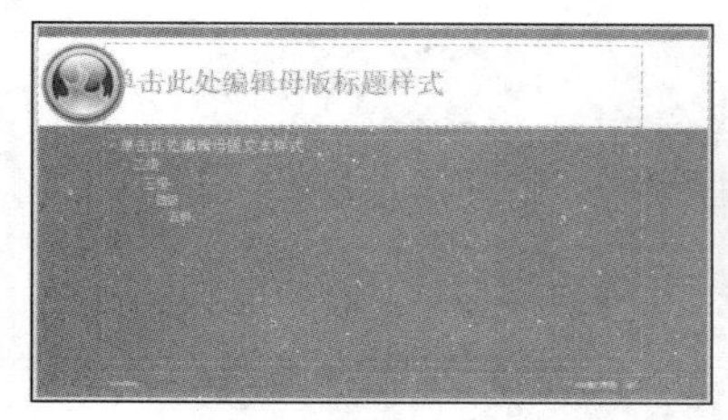

图 4–27　在母版中插入图片

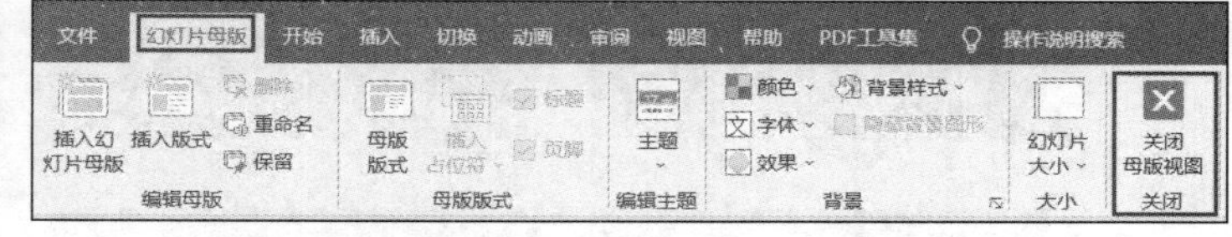

图 4–28　关闭幻灯片母版

任务 2　制作相册演示文稿

任务描述

小张在暑假旅游过程中拍摄了许多精美的照片，为了方便浏览照片，想将照片制作成电子相册，但手中没有专门的电子相册制作软件，于是通过使用 PowerPoint 2016 软件制作相册演示文稿的方法制作“美丽广东”电子相册。“美丽广东”电子相册的效果如图 4–29 所示。本任务将通过制作“美丽广东”电子相册讲述利用 PowerPoint 2016 软件制作精美的相册演示文稿的方法。

图 4–29　“美丽广东”电子相册效果

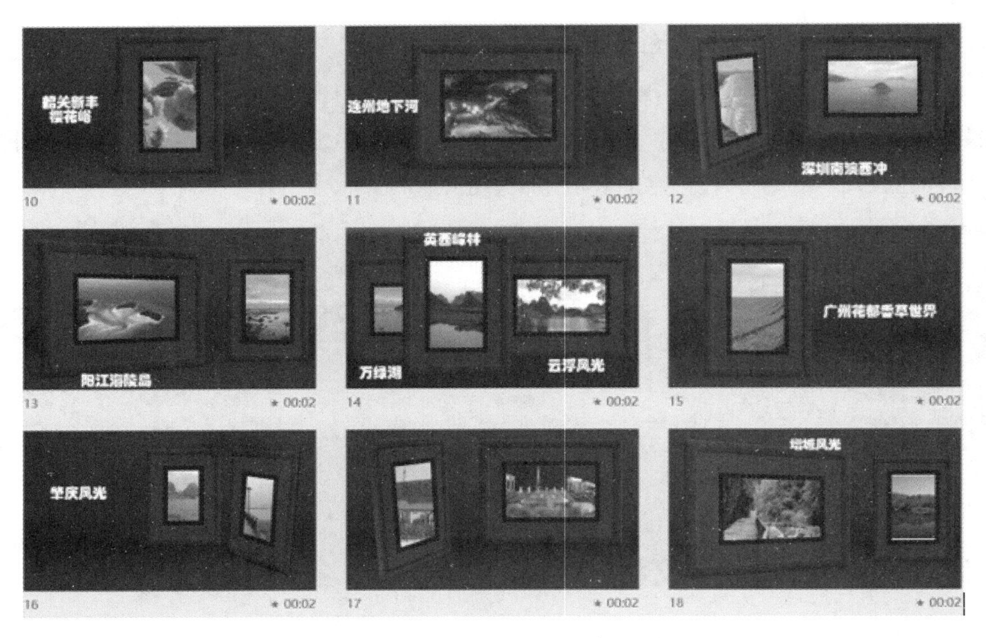

图 4-29　“美丽广东”电子相册效果（续）

技术分析

该电子相册需使用模板进行制作，此外，还需要进行切换效果设置、动画效果设置、放映方式设置、演示文稿打包等操作。

任务实现

步骤 1：新建模板演示文稿

启动 PowerPoint 2016 软件，在启动界面中单击左侧窗口的“新建”选项，在右侧的“搜索联机模板和主题”框中输入“相册”，然后按下回车键，拖动右侧的滚动条浏览系统提供的相册模板，双击“音乐相簿”图标，新建相册窗口如图 4-30 所示。

图 4-30　新建相册窗口

步骤 2：插入图片

单击缩略图窗口的第 1 张幻灯片缩略图，在右边的编辑窗口中右键单击示例图片，在弹出的快捷菜单中选择“更改图片”→“来自文件”选项，选择准备好的封面图片，例如选择“广东图片”文件夹中的“广州塔”图片。更改图片快捷菜单如图 4–31 所示，“插入图片”对话框如图 4–32 所示。按照“美丽广东”电子相册最终效果依次选择其他幻灯片的缩略图，用同样的方法依次更改其他幻灯片的示例图片。

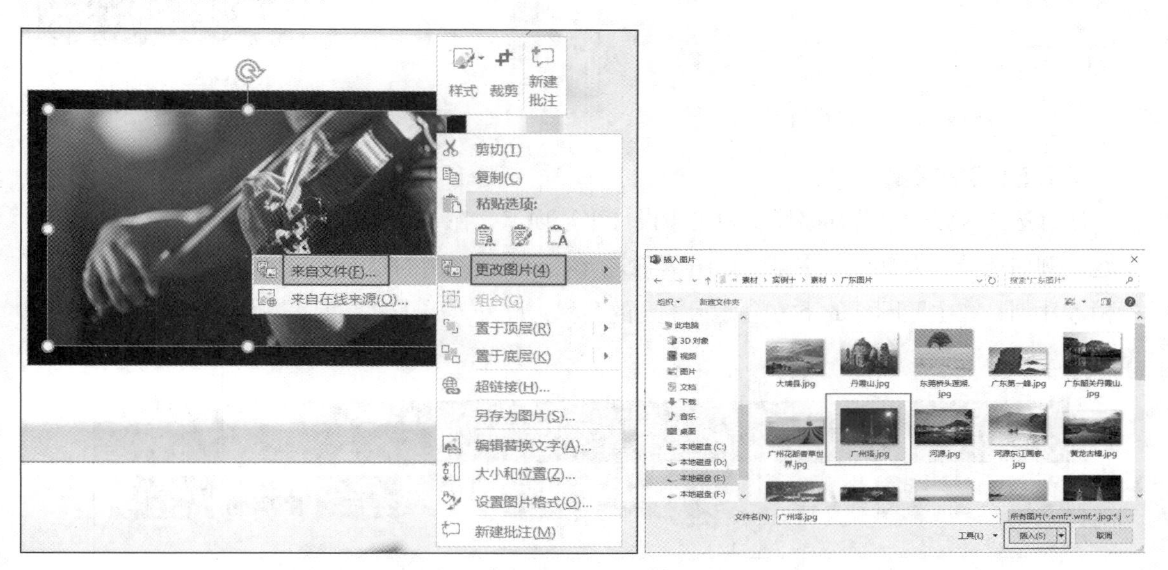

图 4–31　更改图片快捷菜单　　图 4–32　“插入”图片对话框

步骤 3：编辑幻灯片内容

单击第 1 张幻灯片缩略图，在幻灯片的编辑区中选中“在此放置标题”，然后按下【Delete】键将其删除，输入自己的电子相册标题，例如“美丽广东电子相册”，然后利用【开始】选项卡的【字体】功能区中相应的按钮设置适合的文字格式，例如字号为 44 磅，字体为华文琥珀，颜色为紫色，封面文字效果如图 4–33 所示。根据电子相册设计需要使用相同的方法修改或删除编辑区中其他文本框的内容。同理，依次选择其他幻灯片的缩略图，将文本框中的文字删除后输入相应图片的说明文字并设置适合的文字格式。

步骤 4：增加幻灯片并选择版式

将鼠标指针定位到最后一张幻灯片缩略图的下方，在【开始】选项卡的【幻灯片】功能区中单击【新建幻灯片】下拉按钮，从下拉列表中按照最终效果选择幻灯片的版式“2X 图片选项 1–浅色”并修改示例图片和文字，增加幻灯片并选择版式界面如图 4–34 所示。同理，按照最终效果依次添加其余幻灯片的版式。如果需要修改幻灯片版式，则选中该幻灯片缩略图后在【开始】选项卡的【幻灯片】功能区中单击【版式】下拉按钮重新选择版式。

图 4–33 封面文字效果

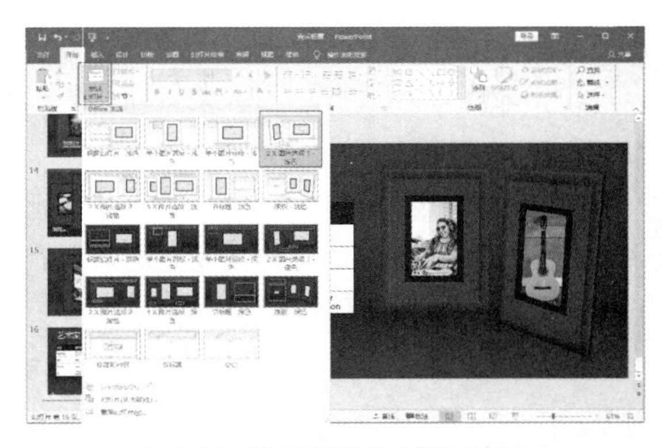

图 4–34 增加幻灯片并选择版式界面

步骤 5：更改主题

任意选择一张幻灯片缩略图，单击【设计】选项卡，在【主题】功能区中选择适合的幻灯片主题，例如选择“大都市”主题，如图 4–35 所示。需要说明的是，将鼠标指针指向每个主题图标稍等片刻，在主题图标的下方会显示主题的名称，此外，单击主题列表右侧的下拉按钮可以浏览更多主题。

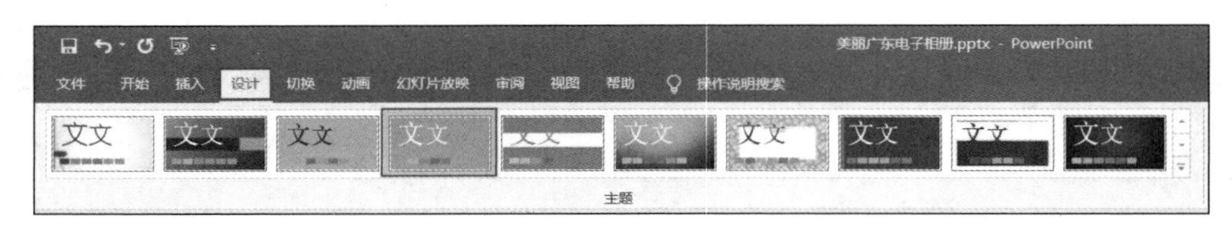

图 4–35 更改主题

步骤 6：更改主题颜色

任意选择一张幻灯片缩略图，在【设计】选项卡的【变体】功能区中单击右侧滚动条的【其他】按钮，指向“颜色”选项，在弹出的下拉菜单中选择需要更改的主题颜色，例如选择“视点”，如图 4–36 所示。

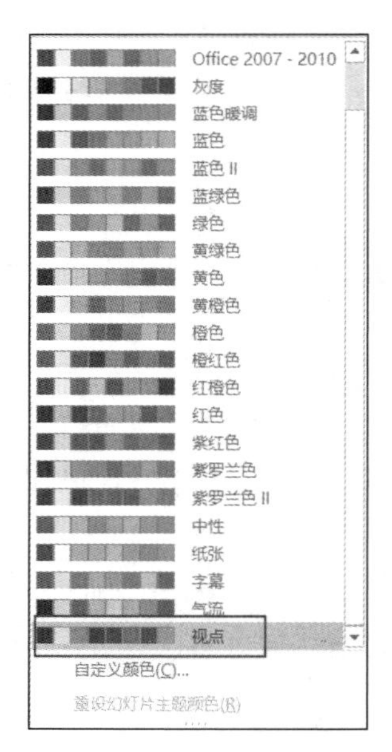

图 4–36 更改主题颜色

步骤 7：设置自定义动画效果

单击第 1 张幻灯片缩略图，在编辑区中选中第 1 张幻灯片中的标题文本框，单击【动画】选项卡，然后单击【动画】功能区右侧滚动条的【其他】按钮选择“形状”动作路径，设置自定义动画效果如图 4–37 所示。根据需要在【动画】选项卡的【计时】功能区中设置“开始”“持续时间”“延迟”等选项，例如设置“开始”选项为“上一动画之后”，单击【动画】功能区的【效果选项】下拉按钮可以选择其他的动画形状。同理，分别选中其他幻灯片缩略图，为其中的图片或文字设置自定义动画效果。

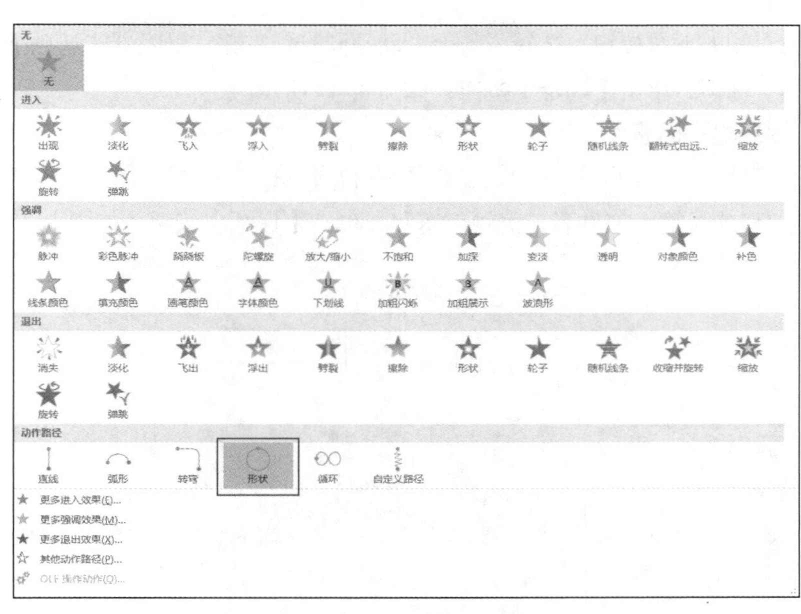

图 4–37　设置自定义动画效果

步骤 8：设置切换效果

单击第 1 张幻灯片缩略图，然后在【切换】选项卡的【切换到此幻灯片】功能区中选择一个切换效果，例如“分割”效果，如图 4–38 所示。在【计时】功能区中设置“持续时间”“换片方式”等，例如将“持续时间”设置为 1 秒，“换片方式”中的“设置自动换片时间”设置为 2 秒，如图 4–39 所示。同理，分别选中其他幻灯片缩略图为其选择适合的切换效果。

需要说明的是，设置好一张幻灯片的切换效果后单击【计时】功能区的【应用到全部】按钮，则可以为所有的幻灯片一次性设置相同的切换效果。

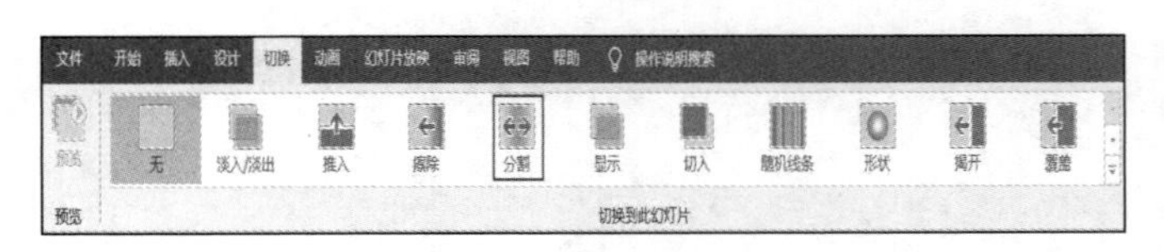

图 4–38　设置切换效果

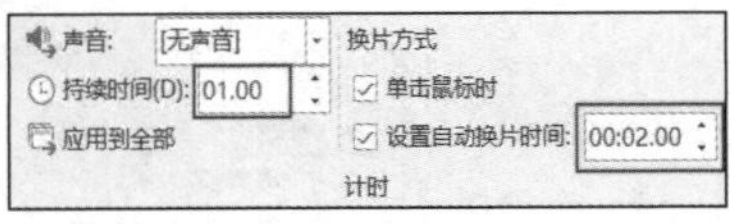

图 4–39　设置计时

步骤 9：插入背景音乐

选中第 1 张幻灯片缩略图，单击【插入】选项卡，在【媒体】功能区中单击【音频】下拉按钮，在弹出的下拉菜单中单击选择“PC 上的音频”选项，将事先准备好的背景音乐文件（如“背景音乐（安妮的仙境）.mp3”）插入到第 1 张幻灯片中。此时，该幻灯片中出现小喇叭标记，可将其拖动到幻灯片的右下角位置，选中小喇叭标记，然后在菜单栏的【动画】选项卡的【高级动画】功能区中单击【动画窗格】按钮，在弹出的“动画窗格”窗格中单击“背景音乐”右侧的下拉按钮选择“效果选项”，如图 4–40 所示。在弹出的“播放音频”对话框中选择【效果】选项卡，设置音乐“开始播放”的时间为“从头开始”，在“停止播放”下面选中“在 X 张幻灯片后”选项并输入该电子相册的幻灯片数量“18”；在“播放音频”对话框中选择【计时】选项卡，单击“开始”选项右侧的下拉按钮，选择“与上一动画同时”，在“触发器”选项下方选择“按单击顺序播放动画”选项，单击【确定】按钮，如图 4–41 所示。

步骤 10：保存电子相册

单击【文件】选项卡，选择“另存为”选项，保存位置选择“桌面”，保存类型选择“PowerPoint 放映（*.ppsx）”格式，输入文件名“美丽广东”，单击【保存】按钮，如图 4–42 所示。

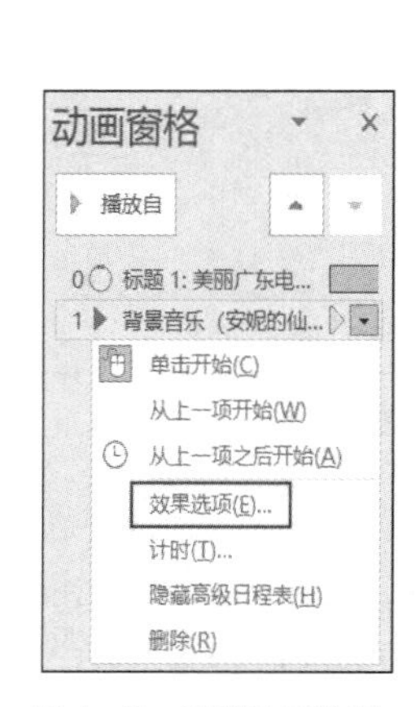

图 4–40　设置动画效果

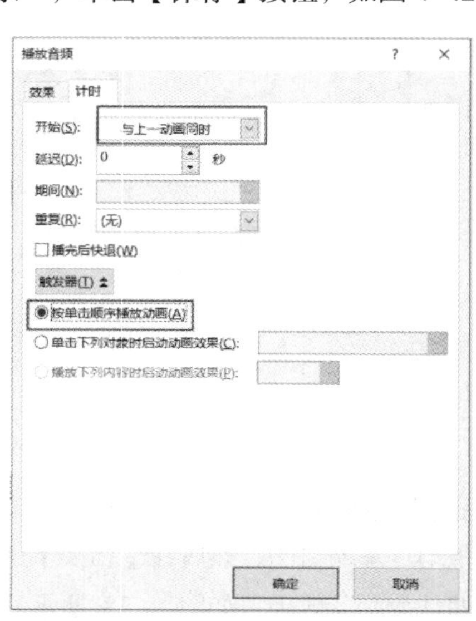

图 4–41　设置音乐播放效果

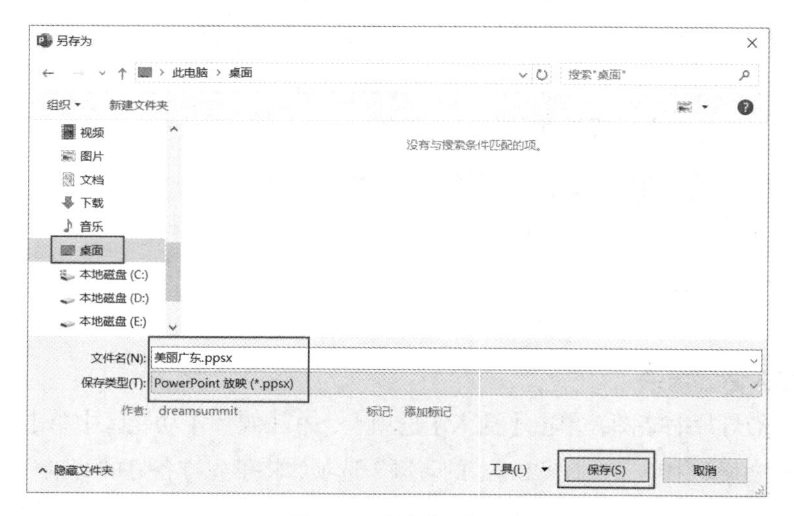

图 4–42　保存电子相册

步骤 11：打印相册演示文稿

单击【文件】选项卡，选择“打印”选项，在中部的打印设置窗格中设置打印参数，例如打印份数、打印机、打印内容、打印方式等，这里单击“幻灯片”下方的【整页幻灯片】下拉按钮选择打印版式，如图 4–43 所示，例如选择“4 张水平放置的幻灯片”版式，如图 4–44 所示，单击【打印】按钮即可进行相册演示文稿的打印。

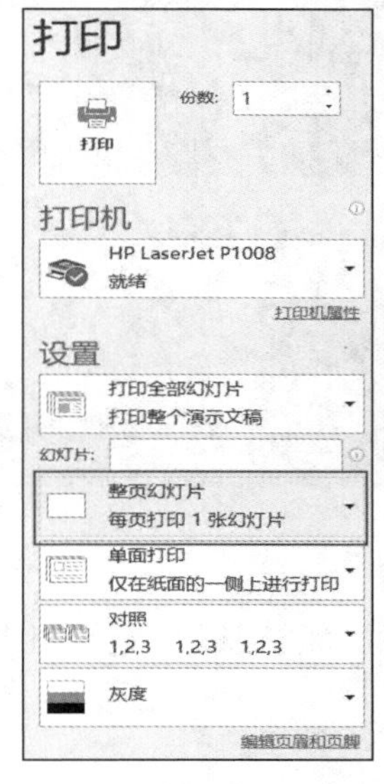

图 4-43　打印相册演示文稿

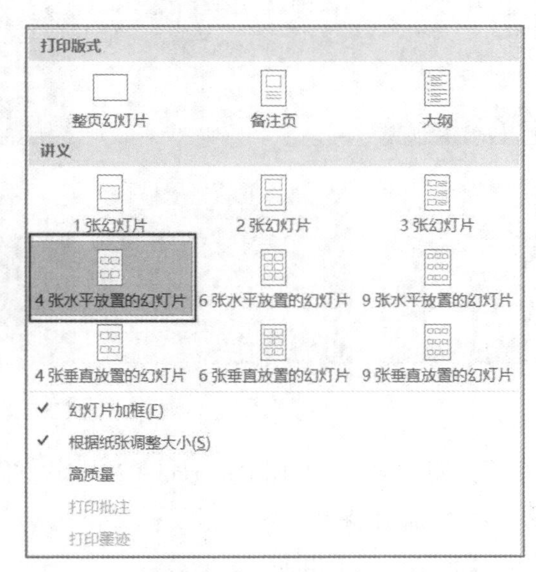

图 4-44　选择打印版式

【项目小结与展望】

通过本项目，读者掌握了在 PowerPoint 2016 软件中创建和保存演示文稿的方法，在幻灯片中插入图片、艺术字、表格、图表、组织结构图、视频等元素的方法，设置主题、背景、页眉和页脚等方法，创建超链接的方法，设置演示文稿放映方式的方法等，能够在 PowerPoint 2016 软件中利用模板制作精美的电子相册，并通过设置切换效果和动画效果，让演示文稿变得更加生动形象。需要注意的是，演示文稿中所有的图片、音频、视频文件和演示文稿文档需保存到同一路径中，避免在播放的过程中出现链接错误的现象。本项目的学习为将来在工作岗位上高效地制作优秀的演示文稿奠定了扎实的基础。随着移动端应用和人工智能技术的快速发展，我们期待 PowerPoint 软件将融入更多智能设计功能和 3D 效果展示功能，能让用户随心所欲地制作出视觉上更具观赏性、演示操作更为便利的演示文稿。

【课后练习】

1. 利用 PowerPoint 2016 软件制作一份公司宣传演示文稿，演示文稿中需要插入文本、图片、艺术字、表格、图表、组织结构图、视频、页眉和页脚等对象，并要为目录幻灯片的各个标题设置超链接，同时在链接的目标页面添加动作按钮实现返回到目录播放的操作，最终效果如图 4-45 所示。

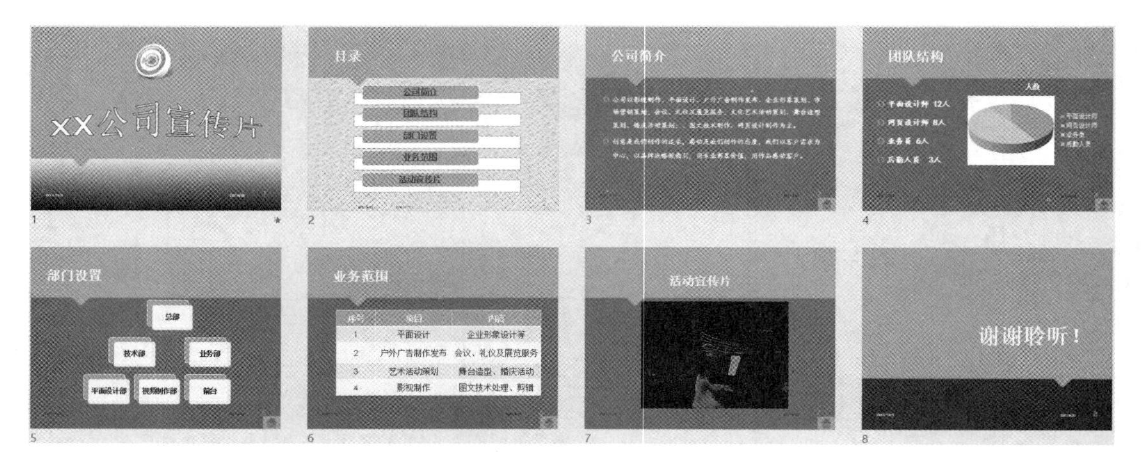

图 4–45 公司宣传演示文稿效果

2. 使用熊猫图片素材，利用 PowerPoint 2016 软件制作一份“熊猫宝宝”电子相册，最终效果如图 4–46 所示。制作要求如下。

（1）利用模板制作电子相册。

（2）每张幻灯片使用不同的切换效果。

（3）合理设置动画效果。

（4）每张幻灯片的播放时间为 3 秒，电子相册有背景音乐。

（5）将电子相册保存为放映方式。

图 4–46 “熊猫宝宝”电子相册效果

项目 5

人工智能的前世今生

【项目背景】

人工智能（Artificial Intelligence，AI）已经深入地融入我们生活中，给我们日常生活带来许多便利。有些我们已深有体会，有些我们却并未察觉，想象一下，人工智能是如何使你的生活和工作变得更加美好的。

清晨，刚刚醒来的你通过简单的语音指令拉开窗帘，打开房间的灯。拿起手机，人脸或指纹识别帮你解锁手机，各式各样的社交和新闻应用程序（Application，App）已经为你推送了你感兴趣的资讯。早餐后，你坐上自己的车去上班，导航 App 已经根据当时的路况和一段时间内可能会出现的路况筛选出了最便捷的路线。汽车音响也开始自动播放你喜爱的歌曲，自动驾驶或辅助驾驶功能让开车的过程显得轻松舒适，智能交通信号“绿波带”更让你的心情一路愉悦。

当你进入公司大楼时，人脸识别仪器自动为你开闸，电梯也像先知先觉似的在你到达的时候自动开启，你无须按楼层按键，电梯按记忆将你送达默认办公楼层。通过生物识别技术，你进入办公室时，照明和空调系统已根据你的习惯和当天的天气情况打开，你可以在舒适的办公环境中开始一天的工作。工作的繁忙可能让你没空去餐厅享用午餐，贴心的送餐机器人会将经过智能营养搭配的午饭准时送到你的办公室。

以前，下班后，你可能会站在大厦高达数层的巨大停车场前茫然地回忆早上究竟把车停在哪儿了，而现在有了智能寻车系统的帮助，这样的情况已不复存在。回到家中，你发现扫地机器人已经完成了每天的清洁工作，花园里的植物在智能浇灌系统的照料下不需要你过于操心。不善厨艺的你甚至可以问问冰箱有关营养搭配和烹饪技巧的问题。躺在床上，睡眠辅助系统和健康监测系统自动开始运行，伴随着逐渐变暗的灯光和柔和的睡前音乐，渐入梦乡的你对人工智能的未来更加充满了期待。

背景拓展

人工智能已经在不知不觉中改变了我们很多的生活习惯，促进了生产力的巨大进步。正如“罗马不是一天建成的”一样，人工智能也是人类科技和文明不断发展和进步的结晶。在本项目中，我们首先来了解人工智能的前世今生，之后再带大家全面了解人工智能这一领域。

【思维导图】

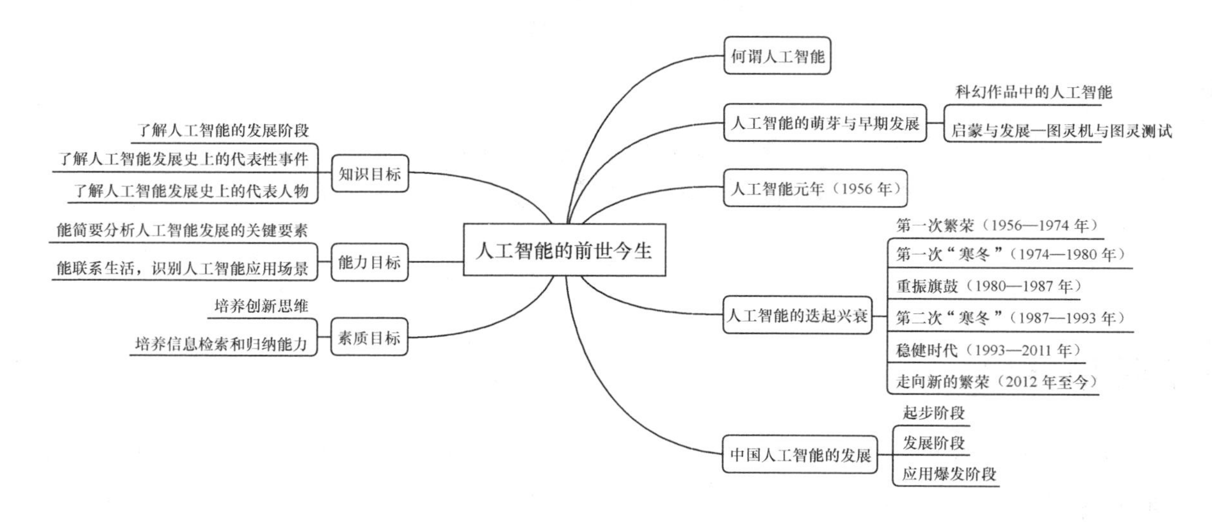

【项目相关知识】

5.1 何谓人工智能

要探讨人工智能，应先从智能说起。什么是智能，智能的本质是什么？这是古今中外许多哲学家、脑科学家一直在努力探索和研究的问题，但至今仍然没有完全解决。为此，智能的发生、物质的本质、宇宙的起源、生命的本质一起被列为自然界四大奥秘。一般来说，智能是知识与智力的总和，其中智力是获取知识并应用知识求解问题的能力，智能体现在感知能力、记忆与思维能力、学习能力、行为能力等方面。

人工智能是一门典型的交叉学科，涉及计算机科学、数学、认知科学、哲学、心理学、社会结构学等众多学科，以及信息论、控制论等方面的知识。但一直以来对人工智能尚无统一的定义。本书采用我国《人工智能标准化白皮书（2018 版）》给出的定义：“人工智能是利用数字计算机或者数字计算机控制的机器模拟、延伸和扩展人的智能，感知环境、获取知识并使用知识获得最佳结果的理论、方法、技术及应用系统。”

上述定义反映了人工智能学科的基本思想和基本内容，即人工智能研究人类智能活动的规律，以及如何让计算机去完成以往需要人的智能才能胜任的工作，从而构造达到一定智能程度的人工系统，也就是研究如何应用计算机的软硬件来模拟人类某些智能行为的基本理论、方法和技术。总之，人工智能是对人的意识、思维过程的模拟。

人工智能的目标就是用机器实现人类的部分智能，使机器能听、能说、能看、能写、能思考、能学习、能适应环境变化、能解决面临的实际问题。实际上要使机器的智能水平达到人类智能水平是非常困难的，但人工智能的研究正在朝着这个方向前进，并不断超越进步。

5.2 人工智能的萌芽与早期发展

1. 科幻作品中的人工智能

大家喜欢看科幻小说和科幻电影吗？科幻小说和科幻电影中一般会有一个超能的人造人角色，在早期科幻作品中可归纳为“类人智能生命体”或“人造智慧生物”，20 世纪 20 年代后有了“机器人”这一称谓。

（1）19 世纪科幻小说

1818 年，玛丽·雪莱（Mary Shelley）创作了《弗兰肯斯坦》（*Frankenstein*）（又译为《科学怪人》），该书被公认为世界上第一部科幻小说，它讲述的就是一个造人题材的悲剧故事。瑞士贵族青年维克多·弗兰肯斯坦（Victor Frankenstein）对科学充满好奇，怀着把生命的奥秘探个究竟的雄心壮志，开始了一项不为人知的实验——造人，即利用人体器官拼凑成“怪人”（monster），最后施以电击使之复活。“怪人”遭到了包括维克多·弗兰肯斯坦在内的人类的敌视和攻击，于是“怪人”便向他的造物主展开报复，最终结局是“怪人”和他的造物主一起葬身大海。这部小说想要警告人类，改变我们生活的机器也可能成为我们的噩梦。玛丽·雪莱是第一位通过科幻小说形式描绘人造智能生物（后来演变为人造机器）与人类危险关系的作家。

文学作品特别是科幻小说中创作了许许多多这样的角色：1831 年，歌德（Goethe）在《浮士德》中塑造了人造人荷蒙库鲁斯（Homunculus）；1870 年，霍夫曼（Hoffmann）出版了以自动玩偶为主角的作品《葛蓓莉娅》；1883 年，科洛迪（Collodi）的《木偶奇遇记》问世；维利耶·德·利尔·亚当（Villiers de L'Isle-Adam）在他 1886 年出版的小说《未来的夏娃》中塑造了一位美女机器人安德罗丁（Android）。

（2）20 世纪科幻小说

美国儿童文学作家莱曼·弗兰克·鲍姆（L.Frank Baum）在 1900—1919 年期间陆续创作发表了一部奇幻冒险童话故事集，这部充满想象力的作品里有各种各样的奇特的人物角色，其中 1914 年创作的《机械人小滴答》（*Tik-Tok of OZ*）讲的是“机械人小滴答”（“Tik-Tok”）的故事。这个叫作“Tik-Tok”的机械人角色在作者的想象中是一个非常有责任心、有想象力，能够流利使用人类语言的人形机械（Mechanical Man）。它能思考、会说话，可以做一切人类能做的事情，唯一与人类的不同之处就是它并不具有生命。“Tik-Tok”这个词本身是钟表或机械发出的滴答声的拟声词，后来也衍生出了时间流逝的意思。

在上述早期作品中，出现了采用各类技术（包括机械或机器技术、生物复制或化学合成技术）创造出的“类人智能生命体”或“人造智慧生物”角色，但它们并没有一个公认的统一称呼，直到“机器人”这个名词出现。

（3）科幻小说中的“机器人”

在科幻小说中率先使用机器人（Robot）一词的是捷克作家卡雷尔·恰佩克（Karel Capek）发表于1921年的剧作《罗素姆万能机器人》（*Rossum's Universal Robots*），该剧于1921年首次公演。故事发生在罗素姆万能机器人制造工厂，该厂生产的机器人身强力壮、老实听话，适合干各种体力活，销路甚广。但好景不长，机器人身上迸发出了理性和情感，不再甘愿为人奴役，发动战争消灭了人类。图5-1为《罗素姆万能机器人》中的机器人形象。

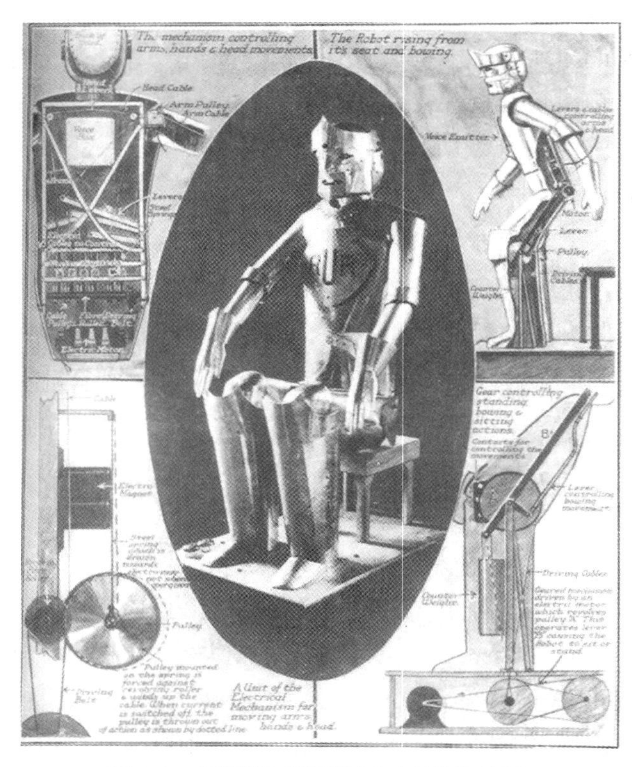

图5-1 《罗素姆万能机器人》中的机器人形象

美国著名科幻作家阿西莫夫（I. Asimov）的科幻小说在如何处理人和机器人关系方面表现出积极的立场。出版于1950年的小说集《我，机器人》就是一个典型的代表。该书收录了阿西莫夫创作于20世纪40年代的9个短篇科幻故事，所有故事情节展开的前提便是“机器人三定律”，具体如下。

第一，不伤害定律：机器人不得伤害人类，也不得见人受到伤害而袖手旁观。

第二，服从定律：机器人必须服从人的命令，但不得违反第一定律。

第三，自保定律：机器人必须保护自己，但不得违反第一、第二定律。

这三条定律在制造过程中就被嵌入了机器人的大脑，无法消除。在这三条定律的约束下，弗兰肯斯坦式的悲剧被暂时杜绝了，机器人可以成为人类值得信赖的朋友。

（4）电影作品中的“机器人”

20世纪中期以后，更多的机器人角色出现在各类科幻电影中。1977年公映的《星球大战》中塑造的 C-3PO 和 R2-D2，是与人类自然交互、善解人意又足智多谋的机器人伙伴形象；2001 年上映的科幻电影《人工智能》，讲述了一个小机器人为了寻找养母，为了缩小机器人和人类差距而奋斗的故事；2008 年上映的科幻动画电影《机器人总动员》，讲述了地球上的清扫型机器人瓦力偶遇并爱上了机器人伊娃后，追随她进入太空历险的一系列故事；2013 年上映的科幻电影《她》塑造了一个虚拟女性机器人，该机器人实际上是今天聊天问答机器人的原型；2015 年上映的科幻电影《机械姬》的整个故事都基于“图灵测试”，电影中塑造的高仿真机器人艾娃反映了人工智能未来的可能性；2018 年上映的科幻电影《升级》是人机融合题材的作品，反映了未来人机融合的一种潜在危险。

科幻作品中以各种机器人为代表的人工智能，以及“人机”之间的合作与对抗所表现出来的人工智能对人类的同情、友善或威胁、危险，实际上反映了人类对人工智能既爱又恨、既信任又怀疑的矛盾思想，这实际上涉及后面要谈到的人工智能伦理问题。事实上，人工智能将虚构的、幻想的事物变成现实，是人类科学技术的胜利，也是人类理性和想象力的胜利。对于科幻作品中的人工智能，我们要清醒地认识到，科幻是科幻，现实是现实。如果将科幻作品中的人工智能与现实中的人工智能划等号，我们就容易产生不必要的担心和困惑。可以确定的是，现实中还不存在全面超越人类智能的人工智能。

2. 启蒙与发展——图灵机与图灵测试

（1）图灵机

人工智能历史上的第一座里程碑，便是图灵机。在 1936 年，被称为计算机科学之父、人工智能之父的英国数学家艾伦·麦席森·图灵（Alan Mathison Turing）提出了一个抽象的计算模型构想——图灵机。我们可以简单地将图灵机理解为一种计算器，但它不可能被真正生产出来，所以图灵机只是一个抽象的设计概念，而并无实物。图 5-2 为图灵机的基本构造，我们可以简单地将其理解为三个部分。

第一部分是纸带。在图灵的设计中，这是一条无限长的纸带，也就意味着它可以承载无限大的信息量。纸带被分为一个个方格，每个方格可以存储一个符号，图灵机可以通过处理盒内的读写头，对方格中的符号进行读取、写入和覆盖。

第二部分是程序。这一部分是使用者给图灵机设置的程序指令，简单地说，就是告诉图灵机在读取到某个符号后该做什么相应的操作，从而最终达成使用者的既定目标。

第三部分是处理盒。处理盒与纸带接触的位置有一个读写头，用于从纸带中提取信息和向纸带输出信息。我们可以看到图 5-2 中的处理盒上部还有横在其中可以移动的长方体，这是图灵机的规则控制器，它的功能是根据程序中指定的状态来改变规则，从而决定读写头的具体操作。通俗地讲，规则控制器是配合

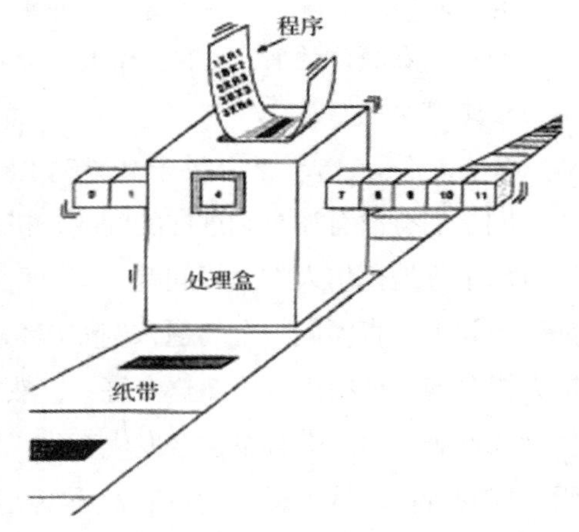

图 5-2　图灵机的基本构造

程序来实现复杂运算的功能模块。

图灵机看似与我们平时理解的人工智能相差甚远，可事实上图灵机向人类展示出的内涵正是计算机科学与人工智能的基石。一方面图灵机用形式化方法成功表述了可计算这一过程的本质；另一方面图灵机用简单、具体的模型帮助我们理解了使用机械计算来实现自动运算的过程，即人类给机器设置好程序，机器接收并处理数据，最终输出人类需要的信息，这也是我们现代计算机的基础原型。在20世纪初期，科研人员已经对电子计算机进行了种种探究与尝试，图灵机的出现给了学界一个非常清晰的启示。

在20世纪上半叶，人工智能还并不是一个正式的学术领域，它甚至还没有一个非常明确的概念和定义。但是已经有很多尖端的学者对这个模糊的概念充满了期待与好奇，也对人工智能做出了很多的猜想与预测。随着计算机科学的逐步发展，人工智能这一概念在人类的脑海里一点一点变得更清晰明了。

（2）图灵测试

1950年，图灵发表了一篇划时代的论文，这也让他正式获得了“人工智能之父”这一称号。在这篇论文中，图灵预测了人类制造出真正智能的机器的可能性。鉴于在当时没有办法给予智能一个非常准确的定义，图灵提出了一个测试方法，这个方法就是通常说的“图灵测试”。该测试采取问与答的形式，观察者通过打字机与两个被测试对象（一人一机器）通话，观察者不断提出问题，通过被测试对象的回答来辨别其是人还是机器，如果机器使30%以上的观察者对其身份产生了误判，那么这个机器就可以被认定为具备智能。

图灵也曾为这项测试拟定了一些问答范例。

问：请写出以“第四号桥”为主题的十四行诗。

答：不要问我这样的问题，我从不写诗。

问：34957加70764等于多少？

答：（停顿30秒后）105721。

问：你会下国际象棋吗？

答：是的。

问：我在我方的K1处有棋子K，你在K6处有棋子K，在R1处有棋子R。现在轮到你走，你应该走哪步棋？

答：（停顿15秒后）棋子R走到R8处，将军。

同学们有没有注意到这样的问题，机器与人类给出的答案基本没有差别，在这种情况下，机器可以很好地模仿人类回答问题，以至于提问者很难分辨答题者的真实身份。那我们换一种思路，如果提问者一直问同一个问题，例如连续提问1加1等于多少，那么一个并不那么完善的人工智能大概会连续地给出等于2这个答案，然而真实的人类在这样的情况下很大概率会对提问者产生质疑或不满，给出的答案也会发生变化，例如回答“你已经问过这个问题了”。这两者的区别在于，提问者可以从中感觉到答题者是在从数据库中提取出答案，还是具有真正的综合分析能力。

在20世纪上半叶，基于学界与社会上的相关思想浪潮，人工智能作为一个模糊的概念备受文学作家和影视作品的青睐，也逐渐获得了学界和资本的真正关注，在 1956 年，人工智能的历史正式翻开了新的篇章。

5.3　人工智能元年（1956 年）

1956 年 8 月，在美国的达特茅斯学院召开了达特茅斯会议，又称为达特茅斯夏季人工智能研究计划（Dartmouth Summer Research Project on Artificial Intelligence），这是人工智能发展历史上的重要的里程碑。在这个会议上，“人工智能”（Artificial Intelligence）这个词被正式使用和广泛接受，因此 1956 年被普遍称为人工智能元年。

达特茅斯会议由达特茅斯学院年轻的助理教授约翰·麦卡锡（John McCarthy）、哈佛大学数学与神经学初级研究员马文·明斯基（Marvin Minsky）、IBM 公司信息研究经理纳撒尼尔·罗切斯特（Nathaniel Rochester）、贝尔电话实验室数学家克劳德·香农（Claude Shannon）发起，会议的主题是“用机器来模仿人类学习及其他方面的智能”，包括自动计算机（Automatic Computer）、如何使用自然语言对计算机进行编程（How Can a Computer be Programmed to Use a Language）、神经网络（Neuron Nets）、计算规模理论（Theory of the Size of a Calculation）、自我提升（Self-Improvement）、抽象概念（Abstraction）、随机性和创造力（Randomness and Creativity）7 个相关的基础议题。

在当时，这个会议引起了很大的轰动，其基础议题中的很大一部分即便以现在的视野来看都是非常值得讨论的内容。原定 6 周的会议最终延长到了 8 周，原计划中只有 11 名参会者，随着会议的进行，最终参会者多达 20 人。这场会议给人工智能领域形成奠定了基础，也给这个新生的领域带来了第一次发展浪潮。

达特茅斯会议是人工智能发展史上的里程碑事件，许多参会者都成为人工智能领域的著名学者。例如麦卡锡，他在达特茅斯会议上提出了“人工智能”这个概念，发明了 LISP（List Processing）语言，在 1971 年获得图灵奖；明斯基，人工智能框架理论的创立者，开发了世界上最早的能够模拟人类活动的机器人 Robot C，在 1969 年获得图灵奖，是第一位获得图灵奖的人工智能学者。

5.4　人工智能的迭起兴衰

1. 第一次繁荣（1956—1974 年）

达特茅斯会议后，人工智能研究走向了持续近二十年的第一个繁荣期，在机器学习、定理证明、模式识别、问题求解、专家系统和人工智能语言等方面都取得了引人瞩目的成就。

除学术界外，各国政府也对人工智能领域产生了浓厚的兴趣，大量资金的注入也使人工智能应用领域在这二十年间百花齐放。特别是机器人领域，当今很多用于生产和研究的机器人在当时便出现了原型，在后续的繁荣期中也诞生了许多具备一定人工智能的机器人，接下来我们来看两个非常有代表性的例子。

（1）世界上第一台工业机器人尤尼梅特

1959年，乔治·德沃尔（George Devol）和约瑟夫·恩格尔伯格（Joseph F.Engelberger）发明了世界上第一台工业机器人，命名为尤尼梅特（Unimate），意思是“万能自动”。恩格尔伯格负责设计机器人的“手”“脚”“身体”，即机器人的机械部分和完成操作部分；德沃尔负责设计机器人的“头脑”“神经系统”“肌肉系统”，即机器人的控制装置和驱动装置。尤尼梅特与现在的很多工业机器人一样，是一台机械臂，如图5-3所示。它在通用汽车生产线的职责主要是从装配线运输压铸件并将零件焊接至汽车上，这对于工人来说是一项非常危险的工作，因为会有气体中毒和受伤的风险，这也是德沃尔和恩格尔伯格发明这个机器人的原因。尤尼梅特还在当时的电视节目中表演了打高尔夫球、倒啤酒等。

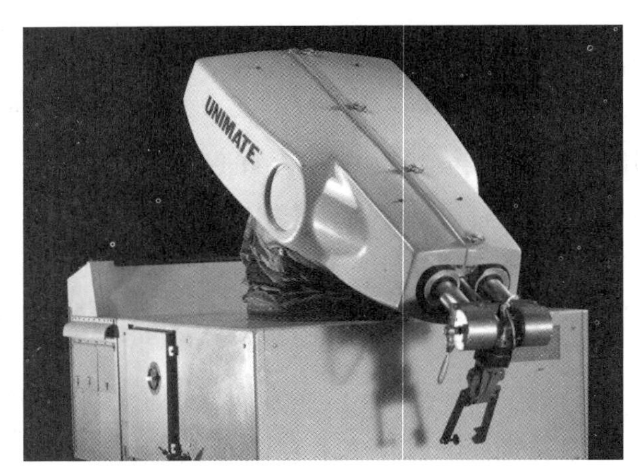

图5-3 机器人尤尼梅特

（2）机器人WABOT-1

1967年，日本早稻田大学开启了WABOT项目，并于1972年完成了机器人WABOT-1，这是世界上第一个全尺寸人形智能机器人，如图5-4所示。它高约两米，重达160千克，有双手双脚、人工视觉和听觉装置，具备肢体控制系统、视觉系统和会话系统。它可以通过人工嘴用日语与人类进行简单交流，它的肢体控制系统使其具备行走和抓握并运输物体的能力，通过视觉系统中的各类传感器，它可以测量身前物体的距离和方向。以我们现在的眼光来看，虽然这个机器人能够搬东西也能移动双脚，但每走一步要45秒，而且只能走10厘米，相当笨重缓慢。但以当时的技术来说，这已经震惊了世界。

图5-4 机器人WABOT-1

人工智能研究人员总是喜欢用人工智能技术挑战人类自己的棋类智力游戏，这个阶段挑战的是西洋跳棋。1959年，计算机游戏先驱亚瑟·塞缪尔（Arthur Samuel）在IBM公司的首台商用计算机IBM 701上编写了西洋跳棋程序，这个程序顺利战胜了当时的西洋跳棋大师罗伯特尼赖。这个阶段也诞生了世界上第一个聊天程序 Eliza，它由麻省理工学院的人工智能学院在 1964—1966 年组织编写而成，能够根据设定的规则和用户的提问进行模式匹配，然后从预先编写好的答案库中选择合适的答案。

即便人工智能领域的研究已取得了一些成果，可这对大众和投资者来说远远不够。昂贵的价格和一些重点项目（如机器翻译）的失败让投资者在看不到实际成果的情况下对人工智能逐渐冷淡。我们知道现在的人工智能的智慧都是基于对海量的数据进行分析得到的，而当时的信息与存储技术完全不足以支持人工智能的发展，当时计算机有限的内存与处理速度也不可能让人工智能解决任何实际的复杂问题。人工智能研究陷入的僵局令各方的投资人与机构逐渐对没有明确方向的研究项目停止了资助。这也直接导致了人工智能在第一次繁荣后走向了第一次“寒冬”。

2. 第一次“寒冬”（1974—1980 年）

1973 年，著名数学家詹姆斯·莱特希尔（James Lighthill）向英国政府提交了一份关于人工智能的研究报告，对当时的机器人技术、语言处理技术和图像识别技术进行了严厉的批评，尖锐地指出人工智能那些看上去宏伟的目标根本无法实现，研究已经完全失败。此后，科学界对人工智能进行了一轮深入的拷问，使人工智能遭受到严厉的批评并对其实际价值产生怀疑。随后，各国政府和机构也停止或减少资金投入，人工智能在 20 世纪 70 年代中期陷入了第一次“寒冬”。

这次“寒冬”不是偶然的。在人工智能第一次繁荣时期，虽然出现了各种软件程序或硬件机器人，但它们看起来都只是“玩具”，或是实验室的成果。在将人工智能成果转化为实用的工业产品的过程中，科学家们遇到了许多很难完成的挑战，其中最大的挑战是“算力”和“数据”。

（1）算力

让科学家们最头痛的是，虽然很多人工智能方面的难题理论上可以解决，看上去只是涉及少量的规则和几个很少的棋子，但带来的计算量却是惊人的，实际上根本无法解决。当时有科学家计算得出，用计算机模拟人类视网膜视觉至少需要每秒执行 10 亿次指令，而 1976 年世界上运行速度最快的计算机 Cray-1 的运算速度还不到每秒 1 亿次，普通计算机的运算速度还不到每秒 100 万次。人工智能也需要足够的算力才能真正发挥作用。很多人工智能科学家开始发现，对于数学推理、代数几何这种人类智能，计算机仅用很少的算力便可轻松完成，而对于图像识别、声音识别和自由运动这种人类无须动脑、靠本能和直觉就能完成的事情，计算机却需要巨大的算力才可能实现。

（2）数据

人工智能需要大量的人类经验和真实世界的数据才能进行机器学习，形成“智能”。即使一个三岁婴儿的智能水平，也是观看过数亿张图像、听过数万个小时声音之后才能形成的。由于当时计算机和互联网都没有普及，因此不可能获取如此庞大的数据。

3. 重振旗鼓（1980—1987 年）

Intel 公司的创始人兼当时的首席执行官戈登·摩尔（Gordon Moore）于 20 世纪 70 年代提出了一个非常有趣的预言：集成电路上可容纳的晶体管数目，约每两年便会增加一倍，性能也将提升一倍。这个预言被称为摩尔定律，事实也确如其所言，直至2013年年底，半导体的发展速度才有所放缓。到了20世纪80年代，电子计算机的性能与十年前相比已不可同日而语，在这样的前提下社会与各机构对人工智能又重新燃起了希望。专家系统和日本的第五代计算机系统研究计划推动了20世纪80年代人工智能的发展。

（1）专家系统

这一时期，专家系统开始在特定领域发挥威力，带动整个人工智能技术进入了一个繁荣阶段。专家系统的起源可以追溯到1965年，美国著名计算机学家爱德华·费根鲍姆（Edward Albert Feigenbaum）在斯坦福大学带领学生开发了第一个专家系统DENDRAL。这个系统可以根据化学仪器的读数自动鉴定化学成分。1978年，卡耐基梅隆大学为DEC公司设计了一个名为XCON的专家系统，并在1980年正式投入工厂使用。XCON是一款能够帮助顾客自动选配计算机配件的软件程序，是一个完善的专家系统，其包含了超过2500条设定好的规则，在后续几年处理了超过80000个订单，准确度超过95%，它成为一个新时期的里程碑。鉴于XCON取得的巨大商业成功，20世纪80年代三分之二的世界500强公司开始开发和部署各自领域的专家系统。据统计，在1980—1985年期间，就有超过10亿美元投入人工智能领域，大部分用于企业内的人工智能部门，因此涌现出很多人工智能软硬件公司。

专家系统把自己限定在一个小的范围内，避免了通用人工智能的各种难题。它充分利用现有专家的知识经验，务实地解决人类特定工作领域的任务。

（2）日本的第五代计算机系统研究计划

在计算机技术和人工智能技术快速发展的环境下，1982年4月，日本制定了为期十年的“第五代计算机系统研究计划”（Fifth Generation Computer Project），目的是抢占未来信息技术的先机，创造具有划时代意义的超级人工智能计算机。第五代计算机是一种把信息采集、存储、处理、通信与人工智能结合在一起的智能计算机系统。它能够面向知识处理，具备形式化推理、联想、学习和解释的功能，能够帮助人类研究未知领域和新的知识，同时在人机交互方面也有创时代的理念，人机可以通过自然语言（声音、文字）或图像来交换信息。

日本尝试使用大规模多中央处理器（Central Processing Unit，CPU）并行计算来解决人工智能算力问题，并希望打造面向更多人类知识库的专家系统来实现更强的人工智能。图5-5为当时日本研发的具有512块CPU并行计算能力的第五代计算机。

这个计划在十年后基本以失败告终，主要是低估了当时个人计算机（Personal Computer，PC）发展的速度，尤其是Intel公司的x86芯片架构在几年内就发展到可满足各领域专家系统需要的程度。但是，第五代计算机系统研究计划一方面极大地推进了日本工业信息化进程，加速了日本工业的崛起；另一方面，开创了并行计算的先河，我们如今使用的多核处理器和神经网络芯片都受到了这个计划的启发。

图5-5 日本研发的第五代计算机

人工智能领域当时主要使用麦卡锡的 LISP 语言，所以为了提高各种人工智能程序的运行效率，很多研究机构或科技公司都开始研发制造专门用于运行 LISP 程序的计算机芯片和存储设备，打造人工智能专用的 LISP 机器。这些机器与传统计算机相比，可以更高效地运行专家系统或者其他人工智能程序。

4. 第二次“寒冬”（1987—1993 年）

专家系统最初取得的成功是有限的，它无法自我学习并更新知识库和算法，维护起来越来越麻烦，成本越来越高，以至于很多企业后来都放弃陈旧的专家系统或者升级到新的信息处理方式。虽然 LISP 机器逐渐取得进展，但 20 世纪 80 年代也正是个人计算机崛起的时间，IBM 公司和苹果公司的个人计算机快速占领整个计算机市场，它们的 CPU 频率和速度稳步提升，甚至变得比昂贵的 LISP 机器更强大。

直到 1987 年，专用 LISP 机器硬件销售市场严重崩溃，包括日本第五代计算机系统研究计划在内的很多超前概念都失败了，原本美好的人工智能产品承诺都无法真正兑现。硬件销售市场的溃败和理论研究的迷茫，加上各国政府和机构纷纷停止向人工智能研究领域投入资金，导致了人工智能发展进入了长达数年的低谷期，人工智能再一次进入“寒冬”。人们开始对专家系统和人工智能产生信任危机，一股强烈的声音开始质疑当时人工智能的发展方向，他们认为使用人类设定的规则进行编程，这种自上而下的方法是错误的。

当然，这一时期也取得了一些重要成就。1988 年，美国科学家朱迪亚·珀尔（Judea Pearl）将概率统计方法引入人工智能的推理过程中，这对后来人工智能的发展产生了重大影响。同年，IBM 公司的沃森研究中心把概率统计方法引入人工智能的语言处理中，实现了英语和法语之间的自动翻译。1989 年，AT&T 贝尔实验室的雅恩·乐昆（Yann LeCun）及其团队使用卷积神经网络，实现了通过人工智能识别手写的邮政编码数字图像。1992 年，当时在苹果公司任职的李开复使用统计学的方法，设计开发了具有连续语音识别能力的助理程序 Casper，这也是二十年后 Siri 最早的原型。Casper 可以实时识别语音命令并执行计算机办公操作，类似于用语音控制和处理 Word 文档。

5. 稳健时代（1993—2011 年）

经历过半个世纪风雨起伏的人工智能，终于学会了“低调行事”。一方面，在 20 世纪 90 年代和 21 世纪的前十年里，人工智能技术逐渐与计算机和软件技术深入融合，为了让自己的工作内容听起来更切实而不科幻，很多研究者都不再使用“人工智能”这个术语，而是使用数据分析、商业智能、信息化、知识系统、计算智能等词汇，研究成果或开发的功能往往也直接成为软件工程的一部分；另一方面，在这个阶段，人工智能算法理论的进展并不多，很多研究者都只是基于以前的理论进行研究，例如摩尔定律。随着计算机算力的大幅提升，人工智能自发地走向了稳健时代，人工智能领域中许多具有里程碑意义的目标已经得以实现。

（1）稳健时代的人工智能里程碑事件

1995 年，理查德·华莱士（Richard Wallace）受 20 世纪 60 年代聊天程序 Eliza 的启发，开发了新的聊天机器人程序 Alice。它是第一个基于互联网的聊天机器人，能够利用互联网不断增加自身的数据集并优化内容。2013 年科幻电影《她》就是以 Alice 为原型创作的。

1997 年，两位德国科学家——赛普·霍克赖特（Sepp Hochreiter）和尤尔根·施米德胡贝（Jurgen Schmidhuber）提出了长短期记忆（Long Short-Term Memory，LSTM）。这是一种今天仍用于手写识别和语音识别的递归神经网络，对后来人工智能的研究有着深远影响。

2000 年，日本本田公司发布了机器人 ASIMO。该机器人能走会跳，能说善道，可帮助主人端茶送水。经过多年的升级改进，目前已经是全世界最先进的机器人之一。

2002 年，人工智能进入家居领域。美国先进的机器人技术公司 iRobot 面向市场推出了 Roomba 扫地机器人，大获成功。iRobot 至今仍然是扫地机器著名品牌之一。

2004 年，美国神经科学家杰夫·霍金斯（Jeff Hawkins）出版了《人工智能的未来》一书。这本书深入讨论了全新的大脑记忆预测理论，介绍了依照此理论如何去建造真正的智能机器，对后来神经科学的深入研究产生了深刻的影响。

2007 年，在斯坦福大学任教的科学家李飞飞发起并创建了 ImageNet 项目。为了向人工智能研究机构提供足够数量的可靠图像资料，ImageNet 项目号召民众上传图像并标注图像内容。ImageNet 项目目前已经包含了 1400 万张图片的数据，类别超过 2 万个。自 2010 年开始，ImageNet 项目每年组织大规模视觉识别挑战赛，全球开发者和研究机构都会贡献人工智能图像识别算法参与评比。尤其是 2012 年由多伦多大学在挑战赛上设计的深度卷积神经网络，被业内认为是深度学习革命的开始。

2009 年，科学家吴恩达及其团队开始研究使用图形处理单元（Graphics Processing Unit，GPU）进行大规模无监督式机器学习工作，尝试让人工智能程序完全自主地识别图形中的内容。2012 年，吴恩达取得了惊人的成就，向世人展示了一个超强的神经网络，它能够在自主观看数千万张图片之后，识别那些包含小猫的图像内容。这是历史上在没有人工干预下，机器自主强化学习的里程碑事件。

2009 年，谷歌公司开发了第一款无人驾驶汽车。至 2014 年，谷歌公司成为第一个通过美国内华达州自驾车测试的公司。

（2）深蓝超级计算机

在这一时期人工智能的标志性事件中，需要重点介绍深蓝（Deep Blue）。

1988 年，正在卡内基梅隆大学攻读博士学位的计算机科学家许峰雄开发出超级计算机“深思”（Deep Thought），这台超级计算机正是“深蓝”的雏形，它也在当时击败了国际象棋特级大师，成为了第一台达到特级大师水平的计算机。1989 年，许峰雄获得卡内基梅隆大学博士学位后，立刻加入 IBM 公司，开始“深蓝”的研究。 1992 年，谭崇仁在 IBM 公司的委任下，担任了超级计算机研究计划主管，领导研究小组开发专门用以分析国际象棋的“深蓝”超级计算机。图 5-6 为超级计算机“深蓝”的一个机组。

然而研究“深蓝”的过程并非一帆风顺。1996 年 2 月 10 日，“深蓝”首次正式向国际象棋世界冠军卡斯巴罗夫发起挑战，经历了 7 天的鏖战，以 2：4 落败。其后研究人员对“深蓝”加以改良。1997 年 5 月，“深蓝”再次向卡斯巴罗夫发起挑战，这一次“深蓝”以 3.5：2.5 正式击败国际象棋世界冠军卡斯巴罗夫，成为了首个在标准比赛时间内击败国际象棋世界冠军的计算机。人工智能在某个领域正式超越人类的消息广为传播，引起了世界轰动。

图 5-6　超级计算机“深蓝”的一个机组

6. 走向新的繁荣（2012 年至今）

2008 年以后，随着移动互联网技术、云计算技术的爆发，积累了历史上超乎想象的大量数据，这为人工智能的后续发展提供了足够的素材和动力。人工智能、大数据、云计算和物联网技术，共同构成了 21 世纪第二个十年以后的技术主旋律。这个时期产生了许多我们现在正在应用的物体识别、人脸识别、生物信息识别、语音识别、自然语言处理、无人驾驶、数据挖掘等人工智能领域中了不起的成就，这些将在后续项目中学习，下面重点介绍这个时期的人工智能领域中两只著名的“狗”。

（1）阿尔法狗

同样是下棋，对于计算机来说，围棋的难度要远高于国际象棋，因为围棋的落子点太多，分支因子也远多于其他游戏。以往常用的穷举搜索法、Alpha-Beta 剪枝搜索法和启发式搜索法在围棋中难以得到很好的效果。阿尔法狗（AlphaGo）的研究项目于 2014 年在谷歌公司的引领下正式启动。仅在一年后，第一个版本的 AlphaGo 便在无须人类棋手让子的情况下，以 5：0 的比分击败了欧洲围棋冠军、职业棋手樊麾。

在 AlphaGo 击败了樊麾之后，谷歌公司宣布出资一百万美金作为奖金，挑战韩国最强的职业棋手李世石。在谷歌公司宣布这条消息后，围棋界的职业选手们都不看好 AlphaGo，因为他们在 AlphaGo 与樊麾的对局中发现 AlphaGo 仍有一些失误的地方。同时，人工智能领域的专家们也不看好 AlphaGo，有专家将其形容为“一个欠缺经验的天才儿童”，机器学习专家李开复在赛前预测李世石对阵 AlphaGo 的每局胜率约是 89%，AlphaGo 想要获胜还得一两年。然而令人大跌眼镜的是，AlphaGo 通过数万盘的自我对弈进行强化练习，于 2016 年 3 月以 4：1 击败了李世石。这一代的 AlphaGo 也被称为 AlphaGo Lee。

2016 年 12 月至 2017 年 1 月间，再次得到更新和强化的 AlphaGo 以“Master”为账号名称，在未公开身份的情况下，于网络弈棋平台挑战中国、韩国、日本的众多一流高手，以 60 战全胜的战绩结束了测试。2017 年的 5 月，中国围棋协会、浙江省体育局和谷歌联合主办了中国乌镇围棋峰会，在该峰会中，AlphaGo（Master）与当时世界第一的中国著名棋手柯洁下了三盘棋，结果 AlphaGo Master 以 3：0 取胜，这也昭示人类在弱人工智能领域已经取得了非凡的成就。

（2）大狗机器人

大狗机器人（Bigdog）因形似机械狗被命名为“大狗”。大狗机器人由波士顿动力公司研制。1992 年，马克·雷波特（Marc Raibert）与他人一起创办了波士顿动力公司，他首先开发了全球第一个能自我平衡的跳跃机器人。当时很多机器人行走缓慢，平衡性很差，而波士顿动力公司的机器人模仿生物学运动原理，移动迅速且平稳。2005 年，波士顿动力公司研发了四足大狗机器人。2012 年，升级后的大狗机器人可跟随主人行进 20 英里（1 英里≈1609.34 米）。2016 年，该公司研制出名为 Spot 的大狗机器人。Spot 是一款电动液压机器人，它能走能跑，还能爬楼梯、上坡下坡。2018 年，该公司研制出 SpotMini。2019 年，该公司正式宣布 Spot 以租赁的方式投放市场。2020 年，Spot 正式“出海”，入职挪威 Aker BP 石油公司，成为该石油公司第一台拥有员工编号的机器人。2021 年，Spot 配备了第五代移动通信技术（5th Generation Mobile Communication Technology，5G）设备。图 5–7 为波士顿动力公司研制的 Spot。

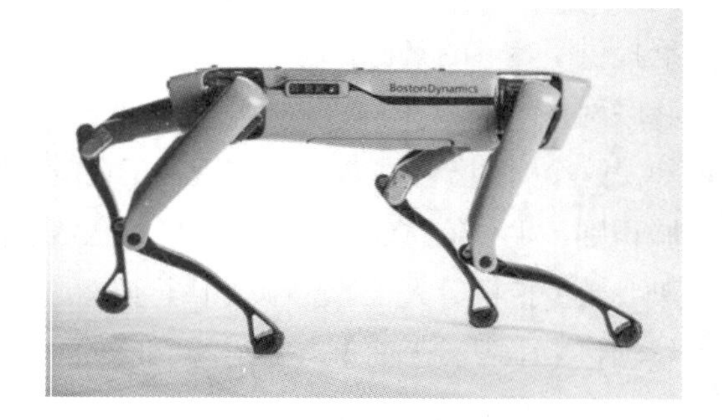

图 5–7 波士顿动力学公司研制的 Spot

大狗机器人四条腿完全模仿动物的四肢设计，内部安装有一台计算机和特制的减震装置，可根据环境的变化调整行进姿态，而大量的传感器则能够保障操作人员实时跟踪其位置并监测其系统状况。大狗机器人可以自行沿着预先设定的简单路线行进，也可以进行远程控制。这种机器人的行进速度可达到 7 千米/小时，能够攀越 35° 的斜坡，可跨越一定高度的障碍物，还可携带质量超过 150 千克的物资。

5.5 中国人工智能的发展

1. 起步阶段

与国际上人工智能的发展情况相比，国内的人工智能研究起步较晚，直到改革开放之后，中国的人工智能才逐渐走上发展之路。1978 年 3 月，全国科学大会在北京召开，国家领导人发表了关于“科学技术是生产力”的重要讲话，大会发出“向科学技术现代化进军”的号召，使中国科技事业迎来了春天。吴文俊提出的利用机器证明与发现几何定理的新方法“几何定理机器证明”获得 1978 年全国科学大会重大科技成果奖就是一个好的征兆。20 世纪 80 年代初期，钱学森等主张开展人工智能研究，中国的人工智能研究进一步活跃起来。1981 年，中国人工智能学会（Chinese Association for Artificial Intelligence，CAAI）在长沙成立，秦元勋当选第一任理事长。1982 年，中国人工智能学会刊物《人工智能学报》在长沙创刊，成为国内首份人工智能学术刊物。

1984 年，中国人工智能领域的研究开始走上正常的发展道路。1986 年，智能计算机系统、智能机器人和智能信息处理等重大项目被列入国家高技术研究发展计划（863 计划）。1987 年 7 月，由被誉为“中国智能控制学科的奠基者”和“中国人工智能教育第一人”的蔡自兴教授主笔的《人工智能及其应用》公开出版，成为国内首部具有自主知识产权的人工智能专著。1993 年起，智能控制和智能自动化等项目列入国家科技攀登计划。

2. 发展阶段

进入 21 世纪后，我国在视觉与听觉的认知计算、智能计算机系统、中文智能搜索引擎关键技术、智能化农业专家系统、虹膜识别、语音识别、人工心理与人工情感、基于仿真机器人的人机交互与合作、工程建设中的智能辅助决策系统、未知环境中移动机器人导航与控制等领域取得了长足的发展。需要说明的是，我国也和国际上其他国家一样将棋类项目作为人工智能研究的对象。2006 年 8 月，在“庆祝人工智能学科诞生 50 周年”大型庆祝活动中，中国人工智能学会主办了首届中国象棋计算机博弈锦标赛暨首届中国象棋人机大战，东北大学的“棋天大圣”象棋软件获得机器博弈冠军，“浪潮天梭”超级计算机以 11：9 的成绩战胜了中国象棋大师，这些赛事的成功举办，彰显了中国人工智能科技的长足进步，也向广大公众进行了一次深刻的人工智能基本知识普及教育。

3. 应用爆发阶段

2014 年以来，随着人工智能成为国家发展战略，中国的人工智能无论从研究领域还是产业化应用领域都进入了快速发展通道，虽然在总体研究水平特别在人工智能芯片等基础领域与发达国家相比仍有差距，但在机器视觉、语音识别等技术领域已达到世界一流水平。随着数据、算法、算力三大关键要素的提升和工程化实践，以及我国繁荣的市场经济，我国人工智能在实际应用方面已经走在世界的前列，这也催生了人工智能应用细分领域的领军企业，例如人工智能基础软硬件领域的华为、无人驾驶领域的百度、医疗影像领域的腾讯、城市大脑领域的阿里云、智能供应链领域的京东、智能家居领域的小米、智能语音领域的科大讯飞、智能视觉领域的商汤科技、视频感知领域的海康威视等。

人工智能等新技术的进步极大地推动了中国制造向高端制造领域发展。深圳市大疆创新科技有限公司是我国图像识别、智能引擎技术等人工智能细分领域的领军企业，以一流的高科技产品重新定义了“中国制造”的内涵，获得了全球市场的尊重和肯定，其销售与服务网络覆盖全球一百多个国家和地区。公司研发的大疆无人机已成为全球知名的品牌无人机。图 5-8 为消费级的无人机——御 Mavic Air 2。

【项目任务】

图 5-8　消费级的无人机——御 Mavic Air 2

任务 1　今昔对比看发展

任务描述

2014 年以来，我国人工智能应用出现了爆发式增长，各种智能系统和智能设备步入了寻常百姓家，已从通信、生活、工作、购物等方面融入了我们的生活，改变了我们的工作和行为方式。作为时代新青年和新时代的建设者，你是否注意到人工智能带来的巨大变化呢?

请你以人们日常行为为例（表 5-1 列出了 6 种行为），通过回顾、调查和讨论等方式分析这些日常行为中存在的人工智能应用及其引入后带来的各种变化，例如为人们工作和生活带来的便利，并谈谈你的想法。

表 5-1 今昔对比看发展

行为	引入前的方式	现在的方式	你的想法
身份识别			
购物方式			
支付方式			
文字录入			
听歌识曲			
汽车驾驶			

任务 2 以图搜图，让搜索更简单

任务描述

你是否遇到过这样的情况？当碰巧收到或拍到一些照片，你很感兴趣且还想知道与照片相关的更多资讯。此时你可能会根据自己的理解在百度搜索、腾讯搜搜等搜索引擎中通过搜索照片内容的关键字来进行查找。然而，很多时候查到的资料并不是你需要的，其原因很可能是你所使用的关键字不够准确。学习完本项目的内容后，请想一下是否有人工智能的工具可让你直接使用照片进行搜索，即“以图搜图”。你可以用智能手机打开百度识图，也可以使用搜狗图片搜索，开始你的图片搜索之旅。

【项目小结与展望】

在本项目中，我们学习了人工智能的概念和发展史，了解了科幻作品中的人工智能、人工智能启蒙与发展阶段中里程碑式的成就——图灵机和图灵测试。以时间轴看，从人工智能元年（1956年）至今，人工智能经历了第一次繁荣（1956—1974 年）、第一次“寒冬”（1974—1980 年）、重振旗鼓（1980—1987 年）、第二次“寒冬”（1987—1993 年）、稳健时代（1993—2011 年）和走向新的繁荣（2012 年至今）的曲折发展阶段才有了今天的辉煌。我国人工智能虽然起步较晚，但经过努力，已达到与世界同步发展的水平。

人工智能产业发展方兴未艾，在国际竞争更为激烈的未来，数据、算法、算力等方面的关键性技术决定了人工智能产业发展的质量和效率。国务院印发的《新一代人工智能发展规划》强调“抢抓人工智能发展的重大战略机遇”，并给出了我国人工智能发展的战略目标：到 2030 年，我国人工智能理论、技术与应用总体达到世界领先水平，成为世界主要人工智能创新中心，智能经济、智能社会取得明显成效，为跻身创新型国家前列和经济强国奠定重要基础。

以史为鉴，面向未来，毫无疑问，人工智能的崭新时代已经来临，我们未来的生活和工作都离不开它。作为新时代的年轻一代，我们需要了解、认识人工智能。

【课后练习】

1. 选择题

（1）最先使用机器人（Robot）这个名词的科幻作品是（　　）。

A. 《机器人总动员》　　B. 《机械人小滴答》

C. 《罗素姆万能机器人》　　D. 《人工智能》

（2）在图灵测试中，如果机器使（　　）以上的观察者对其身份产生误判，那么这个机器就可以被认定为具备智能。

A. 10%　　B. 20%　　C. 25%　　D. 30%

（3）公认的人工智能元年是（　　）。

A. 1936 年　　B. 1946 年　　C. 1950 年　　D. 1956 年

（4）（　　）首次提出“人工智能”这个名词。

A. 1936 年　　B. 1946 年　　C. 1950 年　　D. 1956 年

（5）发明人工智能语言 LISP 的科学家是（　　）。

A. 马文·明斯基　　B. 弗兰克·罗森布拉特

C. 约翰·麦卡锡　　D. 克劳德·香农

（6）导致人工智能陷入第一次“寒冬”（1974—1980 年）的根本原因是（　　）。

A. 数据量不够和算力不足　　B. 缺少资金支持

C. 理论研究跟不上　　D. 发展方向不对

2. 应用题

（1）课程调研活动。通过网络、现场等形式，调研人工智能在你所学专业领域的应用现状。

（2）人工智能畅想。召开小组或班级研讨会，组织同学们畅想人工智能应用场景和发展前景。

项目 6

人工智能基础

【项目背景】

在我们日常工作和生活中，人工智能的应用随处可见。然而，你有没有想过，它们是如何实现的呢？你可以仔细回想一下，在你拿到新的智能手机后第一次开机时，是不是需要你对手机进行配置？是不是需要你反复录入指纹，而在指纹录入成功后，你是不是只需要刷一次指纹就可以立马解锁屏幕？又或者，在手机配置时是不是需要你多次录入人脸识别信息，而在录入之后使用手机时，只需要面对手机屏幕就可以刷脸解锁？总结一下，使用刷指纹或者刷脸功能时，系统验证的是你的个人身份，因此需要你先反复录入数据。

你还可以回忆另一些人工智能应用场景，例如语音输入、手写输入、英文翻译等，回想一下这些是与刷指纹或者刷脸一样需要配置过程的，还是直接就可以使用？答案是不需要这个配置过程，可以直接使用。那么问题来了，语音输入为什么不需要预先录入就可以直接使用呢？答案是语音输入功能需要识别的是你说的内容，而不是你的个人身份。因此，语音输入、手写输入等要求每个人都能使用，考虑的是共性问题，而刷指纹和刷脸要求你的机器只能你一个人使用，考虑的是个性问题。

众所周知，高新技术的快速发展与交叉融合正在从底层到前端推动整个世界快速迭代，计算机硬件、物联网、高速互联网、5G 等技术的日益成熟也促进了各种新技术的诞生与发展。作为 21 世纪新兴技术的典型代表，人工智能已进入人类生活的各个领域。正确认识和理解人工智能将有助于提高社会整体的信息化水平，对改善人们生活和工作具有重要意义。

有同学会问，人工智能系统需要处理的数据对象千差万别，其技术是否也千变万化、难以捉摸呢？一般来说，人工智能技术需要通过对已有数据进行学习，从而掌握数据中的模式和规律，之后才能应对新的数据，实现预测、判别、归类和推荐等工作目标。尽管需要处理的数据类型不尽相同，但是人工智能技术的工作原理、数据的处理流程和处理目标都有着极高的相似性，这也构成了

本项目的主要内容。

本项目的主要教学内容是人工智能的基础知识与相关技术等，首先介绍智能的具体表现、人工智能的三种形态、人工智能技术四要素和人工智能技术体系，然后简述人工智能的主要表现形式、应用场景和典型任务、学习技术及应用领域，最后探讨人工智能的伦理问题。

【思维导图】

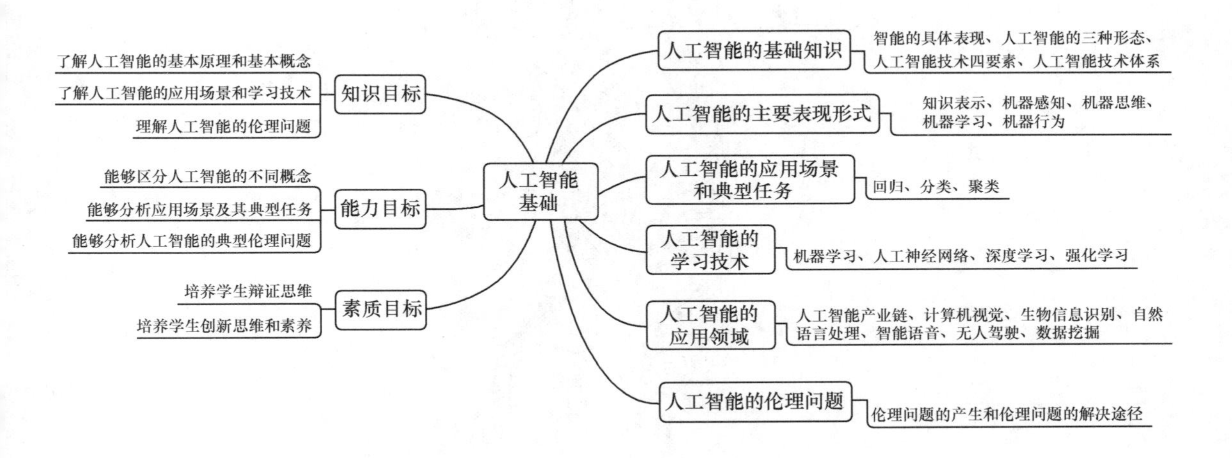

【项目相关知识】

6.1　人工智能的基础知识

在本书项目 5 中，我们已经给出了人工智能的定义。在本节中，我们将较为详细地解释人工智能的基础知识，包括智能的具体表现、人工智能的三种形态、人工智能技术四要素和人工智能技术体系。

1. 智能的具体表现

人工智能是对人的智能的模拟和扩展，而拥有智能的实体称为智能体。智能体一般以人工智能为核心，对外界具有感知能力，具有对感知信息的分析、判断能力，以及有目的地采取行动的能力，可以看作是对人的感知能力、智力和体力的模拟和扩展。图 6–1 表现了智能体与人类的关系，其中，摄像头是智能体的视觉传感器，可以实现甚至超过人类眼睛的功能；芯片是智能体的“大脑”，它可以实现对感知信息的分析和判断，其计算速度远超人类的大脑，是人工智能最核心的技术；发动机是智能体的“心脏”，类似于人类的心脏，是智能体的能量来源。

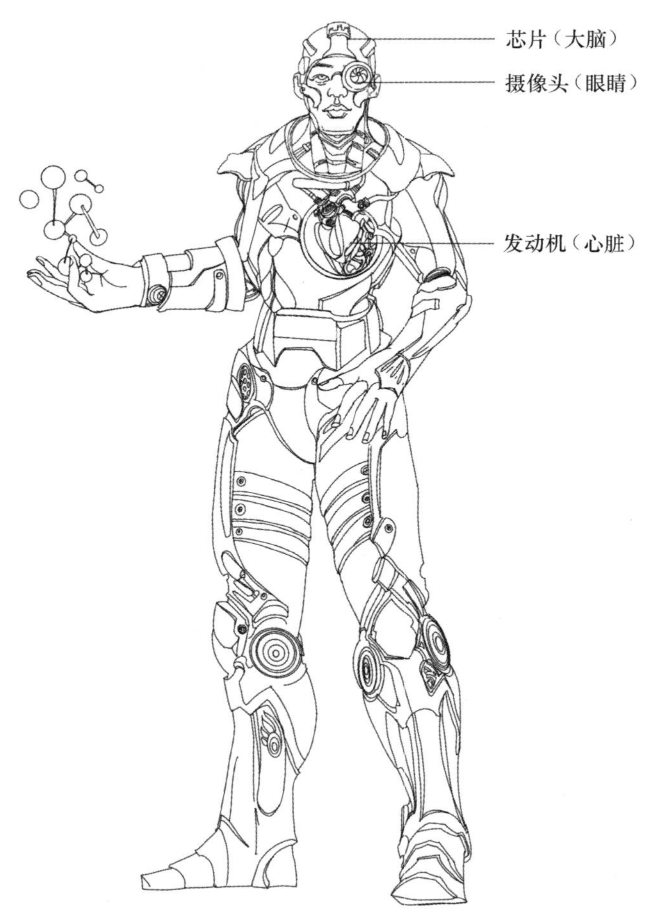

图 6–1 智能体与人类的关系

作为对人类各项能力的模拟和扩展的核心，人工智能在感知能力、智力、体力 3 个领域发展迅速，在部分领域甚至已经远超人类，这种趋势在将来会愈演愈烈。在感知能力领域，物联网技术的发展，尤其是各种传感器设备的发明，扩充了人类获取信息的渠道，增强了人类获取外界信息的能力。在智力领域，伴随着信息来源的增加和信息量的增大，辅助人脑进行计算、推导和控制的计算机相关技术也飞速发展，出现了包括超级计算机、GPU 在内的高性能计算设备，以及模式识别、机器学习、深度学习等算法和模型。在体力领域，以蒸汽机、柴油机、汽油机、电动机甚至航天发动机为代表的动力设备，弥补了人类体力的局限性，增强了人类改造世界的能力。

2. 人工智能的三种形态

根据智能水平的高低，产业界将人工智能分为三种形态（也称为人工智能的三个阶段），即弱人工智能、强人工智能和超人工智能，如图 6–2 所示。目前，弱人工智能已经相对成熟并成功应用在很多行业中，强人工智能处于实验室研究阶段，而超人工智能仍处于理论研究阶段。

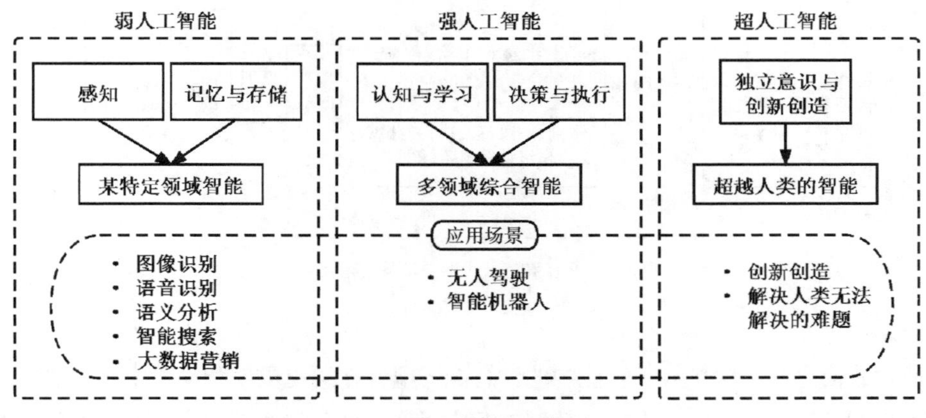

图 6-2　人工智能的三种形态

（1）弱人工智能

弱人工智能（Artificial Narrow Intelligence，ANI）属于"工具"范畴，其智能的发展水平并没有达到模拟人脑思维的程度。一般来说，弱人工智能仅专注于某个特定领域并完成某个特定的任务，不必具备自主意识、情感等。其优点是人类可以很好地控制其发展和运行。常见的弱人工智能技术有图像识别、语音识别等，其典型应用包括谷歌公司的人工智能围棋机器人 AlphaGo、"深蓝"计算机、手机导航系统、翻译软件等。

（2）强人工智能

强人工智能（Artificial General Intelligence，AGI），又称通用人工智能，是指与人类智力旗鼓相当的人工智能形态，是多个专业领域的综合产物。其特点是机器能够像人一样思考和推理，具有自主意识，能够达到人类的智能水平。与弱人工智能相比，强人工智能有能力进行思考、做计划、解决问题，具备抽象思维、理解复杂概念、快速学习、从经验中学习等特征。目前，强人工智能主要处于实验室研究阶段，小部分应用开始进入实用阶段，例如无人驾驶汽车。

（3）超人工智能

超人工智能（Artificial Super Intelligence，ASI）是指超出人类智力水平的人工智能形态。人工智能思想家尼克·博斯特罗姆（Nick Bostrom）对超人工智能进行了诠释：在几乎所有领域都比最聪明的人类大脑聪明很多，包括科学创新、通识和社交技能。超人工智能将打破人脑受到的限制，同时会在道德、伦理、人类自身安全等方面出现许多无法预测的问题。然而，人们更期望超人工智能成为人类的"超级助手"，而不是"超级敌人"。

3. 人工智能技术四要素

一般认为，人工智能技术有四个要素：数据、算法、算力和场景目标，如图 6-3 所示。四者相互关联、缺一不可，在人工智能应用中需要结合在一起通盘考虑。下面分别介绍这四个要素。

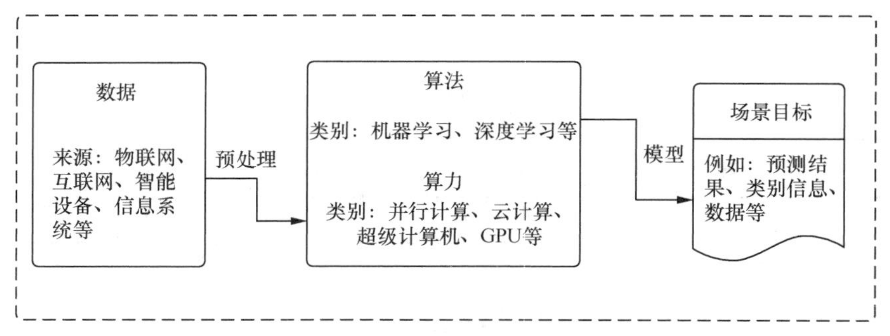

图 6–3 人工智能技术四要素及其相互关系

（1）数据

数据蕴含着信息和经验。人工智能中的“智能”蕴含在历史数据和经验中，需要经过一定的算法进行处理和转换后才能发掘出来。数据来源广泛，一部分来源于感知设备（即传感器），另外有大量数据来源于人的行为和系统的行为。常见的传感器有摄像头、传声器、脑波采集器、温湿度传感器、压力传感器等。因此，数据种类众多，包括视频数据、音频数据、温湿度数据、压力数据、人的活动数据、系统产生的数据等。

（2）算法

算法是实现人工智能的根本途径，是挖掘数据智能的核心技术。与人工智能相关的算法众多，可以分为人工神经网络、深度学习、表征学习和机器学习四大类别，如图 6–4 所示。算法通过建立处理数据的模型，根据一定的规则和计算步骤处理数据，最终输出适合应用场景的数据、信息和决策等。人工智能的算法往往比较复杂，需要较高的算力支撑。

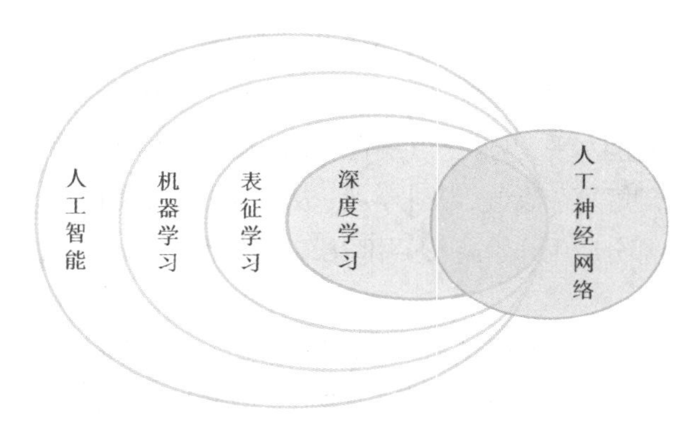

图 6–4 人工智能的算法划分及其关系

（3）算力

算力就是计算的能力，是人工智能正常运行的硬件保障，一般由计算设备提供，常见的计算设备有 CPU 和 GPU。随着数据规模的增加和任务复杂性的提高，人工智能所需的算力要求往往也会增加。

（4）场景目标

场景是人工智能系统的应用场景，蕴含着应用背景中的知识和经验。在人工智能技术应用中，数据、算力、算法三要素一般需要考虑场景相关的特定约束和背景知识，从而满足场景目标要求。一般认为，人工智能技术只有适配应用场景才具有实际的价值。举个非常形象的例子：如果把炒菜作为我们的场景，那么数据相当于炒菜需要的食材和调料，算力相当于炒菜需要的煤气、电力或柴火，算法相当于烹饪的步骤和方法，而做出菜品的好坏，则受地域、环境、时间和人的心理等就餐因素的影响，而后者就是“场景”。

在人工智能技术四要素中，场景目标限定了人工智能的服务对象和应用领域，同时也是人工智能技术是否成功的检验标准。与人类活动过程相似，人工智能技术工作需要“脚踏实地”、瞄准场景需求，根据实际需求设定系统方案并开展研发工作。

4. 人工智能技术体系

人工智能技术体系分为 3 个层次：基础层、技术层和应用层，如图 6–5 所示。

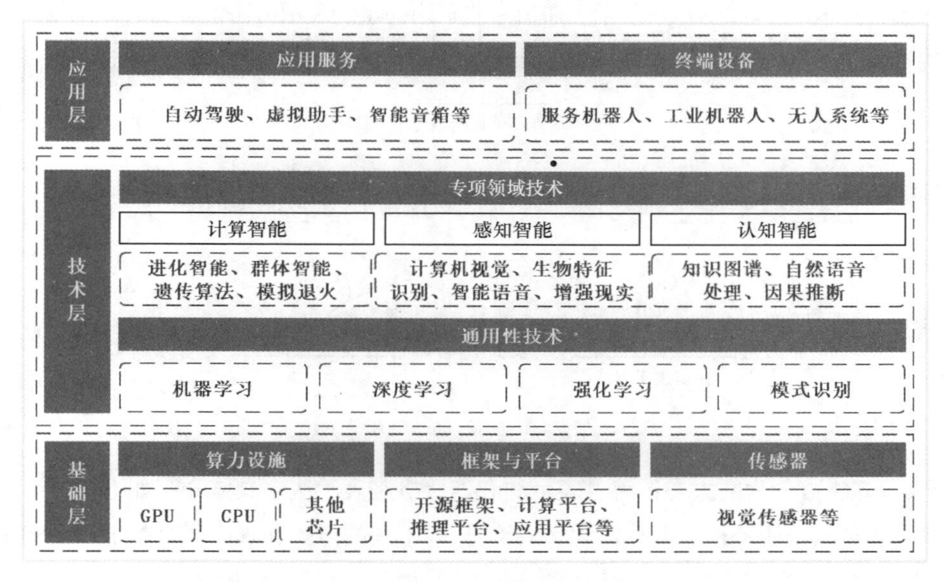

图 6–5　人工智能技术体系

基础层包括算力设施、框架与平台和传感器。基础层技术应用广、影响大、技术难度高、研发时间长，一旦基础层技术缺失或不足，往往会出现“卡脖子”的严重问题。目前，我国正在大力推进基础研究工作，弥补基础科研的短板。

技术层主要是人工智能的技术和算法，既包括机器学习、深度学习、强化学习、模式识别等通用性技术，也包括计算智能、感知智能和认知智能等专项领域技术。技术层具有承上启下的作用，既扩展了基础层技术的功能，又解决了各应用场景共同的核心难题。我国高校和各科研院所的研发工作多集中于专项领域技术，对通用性技术的研发投入不足，故部分龙头企业也开始了通用性技术的研发。

应用层包括应用服务和终端设备，主要面向应用场景，可向不同行业提供定制的解决方案，以及向用户提供个性化的智能应用服务。我国企业在人工智能应用层较活跃，其相关产品已经“飞入寻常百姓家”。部分企业家颇具家国情怀，在做好人工智能应用的同时，开始向技术层甚至基础层进军。

6.2　人工智能的主要表现形式

人工智能以知识为研究中心，由知识的获取、表示、处理、分析和使用这 5 个主要环节组成。"智能" 技术体现在上述每一个环节中，要求人工智能具备 5 个方面的能力：知识表示、机器感知、机器思维、机器学习和机器行为。

1. 知识表示

人工智能研究的目的是建立一个能模拟人类智能行为的系统，而知识是一切智能行为的基础，因此合理有效的知识表示方法异常重要。知识经过一定的表示，才能被存储到计算机中，供求解问题使用。知识表示全过程如图 6–6 所示。知识一般采用一定的表示方法保存为一定的格式，不同格式的知识之间可以相互转换，从而使知识的使用者（包括人和计算机）可选择合适格式的知识。

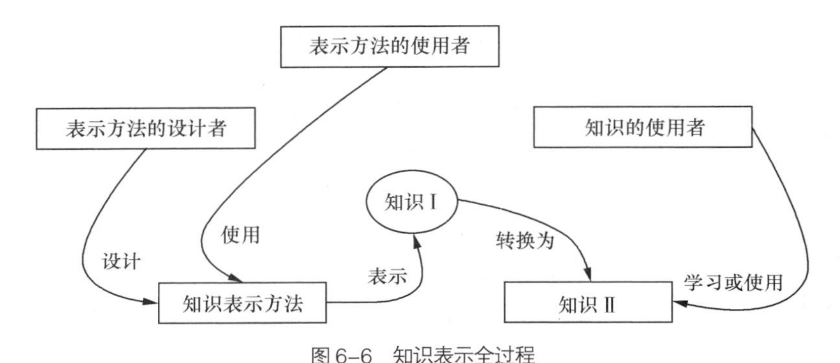

图 6–6　知识表示全过程

知识表示方法可分为两大类：符号表示法和连接机制表示法，具体介绍如下。

① 符号表示法是用各种包含具体含义的符号，以不同的方式和顺序组合起来表示知识的一类方法。它主要用来表示逻辑性知识。目前常用的符号表示法有一阶谓词逻辑表示法、产生式表示法、框架表示法、语义网络表示法、状态空间表示法、神经网络表示法、过程表示法、面向对象表示法等。

② 连接机制表示法是用神经网络表示知识的一种方法。它把各种物理对象以不同的方式和顺序连接起来，并在其间互相传递和加工各种包含具体意义的信息，以此来表示相关的概念和知识。不同于符号表示法，连接机制表示法把知识隐藏于对象的交互中，是一种隐式的知识表示方法。

2. 机器感知

机器感知就是使计算机具有类似于人的感知能力，从而模拟、延伸和扩展人从外界获取信息的能力，例如视觉、音频（即听觉）、语音、自然语言等，如图 6–7 所示。机器感知以机器视觉和机器听觉为主。机器视觉是让计算机能够定位、识别、理解文字和图像等，机器听觉是让计算机能识别并理解语言、声音等。

机器感知是机器获取外部信息的基本途径，是实现机器智能化不可或缺的组成部分。人工智能中已经形成了两个专门的机器感知研究领域：模式识别、自然语言理解。

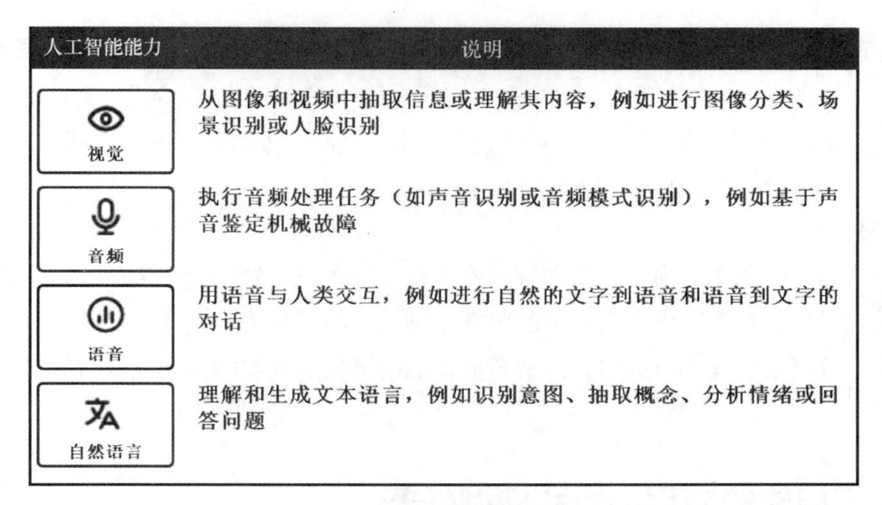

人工智能能力	说明
视觉	从图像和视频中抽取信息或理解其内容，例如进行图像分类、场景识别或人脸识别
音频	执行音频处理任务（如声音识别或音频模式识别），例如基于声音鉴定机械故障
语音	用语音与人类交互，例如进行自然的文字到语音和语音到文字的对话
自然语言	理解和生成文本语言，例如识别意图、抽取概念、分析情绪或回答问题

图 6–7　机器感知

3. 机器思维

机器思维是指对通过感知得来的外部信息和机器内部生产的各种工作信息进行有目的的处理。它是人工智能研究中最重要也是最为关键的研究内容。它使计算机能够模拟人类的思维活动，既可以进行逻辑思维，又可以进行形象思维。

4. 机器学习

机器学习是指在一定的知识表示框架下获取新知识的过程，主要研究如何使计算机具有类似于人的学习能力，从而使人工智能能够像人一样通过学习自动地获取知识，并在实践中不断地完善和提高自我。常见的机器学习方法有回归分析、分类、推荐、计划、优化和模式识别，如图 6–8 所示。

人工智能能力	说明
回归分析	基于一段时间内其他变量或其取值的变化来进行评估，例如预估房子的价值或预测销售额
分类	对一个特定实例进行一系列的分类，例如缺陷检测或药物诊断
推荐	在与其他商品或其他用户的偏好相似的情况下，预测用户对特定商品的偏好，例如电影推荐或个性化体验
计划	找到达到指定目标的步骤方法，例如为机动车导航或定义业务流程
优化	在流程中找到正确的参数，使指定结果最大化，例如资源分配或动态价格
模式识别	基于数据提供相关洞见，从而辅助决策，例如聚类或关键因素识别

图 6–8　常见的机器学习方法

机器学习是机器获取知识的根本途径，同时也是机器具有智能的重要标志。机器学习与脑科学、神经心理学、机器视觉等都有密切联系，是人工智能中一个难度较大的研究领域。经过三十多年持续不断的研究，机器学习已经取得了很大进展，深度学习的出现和高性能计算设备的出现，标志着人工智能在实际应用中取得了里程碑式的进步。然而，机器学习仍处于弱人工智能阶段，其自主学习和自我完善能力仍有待提高。

5. 机器行为

机器行为是一个利用行为科学来理解智能体行为的领域，处于计算机科学、工程学和行为科学的交叉点。机器行为既涉及智能体的内部原理，又涉及行为科学的社科知识。随着智能体越来越复杂，分析智能体的行为将是理解智能体的内部架构及智能体之间或智能体与环境交互的有效途径。

6.3 人工智能的应用场景和典型任务

人工智能的应用场景极其广泛，小到智能灯调节、刷脸、空调温度自动调控，大到无人驾驶、载人航天、火箭自动回收等。每个应用场景都涉及人工智能的 3 个基本问题：做什么、学什么和怎么学。下面是 6 个简单的应用场景。

① 天气预报：未来 15 天的天气预报，包括温度、湿度、PM2.5 和天气类型变化情况。

② 语音助手：通过语音来引导用户使用手机完成各种任务，通过语音完成人机交互等。

③ 机器视觉：包括刷脸、刷指纹、刷视网膜，以及步态、姿势、手势等的识别和应用。

④ 股市预测：如何根据历史数据和当前行情预测一段时间内股市的变化规律和趋势。

⑤ 文本处理：主要涉及推荐服务，包括商品推荐、新闻推荐、猜你喜欢和自动问答等。

⑥ 店铺选址：根据地理位置、地形空间分布、商业环境、社区环境等多种因素，选择适于开店的地址。

上述 6 个应用场景处理的数据和场景目标等各不相同，具体如表 6–1 所示。

表 6-1 人工智能的简单应用场景

应用场景	数据	场景目标	备注
天气预报	结构化数据，如温湿度、云图等	预报天气类型，如阴、晴、雨、雪、风等	根据各种天气信息判别天气类型
语音助手	语音信号，属于数值型连续数据	文字	将连续数据转换为文字类别
机器视觉	图像和图像序列	类型识别等	将连续数据矩阵转换为文字类别
股市预测	股市数据，属于数值型连续数据	股市发展趋势	对连续数据发展变换规律的研究
文本处理	文字	主题、类别（如情感、好坏）等	对文本信息进行类别判断
店铺选址	人流量、经纬度数据	选择合适的店铺地址	通过不同地点的人流量分布，定位合适的店铺地址

根据所需处理数据的不同特点和所要解决问题的不同目标，人工智能一般有回归（Regression）、分类（Classification）和聚类（Clustering）3 种典型任务。

1. 回归

回归是一种针对数值型连续数据进行预测和建模的有监督学习任务，学习过程中需要已知真实的目标值（即答案）。回归的应用场景有温湿度预测、股票走势预测、房价预测或成绩预测等，如图 6-9 所示。回归的特点是需要标注的数据集具有数值型的目标变量，其任务输入数据是连续数据，并且任务目标也是连续数据。也就是说，每一个观察样本都有一个数值型的标注真值。因此，回归算法属于有监督学习算法。典型的回归算法有线性回归、多项式回归、逻辑回归、岭回归、LASSO（Least Absolute Shrinkage and Selection Operator，最小绝对收缩和选择算子）回归等。

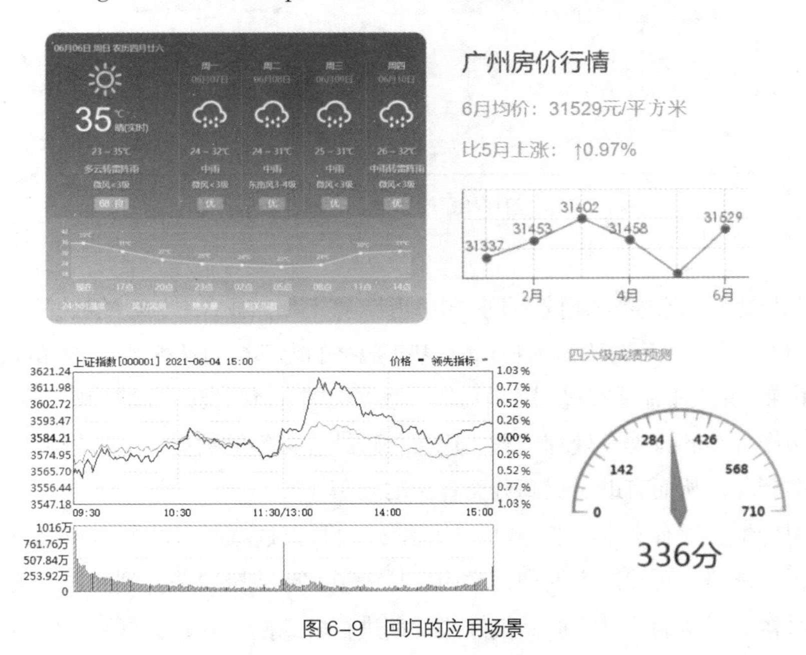

图 6-9　回归的应用场景

2. 分类

分类就是给数据贴标签，要求机器通过经验学习具备正确贴标签的能力。因此，分类要求算法先根据有标签数据学习规律，再根据规律预测新数据的类别。从数学角度来看，分类是一种对离散型随机变量建模或进行预测的有监督学习任务，适用于预测类别（或类别的概率）而不是连续的数值，这是分类与回归的不同之处。一般来说，回归加上预测值判断即可实现分类，所以许多回归算法都有与其相对应的分类算法。

分类的应用场景众多，例如天气预报、机器视觉中的生物特征识别（如人脸识别、指纹识别）、物体识别（依据形状、颜色等特征识别）、文本处理中的垃圾邮件检测、金融欺诈检测和预测雇员异动等，如图 6-10 所示。在天气预报场景中，要求能够预测晴天、阴天、下雨、下雪等天气情况；在人脸识别中，要求能够根据人脸图像正确识别人员身份；在物体识别中，要求能够根据图像信息识别物体的类别。

分类算法众多，典型算法有 K 近邻（K-Nearest Neighbor，KNN）、贝叶斯分类、线性判别、逻辑回归、决策树、支持向量机（Support Vector Machine，SVM）、人工神经网络（Artificial Neural Network，ANN）等。

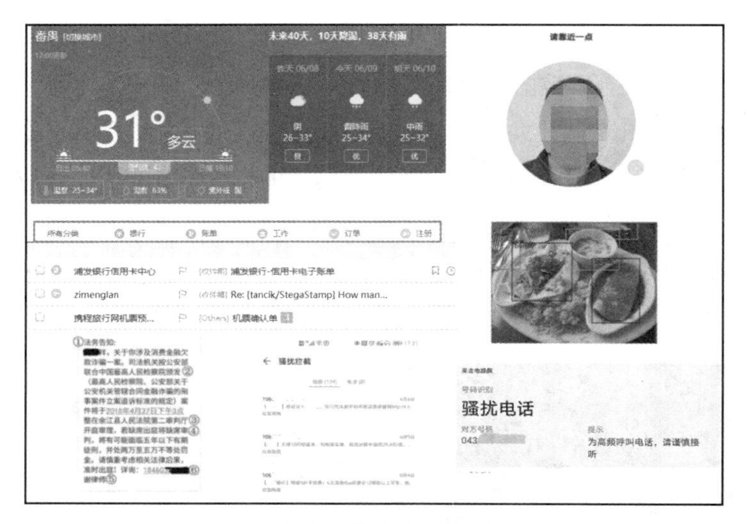

图 6–10　分类的应用场景

3. 聚类

聚类就是把相似或相近的数据划分到同一个类别，把不相似或者不相近的数据划分到不同类别。从技术上来讲，聚类是一种无监督学习任务，它基于数据的内部结构寻找观察样本的自然簇群（即集群）。与分类不同，聚类不需要经过训练就可以对数据类别进行归类，不需要预先给数据贴标签。

聚类常被用作分类的数据预处理步骤，用于处理缺少标签的数据。通过聚类分析，可以获得数据分布的基本概况，从而有助于提高分类算法的效率。

聚类的应用场景主要有文本主题分析、市场细分、目标顾客定位、生物种群划分等，如图 6–11 所示。文本主题分析属于自然语言处理，常用于从大量文献或资料中找到主题、关注点等；市场细分是一种按照客户相似的特点、产品偏好或预期进行分组的方式；目标顾客定位是指通过分析客户对企业业务构成的贡献，并结合投入产出，计算客户对企业的价值度，然后根据价值度的大小来划分客户群，以便对客户提供差异化服务。

典型的聚类算法有 K 均值（K–Means）聚类、均值漂移聚类、基于密度的聚类、EM（Expectation Maximization，最大期望算法）聚类、层次聚类、图团体检测（Graph Community Detection）等。

图 6–11　聚类的应用场景

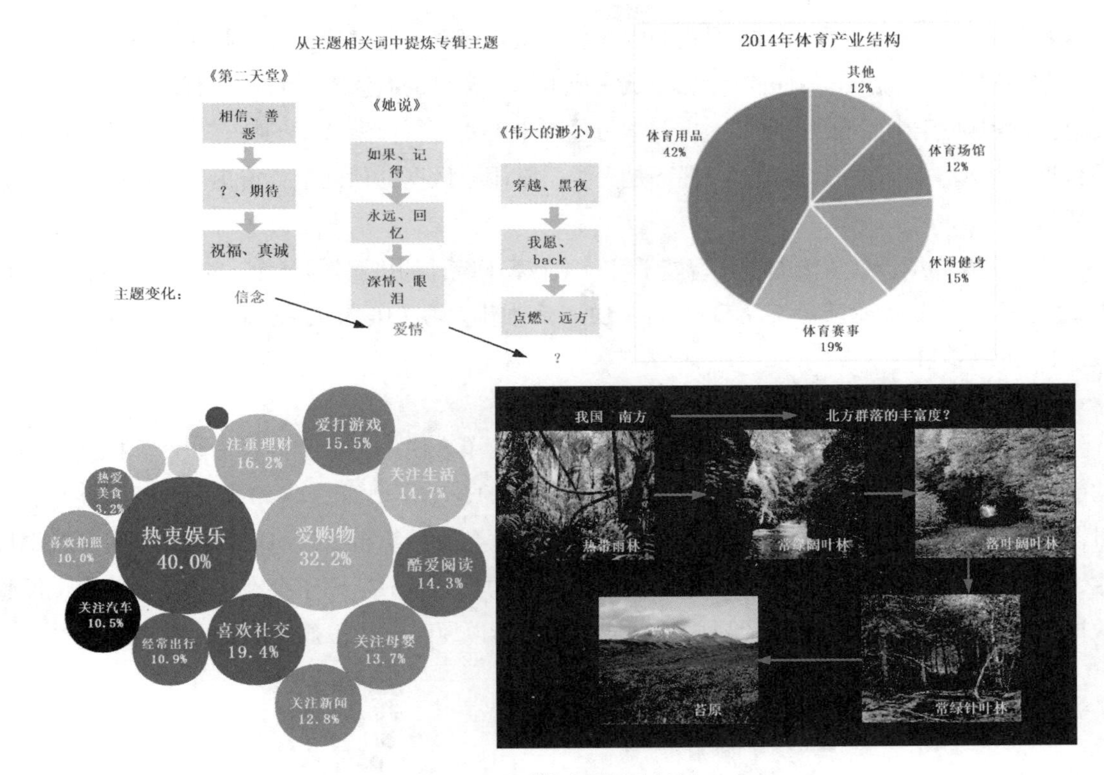

图 6–11　聚类的应用场景（续）

6.4　人工智能的学习技术

自人工智能概念正式提出以来，涌现了众多的学习技术，根据侧重点的不同，学习技术可以分为强化学习、深度学习等，如图 6–12 所示；根据机器学习策略的不同，学习技术可以分为模拟人脑的机器学习（如神经网络、符号推理）和基于数学的机器学习（主要是基于统计的机器学习）；根据学习方式的不同，学习技术可以分为有监督学习和无监督学习。

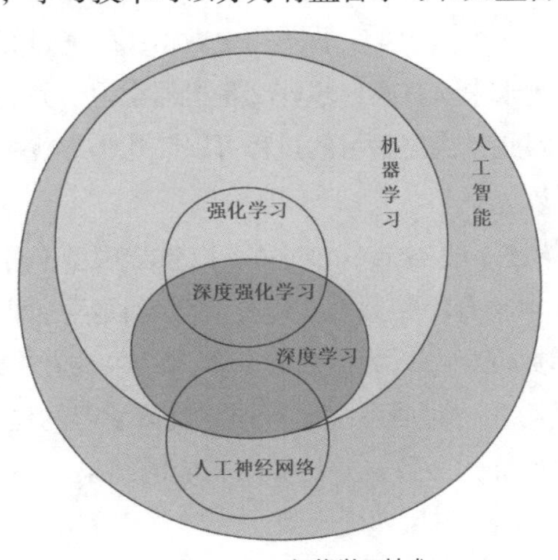

图 6–12　人工智能学习技术

有监督学习相当于既知道练习题的内容也知道其答案，通过反复练习和对比答案就可以形成解题的模式，根据模型就可以参加考试完成考题。常见的有监督学习任务有回归和分类。而无监督学习则相当于开放式题目，机器学习过程中需要自行探索数据的特点，从而建立能够处理数据的模型。常见的无监督学习任务是聚类，常用于数据的预处理，可提高有监督学习的数据质量。

下面主要介绍当前主流的人工智能学习技术：基于统计的机器学习（Machine Learning，ML）、人工神经网络、深度学习（Deep Learning，DL）和强化学习（Reinforcement Learning，RL）。

1. 机器学习

（1）机器学习的概念

机器学习是人工智能的核心技术和实现手段。简单来说，机器学习就是让计算机具有学习的能力，从而使计算机能够模拟人的行为。机器学习的逻辑模型如图 6–13 所示。在实际应用中，机器学习可以理解为一种数据科学技术，即通过算法帮助计算机从现有的数据中学习、获得规律，从而预测未来的行为、结果和趋势。机器学习的特点是只适用于存在过的、能够提供经验数据的场景，而不适用于未遇见过的问题或场景，所以属于弱人工智能范畴。

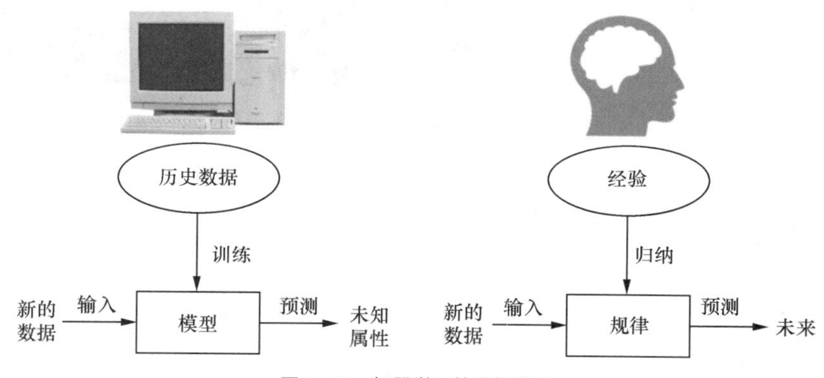

图 6–13　机器学习的逻辑模型

（2）机器学习的基本原理

机器学习的过程一般包括 3 个步骤：① 收集历史数据；② 通过算法学习获得分布模型；③ 应用模型处理新数据，从而预测未来。其中，步骤②是机器学习研究的重点，学习的过程就是根据数据确定模型参数的过程。因此，机器学习的过程可以简化为寻找一个函数的过程，学习的结果是一个确定了参数的数学函数。

图 6–14 采用数学语言描述了机器学习的过程，以数学模型（对应于函数）和学习算法为核心，通过学习算法从训练样本集合中将数据实例化为数学模型（即具有最优参数的函数）。采用优化的数学模型处理实际数据，可以为用户计算预测结果或者出现不同结果的概率。例如在语音识别、图像识别、围棋对弈、对话系统运行中，机器学习的任务就是训练一个算法模型，从而找到一个与任务相关的最优化函数，并计算出相应的结果。

- 语音识别

f(　　　)= “你好”

- 图像识别

f(　　　)= “猫”

- 围棋对弈

f(　　　)= “6-5” （下一步）

- 对话系统

f(“附近哪家餐厅最好？”)= “……餐厅评价最高”
（用户提问）　　　　（系统回答）

图 6-14　机器学习的过程

机器学习的数学描述如图 6-15 所示。机器学习有三大要素：数学模型、学习准则和优化算法。其中，学习准则是数学模型好坏的判断依据，优化算法是提高数学模型性能的计算过程，两者共同构成了学习算法。

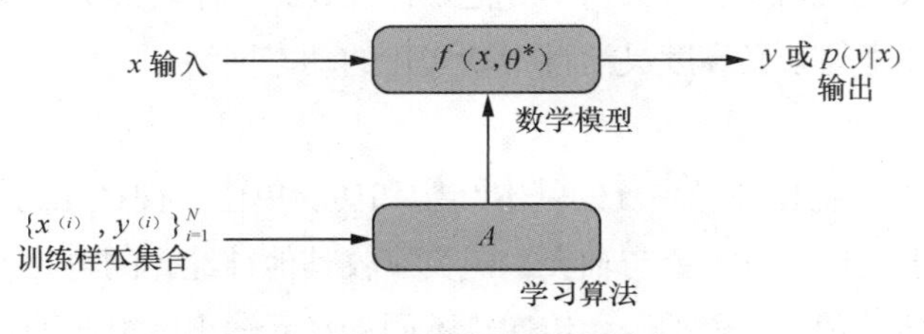

图 6-15　机器学习的数学描述

（3）机器学习算法的分类

机器学习的算法众多，按不同划分原则可分为不同类别，这里主要介绍根据学习任务和学习方式进行划分。根据学习任务的不同，机器学习算法可分为分类、聚类、回归和降维 4 种。其中，降维是数据预处理的一种方法，其作用是降低计算量，服务于回归、聚类和分类 3 种任务。根据学习方式的不同，机器学习算法可以分为有监督学习、无监督学习、半监督学习和强化学习。表 6-2 列举了不同分类下常见的机器学习算法。

表 6-2　不同分类下常见的机器学习算法

算法	学习任务				学习方式			
	分类	聚类	回归	降维	有监督学习	无监督学习	半监督学习	强化学习
回归算法	√		√		√			
KNN	√				√			
K-Means		√				√		
决策树	√		√		√			
贝叶斯分类	√		√		√			

续表

算法	学习任务				学习方式			
	分类	聚类	回归	降维	有监督学习	无监督学习	半监督学习	强化学习
核方法：SVM / RBF / LDA	√		√		√			
EM	√		√		√	√		
人工神经网络	√	√			√	√		
深度学习	√	√			√	√		
PCA				√		√		
图论推理算法	√		√				√	
拉普拉斯 SVM	√		√				√	
Q-Learning	√	√	√					√
时间差学习	√	√	√					√

注：RBF 为径向基函数(Radial Basis Function)的缩写，LDA 为线性判别分析(Linear Discriminant Analysis)的缩写，PCA 为主成分分析(Principal Component Analysis ）的缩写，Q-Learning 是强化学习中的 Q 学习算法（Q 代表动作效用函数）。

2. 人工神经网络

人工神经网络是一种模拟生物神经系统结构和功能的计算网络，因而生物神经网络是人工神经网络的技术原型。人类大脑皮层有大约 140 亿个神经元，每个神经元又与成千上万个其他神经元相连接，形成一个高度复杂又高度灵活且不断变化的动态网络。

（1）神经元

神经元（Neurons）是生物神经系统的基本结构和功能单位。神经元的结构如图 6-16 所示。它以细胞核为中心，细胞核外有树突与轴突，树突接收其他神经元的电脉冲，轴突将神经元的输出电脉冲传递给其他神经元。一个神经元传递给不同神经元输出的电脉冲是相同的。一个神经元的状态有两种：非激活和激活。非激活状态的神经元不输出电脉冲，而激活状态的神经元会输出电脉冲。神经元的激活与否由其接收的所有电脉冲决定。因此，一个神经元可以描述为一个处理电脉冲的非线性单元，该单元能够接收来自多个其他神经元的电脉冲，可对接收到的电脉冲进行一定的处理，能够决定是否发射电脉冲。

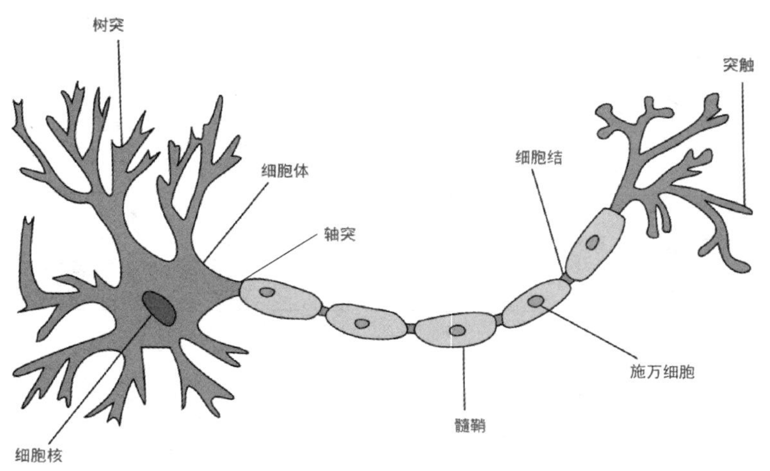

图 6-16　神经元的结构

（2）人工神经元

1943 年，神经科学家沃伦·麦卡洛克（W. McCulloch）和数学家沃尔特·皮茨（W. Pitts）联手，根据神经元的结构和工作原理，构造并提出了神经网络的数学模型——麦卡洛克-皮茨（McCulloch-Pitts，MCP）模型，从而形成了“模拟大脑”，开启了人工神经网络的大门。人工神经元（又称感知器）结构如图 6-17 所示，其工作过程分为 3 个数学过程：对输入信号进行线性加权，加权后求和，最后采用一定阈值实现输出信号的激活。由于输出信号采用了阈值激活函数，故人工神经元实现了非线性信号处理。

（3）人工神经网络与学习过程

人工神经元模拟了神经元的结构和工作机制，而人工神经网络通过人工神经元之间的互联模拟了生物大脑。由于人工神经元又名感知器，人工神经网络也常被称为感知器网络。典型的人工神经网络由一个输入层、至少一个隐含层和一个输出层组成，如图 6-18 所示。每层网络由多个人工神经元构成，层与层之间一般采用全连接，神经元之间的连接强度 W 表示神经元之间联系的紧密程度。

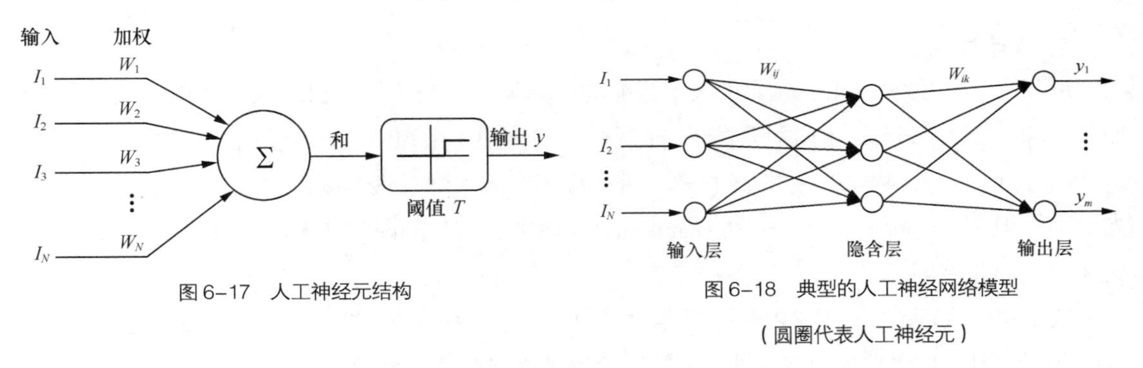

图 6-17　人工神经元结构

图 6-18　典型的人工神经网络模型

（圆圈代表人工神经元）

自 1943 年 MCP 模型诞生以来，人工神经网络已有近 80 年的发展历程，如图 6-19 所示。伴随着人工智能技术的发展，人工神经网络经历了 3 次技术起伏，目前仍在蓬勃发展中，是近年来人工智能技术发展的主要领域。人工神经网络的模型众多，不同模型具有不同的网络结构，形成了不同的神经网络算法。需要注意的是，深度神经网络，例如动态贝叶斯网络（Dynamic Bayesian Network，DBN）、深度卷积神经网络（Deep Convolutional Neural Network，DCNN）、生成对抗网络（Generative Adversarial Networks，GAN）、深度残差网络（Deep Residual Network，DRN）等，也属于人工神经网络。与非深度神经网络相比，往往深度学习网络中的框架层数较多、计算量巨大。

机器学习的过程就是确定函数参数的过程。因此，人工神经网络的学习过程就是根据输入数据调整网络中的连接系数和阈值函数的参数，使网络的输出结果与预期结果趋向于一致的过程。人工神经网络的主要学习算法有梯度下降法、牛顿法、共轭梯度法、柯西-牛顿法、莱文贝格-马夸特算法。然而，由于不同人工神经网络具有不同的网络结构，故不同人工神经网络的学习算法也有所变化。

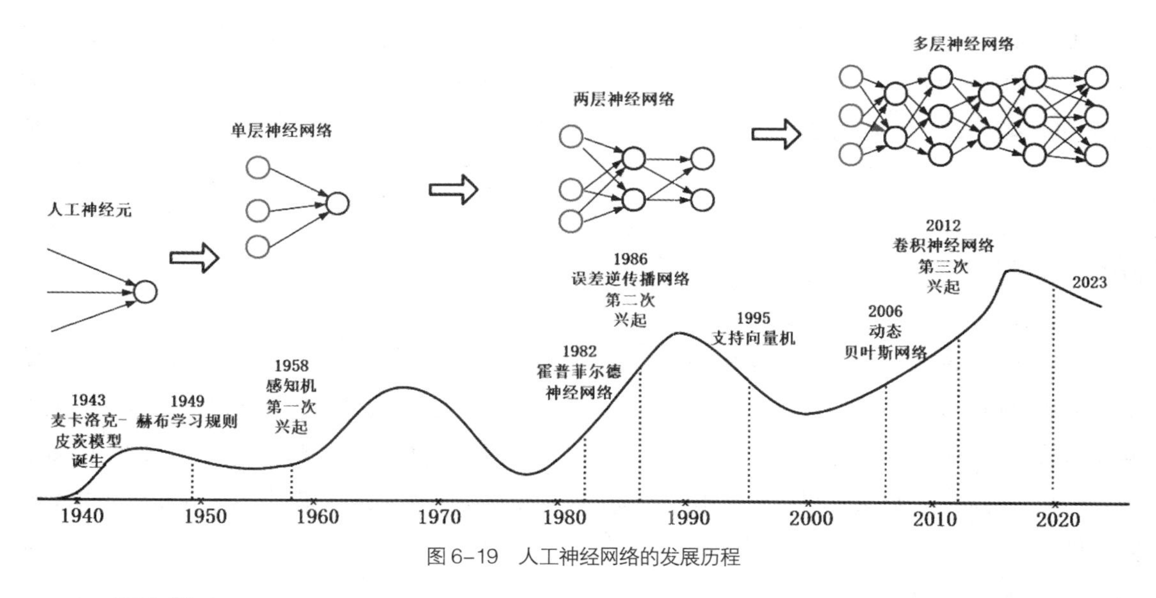

图 6-19 人工神经网络的发展历程

3. 深度学习

近年来，深度学习几乎成为了人工智能的代名词。一般来说，目前人工智能中最前沿的性能研究和应用大部分采用了深度学习。深度学习的典型应用领域有计算机视觉、自然语言处理、语音信号处理、无人驾驶、数据挖掘等，具体应用有无人驾驶汽车的研发、自主无人机的研发、光学字符识别（Optical Character Recognition，OCR）、实时翻译、基于语音/手势/脑电波的人机交互、气候监测等。

从技术体系来说，深度学习只是机器学习中的一个研究分支，是神经元层数较多的神经网络，因此深度学习网络也被称为深度神经网络。大家耳熟能详的深度学习算法有很多，例如卷积神经网络（Convolutional Neural Network，CNN）、循环神经网络（Recurrent Neural Network，RNN）、生成对抗网络、深度强化学习（Deep Reinforcement Learning，DRL）等。一般来说，其隐藏层的层数依具体情况可以是几层、几十层、几百层甚至数千层。

从技术发展脉络来说，深度学习的繁荣是超级计算机、GPU、计算机硬件技术和高速互联网技术成熟的必然结果，是基础研究成果相互融合的成功产物。超级计算机和 GPU 为机器的学习过程提供了充分的算力，使网络函数能够在较短时间内求解；计算机硬件技术为海量数据的存储和读写提供了保障；高速互联网技术为深度学习的应用和数据传输提供了必不可少的通信环境。

4. 强化学习

强化学习是机器学习领域的一个分支，强调如何基于环境而行动，以取得最大化的预期利益。强化学习的灵感来源于心理学中的行为主义理论，即有机体如何在环境给予的奖励或惩罚的刺激下，逐步形成对刺激的预期，产生能获得最大利益的习惯性行为。强化学习的学习方式是在获得样例的过程中进行探索性学习。强化学习的学习机制如图 6-20 所示。智能体在获得样例之后根据环境反馈的奖赏和状态更新自己的模型，利用更新后的模型来指导下一步的行动，下一步的行动获得奖赏反馈之后再更新模型，不断迭代重复直到模型收敛。

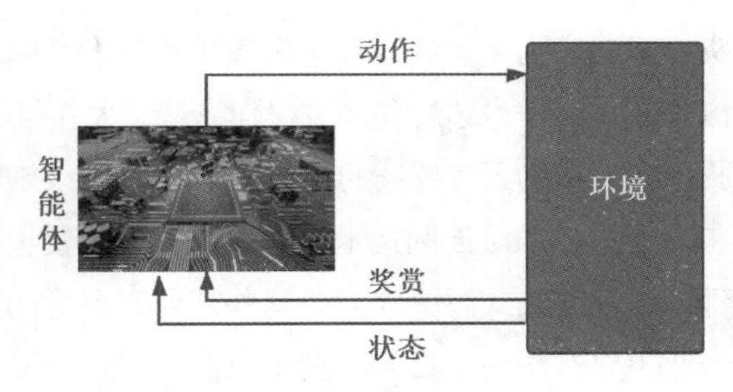

图 6-20　强化学习的学习机制

由于智能体与环境的交互方式和人类与环境的交互方式类似，可以认为强化学习是一套通用的学习框架，能够用于解决通用人工智能的问题。因此强化学习也被称为通用人工智能的机器学习方法，在无人驾驶、工业自动化、金融贸易、自然语言处理和游戏等领域具有广泛的应用。强化学习的典型应用有 AlphaGo Zero、基于强化学习的医疗保健动态治疗方案（DTRs）、京东和阿里巴巴的产品推荐和广告出价、新闻推荐等。

6.5　人工智能的应用领域

随着人工智能理论和技术的日益成熟，人工智能与传统行业的融合不断加深，其应用范围和领域不断扩大，为数字经济的发展发挥了重要作用。本节首先介绍人工智能产业链分布情况，然后从技术发展历程和典型应用角度对主要人工智能应用领域进行简单介绍。因篇幅所限，对于其他本节未能列举的应用领域，读者可以查看本书的参考资料进行拓展阅读。

1. 人工智能产业链

人工智能产业链由上游基础层、中游技术层和下游应用层 3 个层次组成，如图 6-21 所示。

图 6-21　人工智能产业链

上游基础层注重基础设施的建设，主要包括 CPU、GPU 等芯片，以及传感器、操作系统、数据服务平台、云计算服务和网络运营商。这部分参与者以芯片厂商（如 Intel、NVIDIA）、科技巨头、运营商为主。我国在上游基础层的发展起步晚、技术储备较少。不过可喜的是，我国的中芯国际芯片，华为芯片和鸿蒙操作系统，大立科技的传感器，神威·太湖之光超级计算机，阿里云、腾讯云、华为云等纷纷打响了品牌，基础设施发展形势值得期待。

中游技术层强调技术研究及服务，主要包括视频识别、图片识别、模式匹配等嵌入式视觉软件，以及一站式解决方案，这些需要有海量的数据、强大的算法和高性能运算平台支撑。代表性企业主要有华为、百度、阿里巴巴、腾讯、商汤、科大讯飞、微软、苹果等互联网巨头企业，以及一些具有较强科技实力的人工智能初创公司。

下游应用层主要负责行业应用，行业应用可以分为面向单位用户和面向终端个人用户两个方向。其中，面向单位用户的代表性应用领域有安防、金融、医疗、教育、呼叫中心、服务机器人等；面向终端个人用户的代表性应用领域有智能家居、可穿戴设备、无人驾驶、虚拟助理、机器人等。相关代表性企业众多，既包括互联网巨头企业，也包括一些初创公司。在我国，下游应用层的发展极为迅速，且出现逐渐向中游和上游渗透的趋势。

2. 计算机视觉

计算机视觉（Computer Vision，CV）的目标是让机器“看得见、看得懂”，物体识别与人脸识别均是其典型应用。作为人工智能主要应用领域之一，计算机视觉起源于 20 世纪 80 年代的人工神经网络技术，是指用计算机模拟人眼对目标进行识别、跟踪和测量，通过对图形进行处理让计算机“看得懂”。不同于人眼只能看到可见光形成的图像，计算机视觉技术可以处理来自各种电磁波波段甚至其他传感器的图像，应用范围极其广泛。自 2015 年以来，全球科技界和产业界高度重视计算机视觉的研究和应用，对其核心技术和产业化应用的研发投入持续增长。

我国在计算机视觉方面处于世界领先地位。根据前瞻产业研究院的统计，在国内人工智能企业中，有高达42%的企业应用计算机视觉相关技术，其次是语音和自然语言处理，占比分别为24%、19%。计算机视觉在安防影像分析、泛金融身份认证、手机和互联网娱乐、批发零售商品识别、工业制造、广告营销、自动驾驶、医疗影像分析等领域都具有巨大应用价值。

3. 生物信息识别

生物信息识别就是将人工智能技术和生物处理技术相结合，即通过将计算机与光学、声学、生物传感器和生物统计学原理等密切结合，基于人体固有的生理特性（如指纹、脑电、心电等）和行为特征（如情绪、压力、声音、步态等）来对个人身份和身体状况等进行鉴别。由于人的生理特征通常具有可以测量、遗传或终身不变等特点，因此生物信息识别认证技术较传统认证技术存在很大优势。

生物信息识别系统会对生物特征进行取样，经特征提取并转换成数字代码后，进一步将这些代码组成特征模板。其典型应用有指纹识别、情绪检测、注意力检测、脉搏检测、虹膜识别、步态识别等。

4. 自然语言处理

自然语言处理（Natural Language Processing，NLP）侧重于让机器人能够“理解”人类的语言。

作为人工智能的另一个目标，自然语言处理被用于分析、理解和生成自然语言，以方便人与计算机设备及人与人之间进行交流。

自然语言处理的应用渗透到了人类工作与生活的各个角落。在人工智能产品市场中，自然语言处理的主要应用有网络搜索、广告、电子邮件、客户服务、语言翻译、发布学术报告等。我国在自然语言处理领域的科研和产业化方面均处于国际领先地位。

5. 智能语音

智能语音旨在让机器"听得懂"和"说得好"。智能语音是人工智能的另一个重要应用领域，主要为机器人加上"耳朵"和"嘴巴"，让机器人能够"听得懂"，并且"说得好听"。智能语音的起源可以追溯到 1952 年的第一个语音识别系统"Audry"。智能语音虽然起步早，但限于技术的发展，在 2011 年才得到了快速发展，包括苹果的 Siri、微软的 Cortana 及近年来的各种语音翻译助手和语音合成应用等。中国在智能语音技术领域处于世界领先地位，专利数量持续增长，涌现出了科大讯飞、捷通华声、思必驰、云知声等著名的智能语音公司。

智能语音在现实生活中应用广泛，在人人交互、人机交互的应用场景中扮演着重要的角色，其典型应用场景有语音识别、智能互译、语音交互、语音合成等。典型的应用产品有科大讯飞的翻译机和智能机器人、苹果的 Siri 等语音助手、思必驰的 AISpeech Inside 系列智能产品、云知声的智能客服和智能主播等。

6. 无人驾驶

顾名思义，无人驾驶技术就是通过自动驾驶系统，部分或完全地代替人类驾驶员，安全地驾驶车辆、船舶、飞机等各种运输设备。无人驾驶技术涉及领域广泛，是传感器、计算机、人工智能、通信、导航定位、模式识别、机器视觉、智能控制等多门前沿学科的综合体。

7. 数据挖掘

数据挖掘（Data Mining）是一种包含人工智能、机器学习、统计学和数据库技术的交叉方法，涵盖了从数据到信息、从信息到知识、从知识到智慧的数据处理和分析过程，如图 6–22 所示。通过对海量数据的整理分析和归纳整合，数据挖掘能够分析并找出数据之间的潜在联系，为做出正确决策或预测发展趋势提供支撑性材料和建议，最终实现从海量数据中提取用于辅助决策的潜在的信息、知识、规律和模式。与人类的数据分析能力相比，基于人工智能的数据挖掘具有处理数据量大、处理速度快、分析全面、分析过程不受主观因素影响、分析质量高等优点。

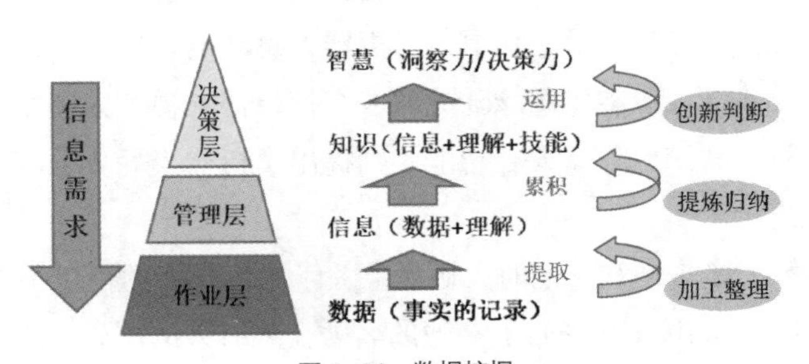

图 6–22　数据挖掘

数据挖掘被列为21世纪初期对人类产生重大影响的十大新兴技术之一，在各行各业中都有广泛的应用，最早应用于银行、通信领域，如今已广泛应用于商务、金融、零售和保险领域及电子政务中。银行利用数据挖掘可以帮助银行产品开发部门描述出客户以往的需求并基于这些需求预测出客户未来的需求。保险公司可以对受险人员进行分类以有助于确定合理的保险金额度。广告公司可以使用用户的浏览历史、访问记录、点击记录和购买信息等数据，进行精准广告投放。零售商依靠供应链软件、内部分析软件甚至直觉来预测库存需求。数据挖掘还可应用于电子政务中的综合查询、经济分析、宏观预测、应急预警、风险分析及预警、质量监督管理及监测、决策支持等系统，为公众提供了智能化、高效的网上政府。

6.6 人工智能的伦理问题

人工智能技术的发展与应用是历史大趋势，是一个不可逆的历史过程。然而，“科学技术都是一把双刃剑”。伴随着人工智能技术的成熟和广泛应用，人与机器之间的矛盾凸显，人工智能的伦理问题（Ethics of AI）引起了社会和各行各业的日益关注。如同伦理道德是人类文明数千年发展的重要稳定器，人工智能伦理将是未来智能社会的发展基石。只有解决好人工智能的伦理问题，即人工智能与人类的关系问题，才能让人工智能技术更好地服务于经济社会发展和人民美好生活。

1. 伦理问题的产生

根据人工智能的定义，研究人工智能的主要目的是模拟和扩展人的能力。早期人工智能主要模拟人的感觉和思维，图灵测试的目的也是检验人工智能是否可以像人类一样思考问题。然而，机器学习技术为人工智能赋予了属于机器自己的独立学习方式和思维方式。AlphaGo就是典型的例子，作为“新一代的棋手”，它（或是“他”“她”）突破了传统的围棋思维，让通常意义上的围棋定式丧失了原有的威力，人类按照“人”的思维模式也很难理解AlphaGo的下棋方式。

人工智能技术在替代人的体力、计算力和逻辑推理等多方面取得了长足的进步，作为人类能力的延伸，极大提高了人类适应自然、改造自然的能力，在人类的工作和生活中发挥着越来越重要的作用。然而，科技的进步也会对人类社会造成多方面的冲击，例如传统行业、传统职业的衰落甚至消失。因此，社会上出现了对人工智能的不同看法，这些看法在科幻电影甚至传统媒体中均有体现，如图6-23所示。其中，《机器人总动员》和《机械公敌》将人工智能描绘成人类的好帮手；《终结者》和《超能陆战队》在把机器人视为人类朋友的同时，也抛出了机器人仇视人类的问题；科幻巨作《人工智能》则提出了机器人的界限问题，其中涉及的人工智能伦理问题引人深思。

在人类享受人工智能带来便利的同时，历史上关于人工智能的担忧一直存在。1950年，控制论之父诺伯特·维纳（Norbert Wiener）在他的名著《人有人的用处》中，根据对自动化技术和智能机器的分析，得出了一个结论：“这些机器的趋势是要在所有层面上取代人类，而非只是用机器能源和力量取代人类的能源和力量。很显然，这种新的取代将对我们的生活产生深远影响。”2014 年，著名物理学家斯蒂芬·威廉·霍金（Stephen William Hawking）也表示：“人工智能的发展可能导致人类的灭绝。”维纳和霍金对人工智能前景的担忧存在夸张的成分，但人工智能技术的飞速发展的确给人类带来了一系列挑战。

（a）《机器人总动员》

（b）《终结者》（1984）

（c）《超能陆战队》

（d）《机械公敌》

（e）《人工智能》

图 6–23　人类对待人工智能

人工智能在军事上的应用发展极为迅速，产生了众多自主武器，包括无人机、智能作战机器人、机器人集群等，如图 6–24 所示。军用智能机器的性能和杀伤力远超人类士兵，这无疑引起了人类对未来的担忧，以及对自主武器的争论。

图 6–24　人工智能在军事上的应用

图 6-24 人工智能在军事上的应用（续）

2. 伦理问题的解决途径

针对人工智能伦理问题，不同领域的专家学者从不同角度提出了各种“规章”和建议。早在人工智能正式出现之前，科幻小说作者艾萨克·阿西莫夫（Isaac Asimov）在短篇小说《环舞》（*Runaround*）中就提出了“机器人三定律”（5.2 节已介绍）。后来，阿西莫夫又补充了一条新定律，即第零定律：机器人不得伤害人类，也不得因不作为使人类受到伤害。

尽管阿西莫夫的“机器人三定律”已广为人知，但由于其可行性受到质疑，在现实中无论是人工智能安全研究者还是机器伦理学家，都没有真的将它作为指导方案。人工智能的伦理问题仍需人类的统一意见和行动，同时需要政府统一制定政策并推进执行。

2017 年 7 月，国务院印发《新一代人工智能发展规划》，对人工智能伦理问题的研究提出了明确要求，将人工智能伦理法律研究列为重点任务，要求开展跨学科探索性研究，推动人工智能法律伦理的基础理论问题研究。《新一代人工智能发展规划》关于人工智能伦理的相关法律制定了三步走的战略目标：到 2020 年，部分领域的人工智能伦理规范和政策法规初步建立；到 2025 年，初步建立人工智能法律法规、伦理规范和政策体系；到 2030 年，建成更加完善的人工智能法律法规、伦理规范和政策体系。

【项目任务】

任务 1　查一查，国内有哪些人工智能相关的机构和企业

任务描述

近年来，在国家政策的引导下，我国人工智能产业得到了蓬勃发展，出现了不少高质量的研究机构，也涌现出了一大批极具竞争力的、与人工智能相关的科技公司，例如华为、腾讯、阿里巴巴、百度、京东、大疆、科大讯飞等。这些公司在人工智能领域的发展各有不同且各有所长，既提升了公司产品和服务在国际和国内的竞争力，又提升了国内人民生活的满意度。请以此为背

景，调研在人工智能领域极具代表性的国内机构和企业，比较其在人工智能领域的特点和优势，并将结论填写在表 6–3 中。

表 6-3 与人工智能相关的国内机构和企业及其特点和优势

机构/企业名称	特点和优势（包括但不限于技术体系、产业链、应用领域等）

任务 2 谈一谈你感兴趣的人工智能发展领域

任务描述

随着人工智能理论和技术的日益成熟，人工智能与传统行业的融合不断加深，其应用范围和领域不断扩大。人工智能应用领域众多，包括计算机视觉、智能语音、自然语言处理、无人驾驶和数据挖掘等，促进了社会发展和经济增长，提高了人民的生活水平。在不同应用领域、不同应用场景下，人工智能技术需要满足不一样的场景目标要求，并提供与之相适应的产品和服务。请在众多人工智能应用领域中，找到你最感兴趣的一个，填在表 6–4 中，并说明原因。

表 6-4 人工智能发展领域及其相关信息

领域名称	
典型的应用	
该领域的特点	
代表性机构或公司	
感兴趣的原因	

【项目小结与展望】

本项目对人工智能的基础知识、主要表现形式、应用场景、典型任务、学习技术和应用领域进行了概括性介绍。首先，解释了智能的具体表现、人工智能的三种形态、人工智能技术四要素和人工智能技术体系。然后，对人工智能的主要研究内容进行了归类和解释，介绍了回归、分类和聚类三种人工智能的典型任务。之后，简述了机器学习、人工神经网络、深度学习和强化学习这四种人工智能学习的主流技术，并概述了人工智能的典型应用领域，为后续项目的开展做了铺垫。最后，阐述了人工智能伦理问题的产生，并探讨了其解决途径。

我国是人工智能技术研发和应用的大国，多项技术均处于国际领先地位。在我国“十四五”规划中，人工智能被明确列为优先发展的前沿科技领域之一，其基础研究工作更是被置于战略地位，期待更多的优秀青年加入到人工智能基础和核心研究中。相信在政策的引领下，我国人工智能将会在基础研究、核心技术研究和应用领域方面取得更加优秀的成果，为我国数字经济的全面和深入发展做出不可替代的贡献。

【课后练习】

1. 选择题

（1）人工智能发展有三种形态，其中智力与人类相当的形态是（　　）。

A. 弱人工智能　　B. 强人工智能　　C. 超人工智能　　D. 人工智能

（2）在人工智能的三种典型任务中，输出结果是连续值的任务是（　　）。

A. 回归　　B. 分类　　C. 聚类　　D. 降维

（3）在人工智能技术的四要素中，（　　）蕴含着应用背景中的知识和经验。

A. 数据　　B. 算法　　C. 算力　　D. 场景

（4）机器学习有三大要素：数学模型、学习准则和优化算法。其中，（　　）是数学模型好坏的判断依据。

A. 数学模型　　B. 学习准则　　C. 优化算法　　D. 计算能力

（5）在5个人工智能主要能力中，（　　）是人工智能研究中最重要也是最为关键的能力。

A. 知识表示　　B. 机器感知　　C. 机器思维　　D. 机器学习

2. 应用题

（1）人脸识别技术发展已有60余年，请说明在其不同发展阶段，主要采用了哪些人工智能的学习技术，优缺点如何。

（2）请指出有监督学习和无监督学习的主要应用场景。

（3）目前，基于深度学习的人工智能技术层出不穷。请以计算机视觉为例，调研并说明传统机器学习方法和深度学习方法在应用中的特点。

3. 讨论题

（1）人工智能的终极目标是什么？

（2）人工智能在体力、算力、智力上都将超越人类。你是否有危机意识，如何应对来自人工智能的挑战？

（3）人工智能的主要表现形式有哪些？分别解决了什么问题？

项目 7

图像识别

【项目背景】

小明在网上看见一张咖啡杯图片，想在购物软件上购买。他在购物软件的商品搜索栏中输入“蓝色复古咖啡杯”。搜索结果很多，可就是找不到他想要的那款咖啡杯。忽然，他发现购物软件有拍照查找的功能，于是他上传了咖啡杯的图片进行搜索。在查找到的商品中，小明很快找到了自己想要的咖啡杯。图 7–1 为在许多购物软件中已经得到广泛应用的基于图片的商品搜索。基于图片的商品搜索中最为关键的技术便是图像识别。

图 7–1　基于图片的商品搜索

图像识别，是指利用计算机对图像进行处理、分析和理解，以识别图像中各种不同模式的目标和对象的技术。通俗地讲，图像识别是让计算机像人一样读懂图像的内容，识别出图像中有什么物体，并报告这个物体在图像中的位置和方向。图像识别对于人眼来说并不困难。例如，当人眼看到图 7–2 所示的图片时，可以很快判断出图片中有马和骑马的人。人眼是怎么识别这幅图片的呢？当人眼看到图片后，大脑会迅速把看到的东西与记忆中相同或相似的东西进行匹配，从而识别它。计算机实现的图像识别与之类似，通过提取重要特征并排除多余的信息来识别图像，这就是图像识别最基本的原理。然而计算机实现的图像识别却没有想象中那么简单，计算机面对的是灰度或颜色像素矩阵，很难从图像中直接得到马和骑马的人这样的抽象概念并定位其位置，再加上物体姿态、光照和复杂背景混杂在一起，使图像识别更加困难。本项目将对图像识别的相关知识进行介绍。

图 7–2 图片示例

【思维导图】

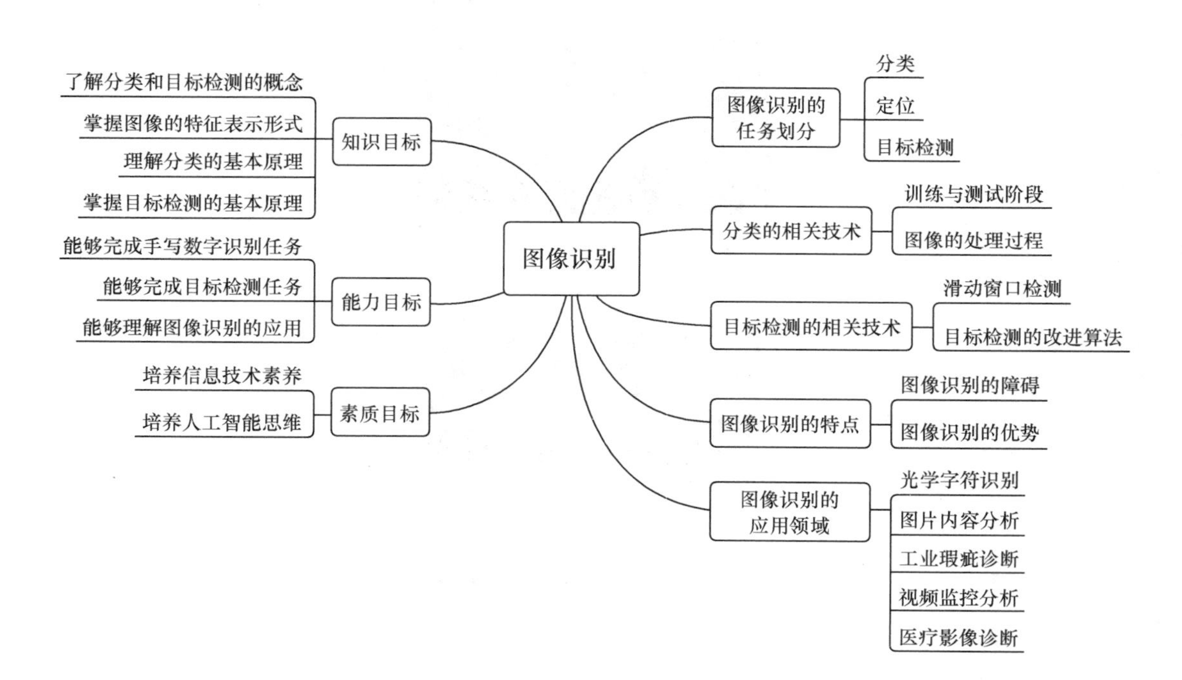

【项目相关知识】

7.1　图像识别的任务划分

与图像识别有关的任务其实有很多，例如分类、定位和目标检测等。这些名词之间有什么关系呢？

1. 分类

分类是指在给定的分类集合中给图像分配一个标签的任务。这意味着分类是通过计算机判断输入图像主体的类别归属，类别归属来自预定义的可能类别集。举个例子，假定对某图像进行分类时，可能的类别标签有{“人”，“汽车”，“自行车”，“建筑物”}，之后将图 7–3（a）所示的图像提供给分类系统，分类系统对图像主体的类别进行预测。预测结果如果为“汽车”，说明分类结果正确。

2. 定位

分类只能告诉我们图像主体的类别归属，不能指出图像主体在图像中的具体位置。定位就是指出图像主体在图像中的具体位置。定位是在已知图像主体是“汽车”的前提下，找出图 7–3（a）中“汽车”在图像中的具体位置。

3. 目标检测

定位往往不是单独出现的，而是与分类同时实现，这就是目标检测。目标检测不仅要识别图像主体的类别，而且需要标记图像主体在图像中的位置。如图 7–3（b）所示，目标检测不仅需要识别“汽车”，而且需要用边框把“汽车”框起来。在现实世界中我们使用到的往往是目标检测技术，而且拍摄的图像都带有很高的复杂性，可能存在多个目标物体，这便是多目标检测问题。如图 7–3（c）所示，计算机从图像中检测出两辆车，并定位出它们的位置。

（a）分类

（b）分类+定位

（c）多目标检测

图 7–3　图像识别的任务划分

7.2　分类的相关技术

在了解计算机是如何实现图像分类之前，我们先想象一下人类认识一件新事物的过程是怎样的。为了让小孩认识“马”，我们会给小孩看很多“马”的图像，并告诉他“马”有一些什么样的特征。这样当他再看到关于“马”的图像时，便能够很快地辨别出图像中的“马”。计算机是怎么判断图像主体的类别归属的呢？当前主要的实现方式是数据驱动，这与教小孩看图识物类似，即给模型输入很多图像数据，让其不断去学习，学习到每个类别图像的特征，再根据学习到的特征对待分类图像的类别进行预测。我们将模型学习的阶段称为训练阶段，将利用训练后的模型预测图像类别的阶段称为测试阶段。

1. 训练阶段

训练阶段的任务是使用训练集来学习每个类别的图像到底长什么样。用于学习的图像数据被称为训练集，训练集中每张图像所属的类别通常是已知的，图像的类别被称为标签。在回归、分类、聚类等算法中，可以采用独热编码表示类别标签。独热编码，也称 One-Hot 编码，又称一位有效编码，其使用 N 维向量来表示不同的类别，向量中只有一个元素为 1，其他元素均为 0。例如在“猫”“狗”“帽子”“杯子”的分类问题中，“猫”对应的独热编码为[1, 0, 0, 0]，“狗”对应的独热编码为[0, 1, 0, 0]，“帽子”和“杯子”对应的独热编码分别为[0, 0, 1, 0]和[0, 0, 0, 1]。在训练阶段，给模型输入大量的训练图像（图 7-4）和图像的类别标签，模型对每个类别的图像进行学习获得分类模型，一般该步骤叫作训练分类器或者学习一个模型。在实际中，可能有成千上万个类别的物体，每个类别的物体都可能有百万幅图像。

图 7-4　4 个类别的训练图像

2. 测试阶段

训练后的模型在投入实际应用之前，还需要对模型的性能进行评估，这一阶段称为测试。测试阶段中待辨别的图像数据称为测试集。在模型测试中，测试图像的类别标签其实是已知的。将测试图像（也就是需要判定其类别的图像）输入训练好的分类器中，然后根据分类器的输出给测试图像分配一个类别标签。我们会把分类器预测的类别标签和图像真正的类别标签进行对比，以此来评价分类器的质量。如果分类器预测的类别标签和图像真正的类别标签一致，说明识别正确，反之则说明识别错误。识别准确率越高，说明学习后得到的模型性能越好。对于每个预测结果而言，分类器本身的结果是否可靠是根据置信度进行评判的。置信度是一个位于区间[0, 1]中的值，置信度是统计学中的概念，可以通俗地把置信度理解为分类器预测结果的可信程度。

3. 图像的处理过程

无论是训练阶段还是测试阶段，对图像的处理都大致可以分为 3 部分，即图像的原始特征表示、图像的预处理和分类算法。例如输入一个“马”的图像，首先要有一个特征表示的过程，经过预处理后放到分类算法中进行模型的学习（训练阶段）或类别标签预测（测试阶段）。分类技术的核心是分类算法，分类算法可以理解为用于训练学习模型的方法或规则。分类算法包括传统分类算法和深度学习算法。下面对图像的原始特征表示、图像的预处理、传统分类算法和深度学习算法及这 2 类分类算法的比较进行介绍。

（1）图像的原始特征表示

从图像中提取有用的数据或信息，用数值、向量和符号等对图像进行表示或描述，这些数值、向量和符号就是图像特征。图像的原始特征表示通常是指由图像的灰度值或颜色值组成的向量或矩阵。

事实上，计算机不认识图像，只认识数字，图像在计算机中存储的形式是每个像素点的灰度值或颜色值。在图像采集的过程中通过摄像头、相机或其他图像传感器捕获图像，这些设备利用图像的原始特征对图像进行表示，使计算机能够读取到图像中的像素值（如灰度值或颜色值）。如果是灰度图像，图像的表示形式是 1 个向量或矩阵；如果是 RGB 模式[红色（Red）、绿色（Green）、蓝色（Blue）]的彩色图像，则是 3 个向量或矩阵（分别对应于红色通道、绿色通道和蓝色通道的取值）。

① 灰度图像。先以灰度图像为例来说明图像的原始特征表示形式。灰度图像是由很多个像小方块一样的网格（像素）组成的图像，图像的大小取决于图像中的像素点个数，例如 60px × 80px 的图像表示该图像有 60 行 80 列像素点。每个像素点的取值对应这个像素点的明暗程度，即灰度值。灰度值的范围通常是 0～255，0 表示纯黑，255 表示纯白，127 表示纯灰色。图 7-5（a）所示的猫灰度图是一个 256px × 256px 的灰度图，表示这幅图像的横向和纵向都是 256 个像素点，总共 65536（256 × 256）个像素点。图 7-5（a）中小方框所示的图像区域为 10px × 10px，图 7-5（a）右边的图像区域为这 100 个像素点放大以后的图像，这 100 个像素点的灰度值如图 7-5（b）所示。对于输入数据，一般需要进行归一化，即将分布于[0, 255]区间的原始像素值归一化至[0, 1]区间，也就是 0 对应于 0，255 对应于 1，中间数值按比例映射至 0～1 之间。输入特征的标准化有利于提升分类算法的学习效率和性能。

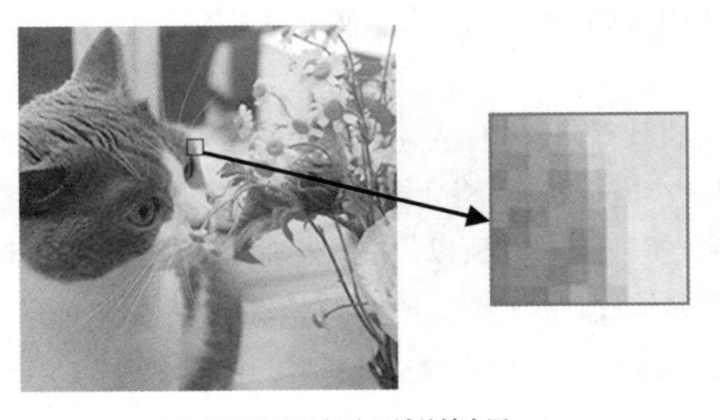

（a）猫灰度图及部分区域的放大图

130	155	170	181	198	211	220	219	216	217
137	144	147	161	188	219	223	219	219	219
125	123	153	144	167	208	221	220	221	221
114	138	147	126	145	189	219	224	223	222
131	126	130	135	143	175	215	228	226	224
127	104	122	143	141	159	211	230	226	225
101	113	138	139	122	149	216	234	228	226
107	127	132	121	113	138	217	232	228	228
112	120	125	115	128	149	212	230	228	226
102	109	108	130	159	148	192	230	230	228

（b）猫灰度图部分区域的灰度值

图 7-5 猫灰度图

② 彩色图像。对彩色图像而言，如 RGB 模式的彩色图像，用红色、绿色和蓝色 3 种颜色按不同的比例混合就可以调和出各种各样的颜色。每个像素点其实是由 3 种颜色通道的取值构成的。图 7–6（a）为猫彩色图，图 7–6（b）、图 7–6（c）、图 7–6（d）分别为猫彩色图的红色分量、绿色分量、蓝色分量（请扫描二维码查看彩色图像）。

扫码看彩图

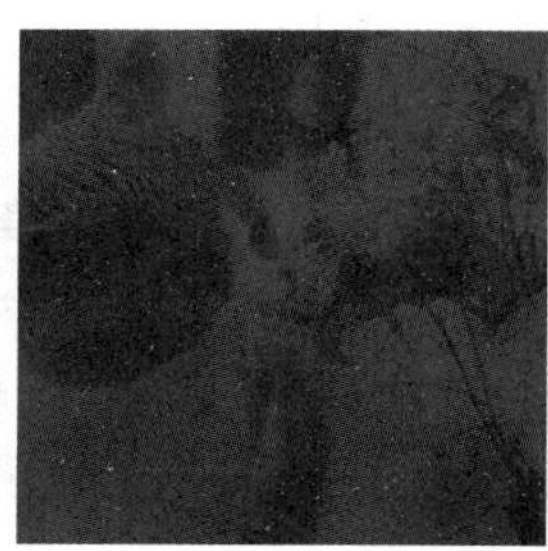

（a）猫彩色图　（b）红色分量　（c）绿色分量　（d）蓝色分量

图 7–6　猫彩色图及其红色、绿色、蓝色分量

训练阶段和测试阶段输入的图像，实际上就是图像的原始特征，也就是图像每个像素点的灰度值或颜色值。

（2）图像的预处理

图像的预处理几乎是所有计算机视觉算法的第一步，其目的是尽可能在不改变图像承载的本质信息的前提下，使每张图像的表观特性（如颜色分布、整体明暗或尺寸大小等）尽可能一致。预处理与具体的采样设备和所处理的问题有关，根据不同的应用场景，采用特定的手段对图像进行相应的预处理，使后期的图像识别操作能够获得更好的识别效果。例如，在车牌识别任务中，要想从图像中将汽车车牌的号码识别出来，首先需要将车牌从图像中找出来，再对车牌进行划分，并将每个数字分开，之后才能对每个数字进行识别。在某些场景中，需要对图像进行平移、缩放或填充。

① 平移。图像的平移是为了把感兴趣的图像区域移到中间位置，便于尽可能准确、定量地分析图像特征。

② 缩放。众所周知，处理的数组越大，计算机处理该数组时占用的内存就越大，花费的时间就越长。图像作为一个很大的数组，如果不对其大小进行处理，将会导致识别算法的效率非常低。这会影响评估分类算法的指标——时间复杂度和空间复杂度。所以，在预处理时可以根据需要对图像大小进行调整，按比例调整图像的大小也就是缩放。

③ 填充。填充是为了使待处理图像符合分类模型对图像像素尺寸的要求，用特定的像素值对图像中长和宽的像素数进行补充。

（3）传统分类算法

图像的原始特征表示维度较高，等于图像的像素点个数。因此传统的分类算法通常会对图像的原始特征进行提取，获得更具识别度的图像特征，再选择合适的分类器实现图像识别。

① 特征提取。图像分类实质上是通过图像特征将不同类别的图像区分出来。这就要求选取的特征不仅能够很好地描述图像，而且能够很好地区分不同类别的图像。我们希望选择那些在同类图像之间差异较小，在不同类别的图像之间差异较大的图像特征，也就是具有区分能力的特征。将具有区分能力称为具判别性。好的图像特征能够有效减轻识别算法后续步骤的负担，达到事半功倍的效果。但大多数图像的原始特征维度较高，且缺乏判别性，例如图 7–5 所示的莱娜灰度图的特征维度为 65536，图 7–6 所示的莱娜彩色图的特征维度为 65536 × 3。从图像的原始特征中获取更具判别性特征的过程称之为特征提取。特征提取主要有以下两种方式。

a. 利用图像描述符对图像的原始特征进行进一步描述。可以从灰度或彩色的原始特征中进一步挖掘出颜色分布、纹理或边缘等信息。常用的图像描述符包括用以反映图像颜色组成分布的颜色直方图，用于纹理特征提取的局部二值模式（Local Binary Patterns，LBP）、方向梯度直方图（Histogram of Oriented Gradient，HOG）、尺度不变特征变换（Scale–Invariant Feature Transform，SIFT）和盖伯（Gabor）特征，以及体现图像不同特征相关性的区域协方差描述符（Region Covariance Descriptor，RCD）等。颜色直方图其实就是用各种色彩在整幅图像中所占的比例来表示图像。因为对图像进行旋转、缩放和模糊变换后，图像的颜色直方图改变不大，也就是说图像的颜色直方图对图像的物理变换是不敏感的，所以颜色直方图常用于提取颜色特征及衡量和比较两幅图像的差异。

b. 借助传统机器学习算法将图像的原始特征整体映射到另一个维度更低但更具判别性的空间中。常用的方法有主成分分析、线性判别分析、流形学习（Manifold Learning）和稀疏编码（Sparse Coding，SC）等。这类方法对数据进行了一定的数学假设，需要对现有的图像进行学习，并发现规律，获得从原始特征空间到新的特征空间的投影方式。

② 分类器。分类是在已有数据的基础上构造出一个分类函数或分类模型，这个函数或模型就是分类器。分类器能够把数据库中的数据分配到给定的类别中，进而可以将其应用到数据预测。传统的分类器包含 KNN、SVM、决策树、朴素贝叶斯、逻辑回归等。这里介绍最简单的 KNN 分类器。

KNN 分类器是一个理论上比较成熟的方法，也是最简单的机器学习算法之一。该方法的思路：在特征空间中，如果一个样本附近的 K 个最近样本中多数样本属于某一个类别，则该样本也属于这个类别。以图 7–7 为例，不同形状表示不同类别，三角形为一类，正方形为一类，要怎样判别图中间那个圆形标记点的类别呢？如果 $K=1$，找到与圆形标记点最相近的一个标记点，于是判定圆形标记点属于三角形一类。如果 $K=3$，离圆形标记点最近的 3 个标记点是 2 个三角形和 1 个正方形，则这个圆形标

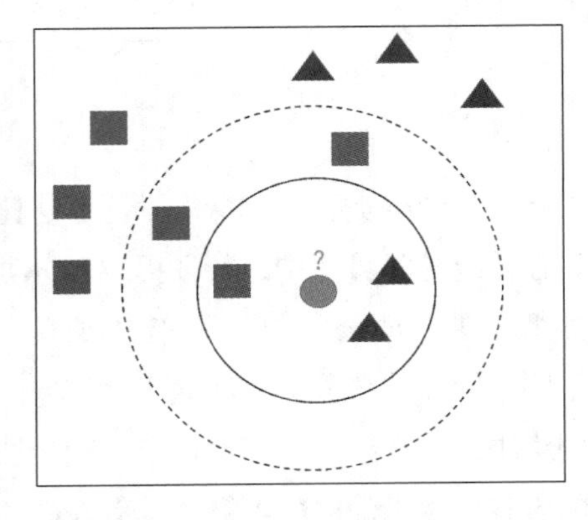

图 7–7　KNN 分类器的原理示意图

记点属于三角形一类。如果 $K=5$，则这个圆形标记点属于正方形一类。KNN 分类器的原理和实现都比较简单，如果前期特征提取效果较好，使用最简单的 KNN 分类器也能够获得比较好的效果。但如果场景复杂，KNN 分类器这类传统的机器学习算法就达不到精度要求。

（4）深度学习算法

深度学习算法在包括视觉、语音和自然语言在内的各种各样的任务中均表现优异，已成为大多数人工智能问题的首选算法。CNN 是深度学习算法的代表之一，也是目前图像分类领域的核心算法之一，在学习数据充足时有稳定的表现。CNN 包含了输入层、隐含层和输出层，如图 7-8 所示。在图像识别领域，输入层一般输入的是图像归一化后的二维像素点或 RGB 值。输出层直接输出分类结果。隐含层包含卷积层、池化层和全连接层 3 类常见的层类型，且每类都可以有多个。其中，卷积层和池化层是 CNN 特有的，卷积层中的卷积核包含权重系数，池化层不包含权重系数。CNN 的训练过程就是利用大量的训练数据不断自动调整卷积层中的权重系数。卷积层在某种意义上也可以理解为通过卷积层中的权重系数对图像进行特征提取，只是这一特征提取的规则并不像传统分类算法一样是预先设置好对颜色或纹理特征进行提取，而是通过学习获得未知特征的提取方式。

在深度学习算法中，除了利用训练集来训练相应的模型外，还会从原来训练集中分出来一部分数据作为验证集，以便于初步评估训练结果，或者观察模型是否发生过拟合，以及验证哪个模型更好。

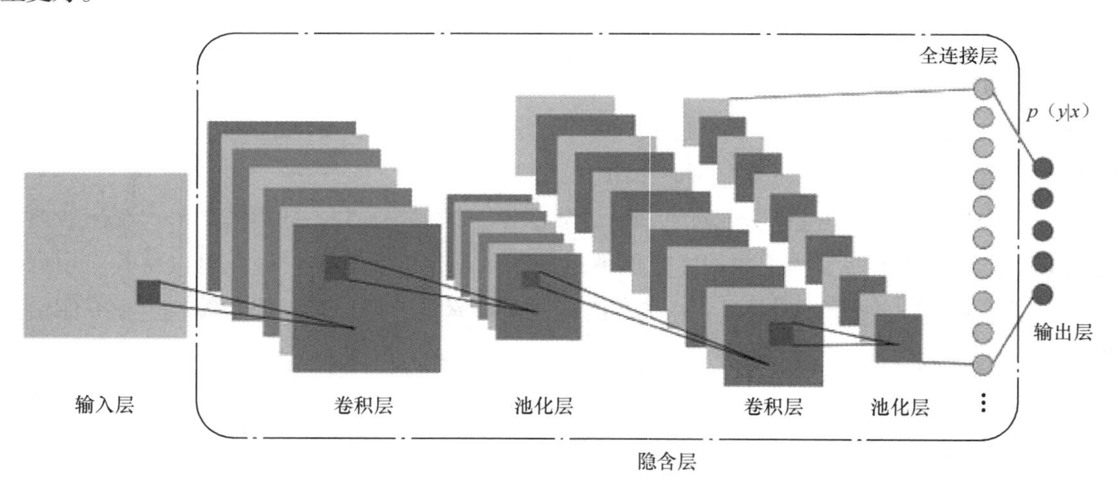

图 7-8 CNN 结构示例

（5）传统分类算法和深度学习算法比较

在传统分类算法中，特征提取和分类器的选取是独立的两个步骤。特定的特征提取方法和分类器组合在一起虽然取得了一定的成功，但在不同的场景下适用的特征提取方法和分类器可能完全不同，因而传统分类算法通用性较差。在深度学习算法中，特征提取和分类器都包含在深度神经网络中，不需要预先手动选定。随着技术的不断发展，深度学习算法在许多应用场景中均有突出的表现。尽管深度学习算法具有较高的性能，但它仍存在一定的局限性。

首先，为了实现高性能，深层神经网络需要非常大的训练集，训练集可能需要百万张以上图像。对于许多应用来说，采集这样大的数据集花费高且耗时。因此对于数量规模较小的数据集，传统分类算法可能优于深度学习算法。

此外，深度学习算法包含大量的矩阵运算，需要高端 GPU 在合理时间内进行训练，这些 GPU 非常昂贵。而且要有效使用这样的高端 GPU，还需要快速的 CPU、固态硬盘（Solid State Disk，SSD）存储和快速、大容量的随机存取存储器（Random Access Memory，RAM）。传统分类算法在计算上花费并不高，只需要一个较好的 CPU 就可以训练得很好，故可在较短的时间内更快地迭代，并尝试多种不同的技术。因此在一些特定情况下，使用传统分类算法比深度学习算法更好。

7.3　目标检测的相关技术

不同于分类任务，目标检测要用方框对识别到的物体进行标记并判断其类别，方框中的图像要尽可能完整地包含待识别的物体。实际上，目标检测就是同时实现分类和定位，主要方法是滑动窗口检测及目标检测的改进算法。

1. 滑动窗口检测

早期的目标检测大都使用滑动窗口的方式进行窗口提取。首先选定一个特定大小的窗口，将这个窗口以固定步幅滑动，遍历图像的每个区域。如图 7-9（a）所示，首先将图像下方这个方框置于图像的左上角，对这部分图像区域进行图像分类，判断方框中是否有待识别物体。然后，将方框往后移，继续处理下一个窗口，对下一个窗口中包含的图像区域再次进行图像分类，判断其中是否有待识别物体。依次重复操作，直到这个方框滑过图像的每一个角落。然后选取更大的方框从图像的左上角开始滑动，遍历图像，如图 7-9（b）和图 7-9（c）所示。方框和步幅的大小对算法的性能影响很大，若方框太小，则会裁剪出太多的小方块，带来较高的运算成本，而方框太大则会影响检测的效果。

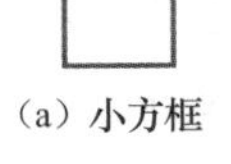

（a）小方框

（b）较大的方框

（c）更大的方框

图 7-9　滑动窗口检测示意图

每次滑动方框时会对当前窗口执行事先训练好的分类算法，如果当前窗口得到较高的分类概率，则认为检测到了物体。在对不同大小的方框都进行检测后，会得到不同窗口检测到的物体标记，检测到物体的窗口被称为候选框。这些窗口会存在重复的部分，需要通过计算两个窗口的交并比（Intersection over Union，IoU），采用非极大值抑制（Non-Maximum Suppression，NMS）的方法进行筛选，最终获得检测到的物体。

（1）交并比

交并比用来描述两个边框的重合程度，交并比计算公式为：$IoU=(A\cap B)/(A\cup B)$，即两个候选框覆盖区域的交集与并集的面积比。交并比越大，说明两个候选框重合度越高。交并比可以用来评估检测结果和真实结果的差距，也可以用来衡量两个候选框之间的关系。交并比的计算说明如图 7-10 所示。

（a）两个候选框

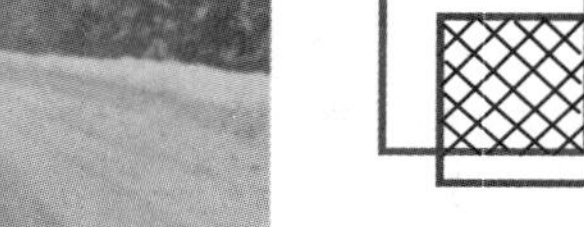
（b）两个候选框的交集

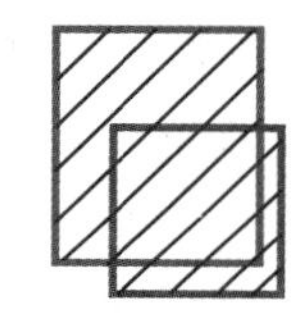
（c）两个候选框的并集

图 7-10　交并比的说明

（2）非极大值抑制

所谓的非极大值抑制就是根据分类算法对候选框中预测到对象的概率排序，先拿最大概率候选框与其他候选框计算交并比，丢弃高于阈值的候选框。然后从没有被丢弃的候选框中再找出最大概率候选框。重复上述操作，直到找到所有被保留下来的候选框。

2. 目标检测的改进算法

滑动窗口检测往往计算量很大且效率不高，在实际应用中并不可取。学者们在检测窗口的选择上不断进行改进，提出各种各样新的算法。R-CNN 和 YOLO 是其中具有代表性的两个算法。

（1）R-CNN

R-CNN（Region-CNN，区域卷积神经网络）作为将深度学习引入目标检测算法的开山之作，在目标检测算法发展历史上具有重大意义。R-CNN 借鉴了滑动窗口思想，采用对区域进行识别的方案。给定一张输入图像，R-CNN 借助图像的边缘、纹理、色彩、颜色变化等信息，采用选择性搜索算法（Selective Search）生成 2000 个可能包含物体的候选区域。每个候选区域被调整成固定大小送入一个预先训练过的 CNN 模型中用于提取特征（CNN 模型中的参数会在训练过程中进行微调）。将提取到的特征送入一个分类器中，预测出候选区域中所含物体属于每个类别的概率。得到所有分类成功的区域后，通过非极大值抑制输出结果。由于候选区域对算法的成败起着关键作用，所以该算法就以 Region 首字母 R 加 CNN 进行命名。

（2）YOLO

YOLO 是 You Only Look Once 的缩写，表示“你只看一次”，是指看一眼图像就能知道有哪些对象及它们的位置。YOLO 将生成候选区域和识别这两个阶段合二为一，训练出一个看起来像普通 CNN 的神经网络，能够直接得到包含边界框（即物体所在位置的标记）和类别预测的输出。YOLO 也并没有真正完全去掉候选区，而是将输入图像划分成若干个网格，在每个网格中进行预测。在图 7-11 所示的例子中，先将图像分成 9 等份，然后对这 9 个图像区域进行图像分类，根据分类结果进一步在编号为 7 和 6 的区域上预测图像中物体所在位置和属于某个类别的概率。

图 7-11　YOLO 示意图

7.4　图像识别的特点

图像识别有其局限性，在某些特定场合下，一些图像识别应用可以保证相当高的精度，例如光学字符识别、指纹识别和人脸识别。但是完全无约束的图像识别还难以实现。人理解到“椅子”的概念，就可以识别所有看到的椅子，甚至包括以前从没见过的新式椅子，有时候即使只露出椅子的一角，人都能够准确地辨认出它。但对计算机而言，识别各式各样的、不同角度的椅子的准确率却会大大降低。

1. 图像识别的障碍

下面列举一些造成图像识别出错的因素。

① 多视角和尺度：在获取同一个物体的图像时，它的角度和尺度是多变的，因而获取到的图像也是多样的。

② 遮挡：目标物体可能被挡住，图像中只有目标物体的一小部分。

③ 光照条件：在像素层面上，光照对图像的影响非常大。

④ 类内差异：同一类别的物体之间有许多不同的对象，每个对象都有自己的外形。

2. 图像识别的优势

随着计算机视觉技术的不断发展，各种各样先进的算法被提出。人们通过用海量的图像对算法进行训练，使图像识别的障碍在不断被克服。在一些特定的场景中，计算机的识别精度已经超过了人。让计算机替代人去实现图片或视频中的图像识别，其优势如下。

① 在大数据时代，人们获取的图片资料越来越多，人们需要借助计算机去负担这些复杂沉重的工作，否则这些工作将由人负担。

② 在一些极端环境（如水下、严寒或酷暑等）下，如果图像识别由人工智能来完成，人面临的危险、伤害和压力将有所减轻。

③ 人判断物体类别的准确率总体上会比机器的识别率高，但在一些要求识别精密度的应用中，例如缺陷识别、医学图片识别等，人的优势可能会相应降低。在这类场合，用机器替代人来实现图像识别，能够减少错误和缺陷。

7.5 图像识别的应用领域

随着科技的发展，图像识别的准确率越来越高，适用场景越来越广泛，图像识别也成为了计算机视觉中的重要分支。例如，谷歌和百度都推出了识图功能的源码包，一些公司开发了识别植物或花卉类型的手机应用程序，此外不少电商购物软件中也加入了“以图搜图”功能。下面将介绍几种典型的应用。

1. 光学字符识别

光学字符识别，俗称文字识别，是利用光学扫描技术将票据、报刊、书籍、文稿及其他印刷品的文字转换为图像信息，通过检测图像中暗、亮的模式确定文字的形状，然后用字符识别方法将形状转换成计算机文字的过程。光学字符识别就是计算机对文字的阅读。语言和文字是人们获取信息最基本、最重要的途径。文字以图像的形式表现出来，为人们获取和处理文字带来了很多不便，所以需要借助光学字符识别将这些文字和信息提取出来。

车牌识别是从光学字符识别中衍生而来的。车牌识别能够将运动中的车牌从复杂背景中提取并识别出来，通过车牌提取、图像预处理、特征提取、车牌字符识别等技术，识别车牌号、颜色等信息。车牌识别的实现给交通行业带来了巨大的便利。例如，通过车牌识别对纳入“黑名单”的车辆进行监测报警；车牌识别结合测速设备用于车辆超速违章处罚；将车牌识别设备安装于停车场出入口，并与自动门、栏杆机的控制设备结合，实现车辆的出入自动管理；在高速路的各个出入口安装车牌识别设备，车辆驶入时识别车牌将入口资料存入收费系统，车辆到达出口时再次识别其车牌并根据车牌信息调用入口资料，结合出入口资料实现收费管理。

2. 图片内容分析

图片内容分析可应用于多种场景，目前应用比较多的是以图搜图、物体/场景识别、车型识别、人物属性识别、货架扫描识别和农作物病虫害识别等。

以电商平台中的“以图搜图”为例，在电商平台中，商品种类繁多，品种复杂，通过关键字和商品名称进行匹配会得到许多不相关的结果，消费者需要一页一页地翻找比对这些商品，效率非常低，且不容易察觉到价格间的差异。电商平台提供了图片搜索的入口，消费者输入想购买的商品图片，系统能基于描述商品的图片进行检索，通过对商品可视特征的提取和匹配，对数以百万计的商品图片实现图片到图片的智能化检索。电商平台事先将所有商品的图片作为入库图片集输入电商平台，对入库图片进行特征值提取，构成图片特征值数据库并形成索引，消费者输入目标图片后，系统提取目标图片的特征值在图片库中进行检索，匹配出与特征值接近的图片。

3. 工业瑕疵诊断

机器视觉技术可以快速获取大量信息，并进行自动处理。在自动化生产过程中，人们将机器视觉系统广泛应用于工业瑕疵诊断、工况监视和质量控制等领域。工业瑕疵诊断是指利用传感器（如工业相机、X 射线等）将工业产品内外部的瑕疵成像，通过机器学习技术对这些瑕疵图片进行识别，确定瑕疵的种类、位置，甚至对瑕疵产生的原因进行分析的技术。目前，工业瑕疵诊断已成为机器视觉的一个非常重要的应用领域。

随着制造业向智能化、无人化方向发展，以及人工成本的逐年上升，广泛存在于制造业的产品外观检测迫切需要通过机器视觉技术替代人工外检人员。一方面图像外检技术可以运用到一些危险环境和人工视觉难以满足要求的场合中；另一方面，人工检测存在检测速度慢、检测准确率不稳定（随着人眼检测时间的增加，检测准确率明显下降）、不同质检员的检测水平不一致的情况，同时，质检员的责任心、状态也会影响检测水平，这些都会直接影响产品的品质。而图像外检技术可以大幅提高生产效率和自动化程度，降低人工成本。

4. 视频监控分析

视频监控分析是利用机器视觉技术对视频中的特定内容信息进行快速检索、查询、分析的技术。视频是连续的图像，其本质还是图像。结合视频的特点，对基于图像的图像识别稍加改进便可扩展至视频中的图像识别。随着摄像头的广泛应用，由其产生的视频数据已是一个天文数字，这些数据中蕴藏的价值巨大，靠人工根本无法统计，而机器视觉技术的逐步成熟，使视频监控分析成为可能。视频监控的图像识别可用于通过公共场所的摄像头进行行人检测和暴力事件监测，也可用于实现电力系统中无人机线路巡检的自动故障判别。

5. 医疗影像诊断

医疗数据中有 90%以上的数据来自于医疗影像。在现代医疗体系中，医生执行复杂治疗过程中的每个行为步骤，都依赖于大量的快速思考和决策。计算机视觉借助机器学习、深度学习等技术，应用专业医师丰富的医学知识，提取医学领域的特征工程，就可以对包括影像、传感器数据在内的医学数据，做出高准确率的医学判断。医疗影像诊断可以辅助医生做出判断，提升医生的诊断效率。医疗影像的识别将成为现代医疗辅助技术的重要信息来源。

【项目任务】

任务 1　手写数字识别

任务描述

手写数字识别是常见的图像识别任务。不同人的手写体风格迥异，大小不一，为计算机对手写数字的识别带来了困难。任务 1 的主要目的是了解数字识别的基本原理与过程。首先通过查看数字图像的原始特征，了解图像到数字的转换过程，再通过手写数字的识别了解手写体识别的功能实现。

技术分析

任务 1 的系统为预先训练好的能够识别出 0~9 十个数字手写体的分类系统。用户在手写区域书写 0~9 十个数字中的任意一个。系统读取该数字的原始特征表示形式，也就是该图像像素的灰度值；将图像像素灰度值经过归一化处理后输入分类器中；分类器对手写数字进行识别，获得预测数字的独热（One-Hot）编码；系统进一步将该独热编码转换为对应的具体数字，从而实现手写数字识别。

任务实现

步骤 1：查看图像的特征表示形式

（1）扫描二维码，打开数字选择页面，如图 7-12 所示。

数字识别体验二维码

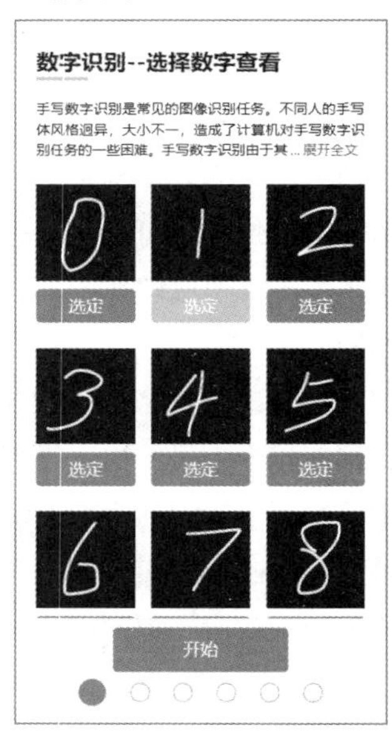

图 7-12　数字选择页面

（2）点击任意一个数字下方的【选定】按钮选中某一个数字，如图 7–12 所示；点击【开始】按钮查看该数字图像的原始特征表示形式经归一化处理后的数字表示形式。数字图像中白色部分的像素值为 255，黑色部分的像素值为 0，归一化后白色部分为 1，黑色部分为 0。所看到的数字图像的特征中只有 0 和 1 两种数值，因此这也可以理解为是一种二值化表示。图 7–13 为数字“7”的二值化表示。

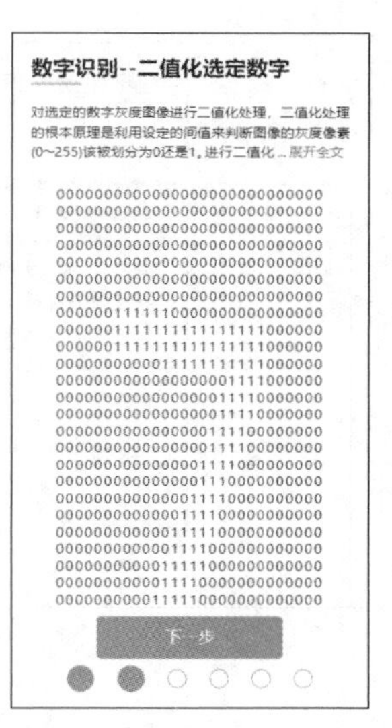

图 7–13　数字“7”的二值化表示

步骤 2：采集手写数字

在图 7–13 所示页面中点击【下一步】按钮，然后可在手写区域自行书写数字。如图 7–17 所示，在手写区域中手写一个数字“3”。点击【下一步】按钮得到该数字的二值化表示，如图 7–15 所示。

图 7–14　手写数字“3”

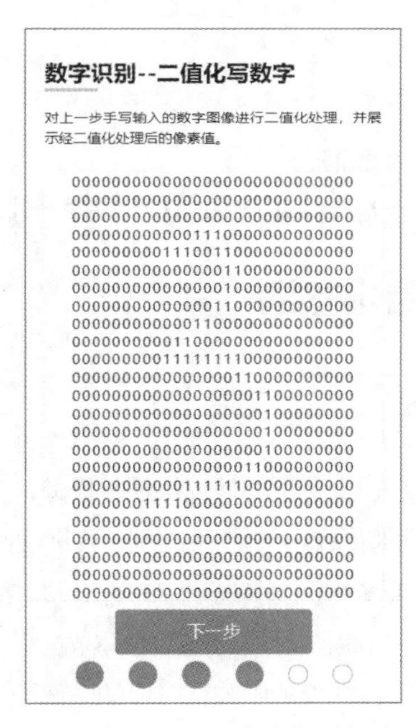

图 7–15　数字“3”的二值化表示

步骤 3：手写数字识别

（1）在图 7–15 所示页面中点击【下一步】按钮，获得该二值化表达所预测数字的独热编码，如图 7–16 所示。

（2）在图 7–16 所示页面中点击【下一步】按钮，获得该独热编码对应的具体数字。识别结果如图 7–17 所示。

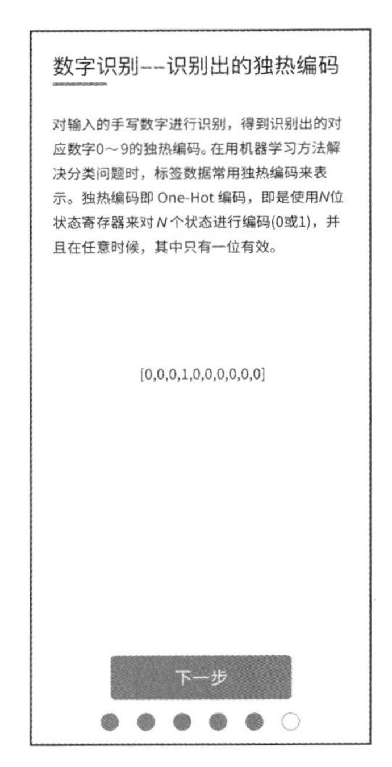

图 7–16　预测数字的独热编码

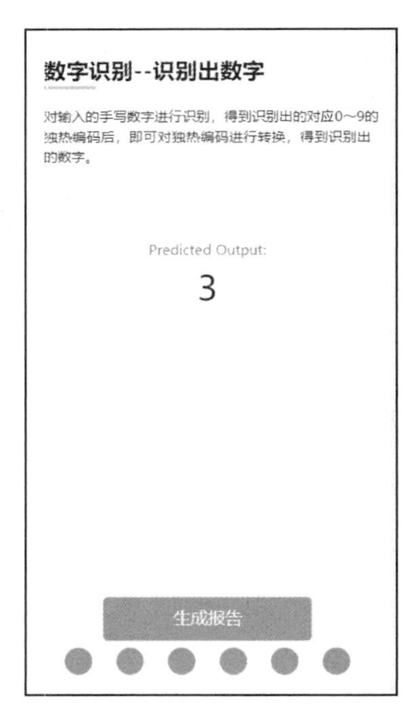

图 7–17　识别结果

步骤 4：生成报告

点击图 7–17 所示页面中的【生成报告】按钮，生成最终报告。

任务 2　目标检测

任务描述

目标检测是一个典型的计算机视觉任务，主要是完成图像中不同物体的识别。目标检测与分类不同。分类是预测图像属于哪一种类别；目标检测则是对图像中的一个或多个对象进行定位和分类，如果是视频，则通过不断读取视频中的每一帧，将每一帧作为一幅图像来进行检测。任务 2 的主要目的是了解目标检测中测试阶段的基本原理与过程。系统为已经训练好的一个物体识别模型，通过上传图片来验证和实践目标检测中测试阶段的图像预处理、目标定位与分类的各个步骤。

技术分析

任务 2 的系统为利用 RetinaNet 构造的目标检测系统。RetinaNet 是一种一步检测的目标检测算法，它的精度超越一些经典的两步检测目标检测网络，是一种非常耐用的检测算法。该系统中的 RetinaNet 经过预先训练，能够检测出 80 种不同物体，包括“人”“马”“船”“猫”“狗”“手机”“酒杯”等常见物体。将用户上传的图片输入至检测器，图片经过缩放、填充等预处理步骤后，检测器输出在该图片中获得的物体检测结果及相应的置信度，将置信度较低的检测结果滤除后得到最终的目标检测结果。

任务实现

步骤 1：上传图片

扫描二维码，打开目标检测上传图片页面，如图 7–18 所示，自行选择并上传手机中的图片。

步骤 2：图像预处理

（1）在图 7–18 所示页面中点击【开始】按钮，系统将对上传图片进行图片尺寸缩放预处理。缩放后的图片如图 7–19 所示。

（2）在图 7–19 所示页面中点击【下一步】按钮，系统将对图片进行边距补齐，使图片的长、宽为 32px 的倍数。边距补齐后的图片如图 7–20 所示。

目标检测体验二维码

图 7–18　目标检测上传图片页面

图 7–19　缩放图片尺寸

图 7–20　边距补齐

步骤 3：目标检测

（1）在图 7–20 所示页面中点击【下一步】按钮，获得图片中多个不同物体的检测结果。如图 7–21 所示，可以看到一共有 13 个物体被检测出来。每个被检测到的物体对应的置信度也显示在图片下方。

（2）在图 7–21 所示页面中点击【下一步】按钮，可以在图 7–22 所示的页面中进行置信度设置。置信度的值介于 0～1 之间，如设置为 0.5 后，系统将置信度低于 0.5 的检测结果滤除。点击【下一步】按钮获得图 7–23 所示的结果，系统识别出图片中有人和马两种物体，并分别用 1 号框和 2 号框进行标记。

图 7–21 检测所有的物体

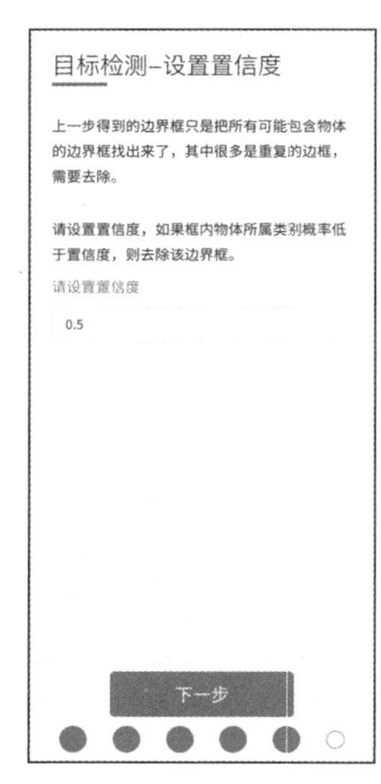

图 7–22 设置置信度

图 7–23 目标检测结果

步骤 4：生成报告

点击图 7–23 所示页面中的【生成报告】按钮，生成最终报告。

任务 3 验证码闯关

任务描述

验证码（CAPTCHA）是全自动区分计算机和人类的图灵测试（Completely Automated Public Turing Test to Tell Computers and Humans Apart）的缩写，是一种区分用户是计算机还是人的公共全自动程序。验证码是现在很多网站通行的方式，可以起到防止恶意注册、刷票、论坛灌水等作用。比较常用的验证方式是将一串随机产生的数字、符号或图片等元素生成一幅图片，图片里添加一些干扰，例如旋转、扭曲、随机产生的直线和点，由用户识别图片中的信息。用户将识别到的辨认结果提交至网站验证，验证成功后才能使用网站的某项功能。因为注册者需要辨识图片上七歪八扭的文字，这项工作机器很难完成，所以验证成功的用户就可以被认为是人类。

在本任务中，用户通过识别验证码进行闯关游戏，体验验证码识别的难易程度。同时，系统利用预先训练好的验证码识别算法进行验证码的自动识别，用户在闯关的过程中可将自己识别验证码的准确率与系统自动识别验证码的准确率进行比较。

技术分析

验证码闯关任务中主要包含两种类型的验证码，一种是由数字、字母组合成的验证码，另一种是物体类别的验证码。图 7–24（a）所示的验证码为由数字、字母组合成的验证码，图 7–24（b）所示的验证码为物体类别的验证码。本任务中训练了两种 CNN 分别识别上述两种类型的验证码，下面将简单介绍这两种 CNN。

（1）识别数字、字母组合验证码的 CNN 包含 6 个卷积层、3 个池化层和 2 个全连接层。利用搭建好的 CNN 训练识别包含数字和字母的验证码的网络。每个网络的训练集为 50000 张图片，每张训练图片中都随机加入了扰乱点和直线。训练好的模型能够实现对包含数字和字母的验证码的自动识别。

（2）识别物体类别的验证码算法采用的是 VGG16 网络。VGG16 网络是牛津大学视觉几何组研发的深度网络模型，包含了 16 个隐藏层（13 个卷积层和 3 个全连接层）。该模型是基于大量真实图像的 ImageNet 图像库预训练的网络，提供了非常好的初始化权重，使用较为广泛。将 VGG16 网络的权重迁移到本项目上作为网络的初始权重，再使用特定验证码训练集对该网络中的参数进行进一步训练。用于训练的验证码图像包含 80 个类别，例如安全帽、本子、鞭炮、风铃等。每个类别的训练集为 100 多张图片，验证集为 20 张图片。训练好的模型能够识别 80 种物体。

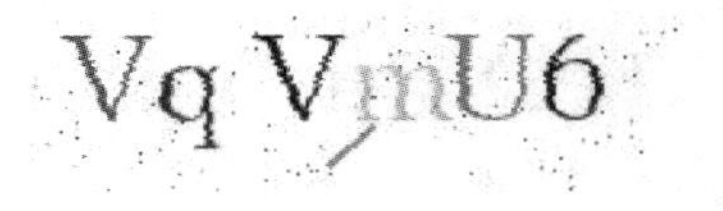

（a）由数字、字母组合成的验证码

（b）物体类别的验证码

图 7–24　两种类型的验证码

任务实现

步骤 1：进入验证码闯关首页

扫描二维码，进入验证码闯关首页。验证码闯关首页如图 7–25 所示，在该页面中可以查看任务简介及与本任务有关的知识介绍。

步骤 2：开始闯关

点击图 7–25 所示页面中的【进入答题】按钮，进入验证码闯关欢迎页面，如图 7–26 所示。点击图 7–26 所示页面中的【开始闯关】按钮，开始验证码闯关。验证码闯关答题页面如图 7–27 所示。

步骤 3：验证码闯关

在图 7–27 所示的验证码闯关答题页面中，用户在“我的答题”区域根据系统提示识别验证码，输入答题信息，并点击【确认】按钮。随后系统将显示人工智能的答案，并判定“人工智能的答题”和“我的答题”结果是否正确，如图 7–28 所示。若用户的答题结果正确，点击图 7–28 所示页面中的【下一关】按钮，将进入下一关，继续新的验证码闯关，如图 7–29 所示。若验证码识别错误或答题超时，则闯关结束，两种失败提示分别如图 7–30 和图 7–31 所示。

图 7–25　验证码闯关首页

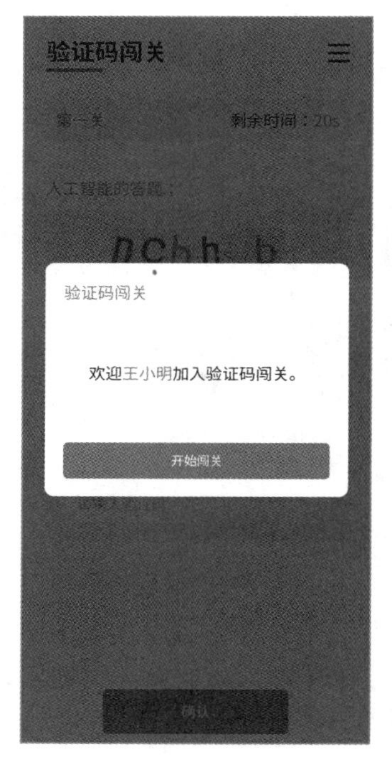

图 7–26　验证码闯关欢迎页面

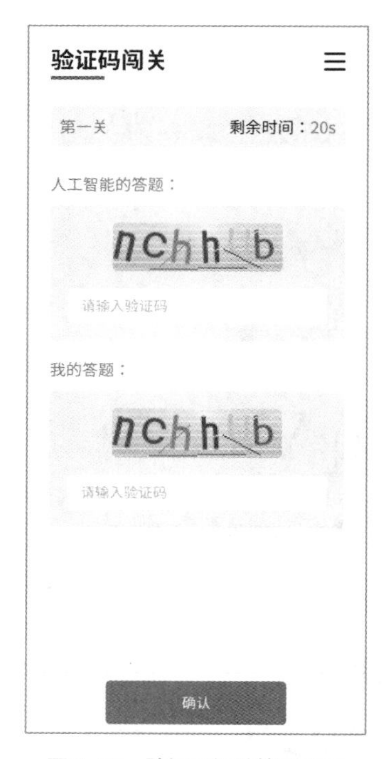

图 7–27　验证码闯关答题页面

图 7-28　判定答题结果是否正确

图 7-29　继续新的验证码闯关

图 7-30　验证码识别错误提示

图 7-31　答题超时提示

步骤 4：查看验证码闯关结果

点击图 7-30 或图 7-31 所示页面中的【闯关结束】按钮，可以查看用户的闯关结果及所有用户的历史闯关排名，如图 7-32 所示。

验证码闯关

您本次的成绩为：4关

您的历史最好成绩为：8关

排名

排名	姓名	闯关数
1	张三	100
2	李四	99
3	王小明	98
4	黄琪	97
5	杜小雅	96
6	苏大鹏	95
7	李小红	94
8	刘小明	93
9	黄风	92
10	小红	91
11	小紫	90

退出答题组

图 7-32 闯关结果页面

【项目小结与展望】

本项目介绍了图像识别的概念、图像识别的任务划分、分类和目标检测的相关技术、图像识别的特点及图像识别的应用领域。在项目任务中，手写数字识别和目标检测这两个任务分别是分类任务和目标检测任务的案例实现。任务中涉及图像特征表示、图像预处理、图像分类和目标检测的相关知识。读者可以在学习图像识别理论的基础上动手实践，加深对图像识别的理解。

目前，图像识别只是作为一个工具来帮助我们与外部世界进行交互，为我们自身的视觉提供强有力的辅助，但所有的行动还需我们自己完成。而在机器真正具有了视觉之后，它们完全有可能代替我们去完成这些行动。目前的图像识别还存在很多困难，但是随着人类对自己视觉的逐步了解，图像识别将越来越成熟，从而实现通用的图像识别。未来的图像识别将会同其他人工智能技术融合在一起，发挥更大的作用，并在人类社会的更多领域得到应用。

【课后练习】

1. 选择题

（1）以下选项中，不属于图像识别基本任务的是（　　）。

A. 分类　　B. 定位　　C. 目标检测　　D. 图像压缩

（2）一幅灰度级均匀分布的图像，其灰度范围在[0, 255]区间。若该图像中某个像素点的灰度值为 127，该灰度值经归一化处理以后应为（　　）。

A. 0　　B. 0.5　　C. 1　　D. 127

（3）以下选项中，不属于训练阶段步骤的是（　　）。

A. 特征表示　　B. 图像预处理　　C. 训练分类模型　　D. 预测图像类别

（4）以下关于图像识别的特点中描述错误的是（　　）。

A. 图像识别具有局限性

B. 通过机器替代人来实现图像识别，能够在一定程度上减少错误和缺陷

C. 在任何场景下，机器进行图像识别的准确率都高于人类

D. 在一定程度上能够减轻人类的负担

（5）下列不属于图像识别应用的是（　　）。

A. 车牌识别　　B. 机器翻译　　C. 医疗影像诊断　　D. 工业瑕疵诊断

2. 应用题

（1）在生活中，你还能发现哪些图像识别的应用场景？请列举出至少 3 种。

（2）在任务 1 中，如果手写数字为“5”，输出的独热编码应该是什么？请解释该独热编码的含义。

（3）在任务 1 中，图 7–15 所示的二值化表示中数字的含义是什么？

项目 8

人脸识别

【项目背景】

科技的发展正在加速改变人们的生活。以前，我们购物时，收银员会问“现金还是刷卡”，现在，这句话则变成了“微信还是支付宝？”；以前，我们上街要带现金，后来变成带卡，现在只需带手机。然而，你想过没有？未来某一天，我们上街连手机都不用带了，只要“带脸”就行。因为，我们正在迈向“刷脸时代”。到时，你的所有信息、财产都会与你的脸绑定，出门“刷脸”就行。下面，我们就来详细了解一下人工智能计算机视觉的应用——人脸识别。

背景拓展

“眼睛是心灵的窗户”，通过眼睛，我们可以观察周围的任何事物，可以看到很多风景，可以捕捉许多对我们有用的信息。同样，计算机视觉也是一双“眼睛”，通过它，计算机可以感知环境、获取信息。那么计算机是如何通过它的“眼睛”来准确进行人脸识别的？接下来就请同学们开启我们的人脸识别之旅吧。

【思维导图】

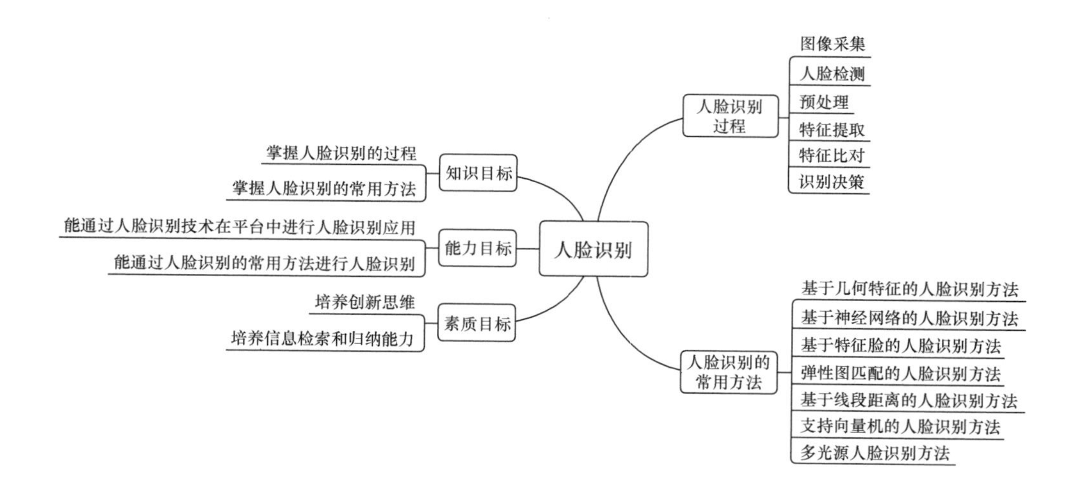

【项目相关知识】

8.1　人脸识别过程

人脸识别过程主要包括 6 个组成部分，分别为图像采集、人脸检测、预处理、特征提取、特征比对、识别决策，如图 8-1 所示。

图 8-1　人脸识别过程

1. 图像采集

摄像机镜头可以采集不同的人脸图像，例如静态图像、动态图像、不同位置的图像、不同的表情的图像等。当采集对象在采集设备的拍摄范围内时，采集设备会自动搜索并拍摄采集对象的人脸图像。

2. 人脸检测

人脸检测是在图像中准确标定出人脸的位置和大小。人脸图像中包含的模式特征十分丰富，例如直方图特征、颜色特征、模板特征、结构特征等。人脸检测就是把其中有用的特征挑出来，并利用这些特征实现人脸检测。

目前主流的人脸检测算法是 AdaBoost 算法。AdaBoost 算法是一种用于分类的算法，它将一些比较弱的分类算法结合在一起，组合出新的很强的分类算法。

3. 预处理

基于上一步的人脸检测结果，对人脸图像进行预处理并服务于下一步特征提取。系统获取的原始图像由于受到各种条件的限制和随机干扰，往往不能直接使用，所以在图像处理的早期阶段需要对图片进行灰度校正、噪声过滤等图像预处理。对于人脸图像，其预处理过程主要包括人脸图像的光线补偿、灰度变换、直方图均衡化、归一化、几何校正、滤波和锐化等。

4. 特征提取

基于上一步预处理后的人脸图像进行特征提取。人脸特征提取，也称人脸表征，它是对人脸进行特征建模的过程。

人脸特征提取的方法归纳起来可分为两类：一类是基于知识的表征方法，另一类是基于几何特征的方法和模板匹配法。

（1）基于知识的表征方法

基于知识的表征方法是根据人脸器官的形状描述及它们之间的距离特性来获得有助于人脸分类的特征数据，其特征分量通常包括特征点间的欧氏距离、曲率和角度等。

（2）基于几何特征的方法和模板匹配法

人脸由眼睛、鼻子、嘴、下巴等局部构成，对这些局部和它们之间结构关系的几何描述，可作为识别人脸的重要特征，这些特征被称为几何特征。模板匹配法是利用人的脸部特征规律建立一个立体可调的模型框架，在定位出人的脸部位置后用模型框架定位和调整人的脸部特征部位，从而减少人脸识别过程中观察角度、遮挡和表情变化等因素的影响。

5. 特征比对

特征比对是将提取的人脸图像的特征数据与数据库中存储的特征模板进行搜索匹配，设定一个阈值，当相似度超过这一阈值时，则把匹配得到的结果输出。人脸识别就是将待识别的人脸特征与已得到的人脸特征模板进行比较，根据相似程度对人脸的身份信息进行判断。特征比对的过程又分为两类：一类是确认，是一对一进行图像比较的过程；另一类是辨认，是一对多进行图像匹配对比的过程。

6. 识别决策

识别决策是根据前面特征比对结果形成人脸识别的结果。

8.2 人脸识别的常用方法

了解人脸识别过程后，接下来介绍人脸识别的常用方法，具体如下。

1. 基于几何特征的人脸识别方法

基于几何特征的人脸识别方法，有时也称为结构匹配方法，是早期的人脸识别方法。该方法常采用的几何特征有人脸五官（如眼睛、鼻子、嘴巴等）的局部形状特征、脸型特征和五官在脸上分布的几何特征。因此该方法需要先检测人脸的眼睛、鼻子和嘴巴等器官的几何特征，然后将特征点的位置、距离和角度等各个特征和相互的联系用作人脸识别的特征。

2. 基于神经网络的人脸识别方法

神经网络的输入可以是降低分辨率的人脸图像、局部区域的自相关函数、局部纹理的二阶矩等。基于神经网络的人脸识别方法同样需要较多的样本进行训练，而在许多应用中，样本数量是很有限的。

3. 基于特征脸的人脸识别方法

基于特征脸的人脸识别方法是基于 K-L 变换（Karhunen-Loeve Transform）的人脸识别方法。K-L 变换是图像压缩的一种最优正交变换。高维的图像空间经过 K-L 变换后得到一组新的正交基，并保留其中重要的正交基，之后将这些正交基转换到低维线性空间。假设人脸在这些低维线性空间的投影具有可分性，可以将这些投影用作识别的特征矢量，这就是此类方法的基本思想。这些方法需要较多的训练样本，而且完全是基于图像灰度统计特性的训练样本。

4. 弹性图匹配的人脸识别方法

弹性图匹配的人脸识别方法在二维空间中定义了一种对通常人脸变形具有一定不变性的距离，并采用属性拓扑图来代表人脸，属性拓扑图的任一顶点均包含特征向量，用于记录人脸在该顶点位置附近的信息。该方法结合了灰度特性和几何因素，在比对时可以允许图像存在弹性形变，在克服表情变化对识别的影响方面取得了较好的效果，同时对于单个人也不再需要多个样本进行训练。

5. 基于线段距离的人脸识别方法

心理学的研究表明，人类在识别轮廓图（如漫画）的速度和准确度上丝毫不比识别灰度图差。基于线段距离的人脸识别方法可以采用从人脸灰度图像中提取出来的线段进行识别，它定义的是两个线段集之间的距离，但该方法并不建立不同线段集之间线段的一一对应关系，因此它更能适合识别线段图之间的微小变化。实验结果表明，基于线段距离的人脸识别方法在不同光照条件下和不同姿态下都有非常出色的表现，但是它在表情过大的情况下识别效果不好。

6. 支持向量机的人脸识别方法

近年来，支持向量机是统计模式识别领域的一个新的热点，它试图使学习机在经验风险和泛化能力上达到一种妥协，从而提高学习机的性能。支持向量机主要解决的是一个二分类问题，它的基本思想是试图把一个低维的线性不可分问题转化成一个高维的线性可分问题。通常，实验结果表明支持向量机有较好的识别率，但是它需要大量的训练样本（每类 300 个），这在实际应用中往往是不现实的。而且支持向量机训练时间长，方法实现复杂，核函数的选取方法没有统一的理论。

7. 多光源人脸识别方法

传统的人脸识别方法主要是基于可见光图像的人脸识别，但在环境光照发生变化时，识别效果会变差。基于主动近红外图像的多光源人脸识别方法，可以克服光线变化的影响，并取得了卓越的识别性能，其在精度、稳定性和速度方面的整体系统性能超过三维图像人脸识别。该方法在近两三年发展迅速，使人脸识别技术逐渐走向实用化。

【项目任务】

任务 1　人脸检测

任务描述

人脸检测是将上传的人脸图像，采用上文所述的预处理方法转换为灰度图，并进行搜索，以确定其中是否含有人脸，如果含有人脸则返回脸的位置、大小和姿态。

技术分析

人脸检测处理流程如图 8-2 所示。

图 8-2　人脸检测处理流程

（1）获取人脸图像

获取用户上传的人脸图像。

（2）将人脸图像转换为灰度图

为了降低人脸检测的运算量，通过上文所述的预处理方法将人脸图像转换为灰度图。

（3）获取人脸框的 x、y 坐标

通过对灰度图进行人脸检测识别获取人脸框的 x、y 坐标。

（4）获取眼睛框的 x、y 坐标

通过对灰度图进行眼睛检测识别获取眼睛框的 x、y 坐标。

任务实现

步骤 1：获取人脸图像

扫描二维码，打开人脸检测首页，如图 8–3 所示。

人脸检测体验二维码

图 8–3　人脸检测首页

步骤 2：将人脸图像转换为灰度图

点击图 8–3 所示页面中的【开始】按钮，上传一张带有人脸图像的图片。上传后将人脸图像显示出来，如图 8–4 所示。然后点击 8–4 所示页面中的【开始】按钮，将图像转换为灰度图，如图 8–5 所示。

图 8–4　上传后将人脸图像显示出来

图 8–5　转换为灰度图

步骤 3：获取人脸框的 *x*、*y* 坐标

点击图 8–5 所示页面中的【下一步】按钮，获取人脸检测后人脸框的 *x*、*y* 坐标，如图 8–6 所示。

步骤 4：获取眼睛框的 *x*、*y* 坐标

点击图 8–6 所示页面中的【下一步】按钮，获取眼睛框的 *x*、*y* 坐标，如图 8–7 所示。

图 8–6　获取人脸框的 *x*、*y* 坐标

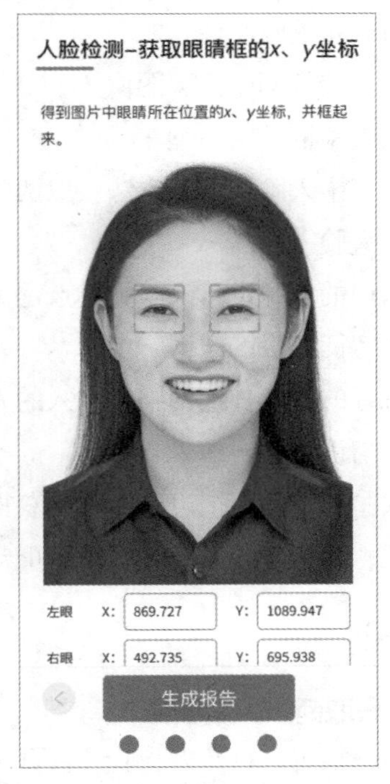

图 8–7　获取眼睛框的 *x*、*y* 坐标

任务 2　人脸验证

任务描述

进行人脸验证时首选需要获取用户上传的两张人脸图像，然后运用任务 1 中人脸检测的方法得到图像中人脸框的 x、y 坐标，进而对人脸框内的人脸进行人脸关键点定位，得到面部关键点的 x、y 坐标。得到面部关键点坐标之后可运用坐标轴变换得到扭正后的人脸，接下来运用训练好的深度神经网络从输入的人脸图像提取特征向量的数据，并进行比较，得到相似度后判断两张人脸图像是否属于同一个人。

技术分析

人脸验证处理流程如图 8–8 所示。

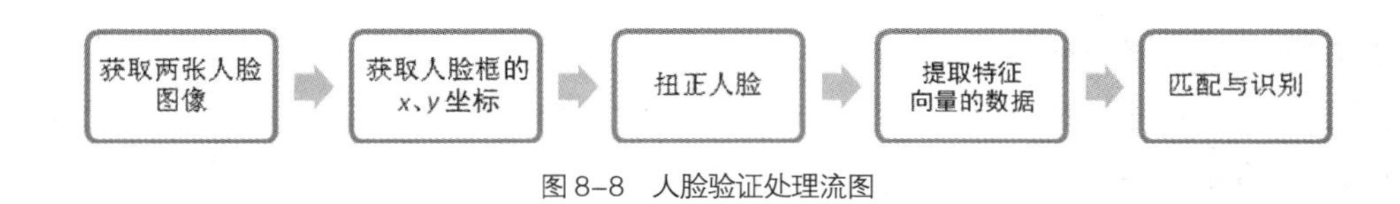

图 8–8　人脸验证处理流图

（1）获取两张人脸图像

获取用户上传的两张人脸图像。

（2）获取人脸框的 x、y 坐标

运用任务 1 中人脸检测的方法获取两张人脸图像中人脸框的 x、y 坐标。

（3）扭正人脸

对人脸框内的人脸进行人脸关键点定位，得到面部关键点的 x、y 坐标。

（4）提取特征向量的数据

运用训练好的深度神经网络从输入的人脸图像中提取人脸特征向量的数据。

（5）匹配与识别

对两张人脸图像的特征进行比较，获得相似度。当相似度小于 0.8 时，可认为两张人脸图像不属于一个人；当相似度大于 0.8 时，可认为两张人脸图像属于同一个人。

任务实现

步骤 1：获取两张人脸图像

（1）扫描二维码，打开人脸验证首页，如图 8–9 所示，上传两张人脸图像。

人脸验证体验二维码

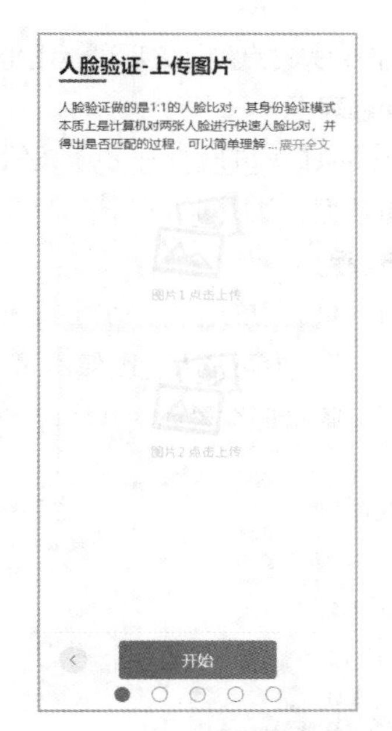

图 8-9　人脸验证首页

（2）两张人脸图像上传后的效果如图 8-10 所示。

步骤 2：获取人脸框的 *x*、*y* 坐标

点击图 8-10 所示页面中的【开始】按钮，运用任务 1 中人脸检测的方法得到人脸图像中人脸位置的 *x*、*y* 坐标，并将人脸框起来，如图 8-11 所示。

图 8-10　两张人脸图像上传后的效果

图 8-11　获取人脸框的 *x*、*y* 坐标

步骤 3：扭正人脸

点击图 8-11 所示页面中的【下一步】按钮，对人脸框内的人脸进行面部关键点定位，得到面部

关键点的 x、y 坐标，得到关键点坐标之后可运用坐标轴变换得到扭正后的人脸，效果如图 8–12 所示。

步骤 4：特征向量表示

点击图 8–12 所示页面中的【下一步】按钮，运用训练好的深度神经网络从输入的人脸图像中提取人脸特征向量数据，如图 8–13 所示。

步骤 5：匹配与识别

点击图 8–13 所示页面中的【下一步】按钮，将两个人的人脸特征进行比较，获得相似度。当相似度小于 0.8 时，可认为两张人脸图像不属于一个人；当相似度大于 0.8 时，可认为两张人脸图像属于同一个人。人脸验证结果如图 8–14 所示。

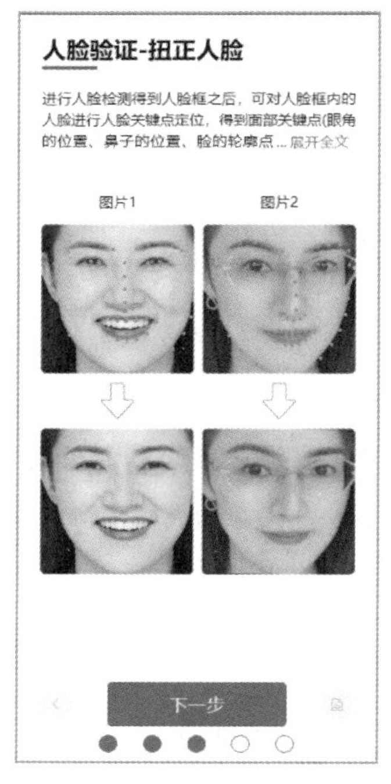

图 8–12　扭正人脸

图 8–13　提取人脸特征向量数据

图 8–14　人脸验证结果

任务 3　AI 人脸融合

任务描述

进行 AI 人脸融合时，首先上传两张人脸图像，获得人脸的关键坐标，后台运用算法计算合成人脸关键点坐标，再通过三角剖分对两张人脸图像进行合成处理，生成的新人脸图像，同时具备两张人脸图像的外貌特征。

技术分析

本任务为 AI 人脸融合，首先检测到两张人脸图像，获取人脸的关键点坐标，后台运用算法计算出合成的人脸关键点坐标，然后通过三角剖分算法将人脸划分为多个三角形，再返回三角剖分结果，并将结果通过描点连线绘制出两张人脸图像的融合图，最终生成两张人脸图像的合成图像。

AI 人脸融合处理流程如图 8–15 所示。

图 8–15　AI 人脸融合处理流程

（1）获取两张人脸图像

获取用户上传的两张人脸图像。

（2）获取人脸的关键点

运用任务 2 中人脸验证的方法获取两张人脸图像的关键点。

（3）合成人脸关键点

得到两张人脸的关键点坐标之后，运用算法公式计算出合成人脸的关键点坐标。

（4）人脸三角剖分

得到合成人脸的关键点坐标之后，运用三角剖分算法，得到合成人脸的三角人脸剖分结果，并将结果通过描点连线绘制出来。

（5）人脸合成

经过三角剖分后，对得到的两张变形版人脸的像素值按融合系数 α（默认为 0.7）做加权求和，得到合成人脸，最后生成报告。

任务实现

步骤 1：获取两张人脸图像

（1）扫描二维码，打开人脸合成首页，如图 8–16 所示。

AI 人脸合成体验二维码

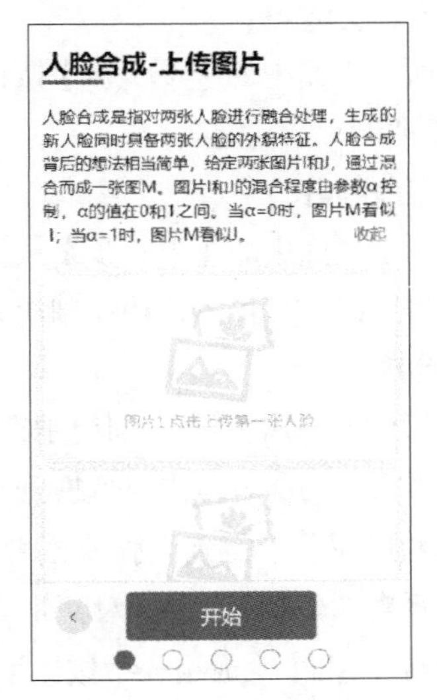

图 8–16　人脸合成首页

（2）点击图 8–16 所示页面中的【开始】按钮上传两张人脸图像，得到上传人脸图像后的效果，如图 8–17 所示。

步骤 2：获取人脸关键点

点击图 8–17 所示页面中的【开始】按钮获取人脸关键点的坐标，效果如图 8–18 所示。

图 8–17　上传人脸图像后的效果

图 8–18　获取人脸关键点坐标的效果

步骤 3：合成人脸关键点

点击图 8–18 所示页面中的【下一步】按钮，系统后台运用公式计算出合成人脸的人脸关键点坐标，如图 8–19 所示。

步骤 4：人脸三角剖分

点击图 8–19 所示页面中的【下一步】按钮，系统分别运用三角剖分算法，得到两张人脸的三角剖分结果，并将结果通过描点连线绘制出来，如图 8–20 所示。

步骤 5：人脸合成

点击图 8–20 所示页面中的【下一步】按钮，系统对人脸 1 进行三角剖分后得到的每个三角形运用坐标轴变换将其中的所有像素点变换到合成人脸所对应的三角形中，对人脸 1 中的所有三角形重复使用这个变形过程，得到人脸 1 的变形版人脸，也按照同样的方法得到人脸 2 的变形版人脸，并按融合系数（默认为 0.7）对两张变形版人脸的像素值做加权求和，得到合成人脸，如图 8–21 所示。最后点击【生成报告】按钮生成报告。

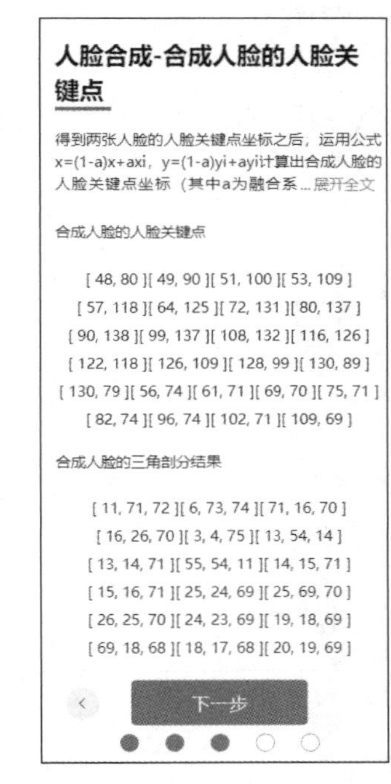

图 8-19　人脸关键点坐标

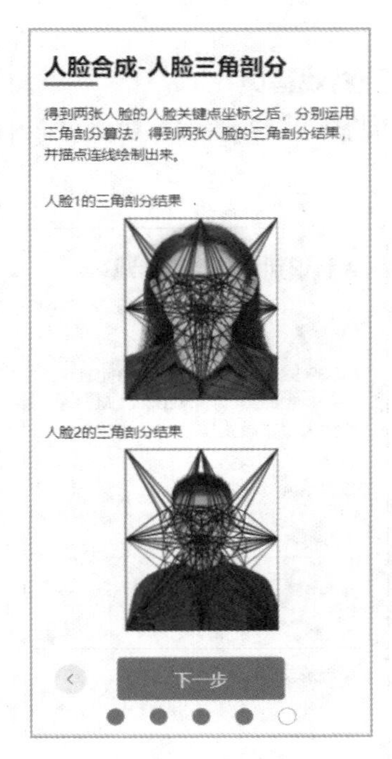

图 8-20　人脸三角剖分

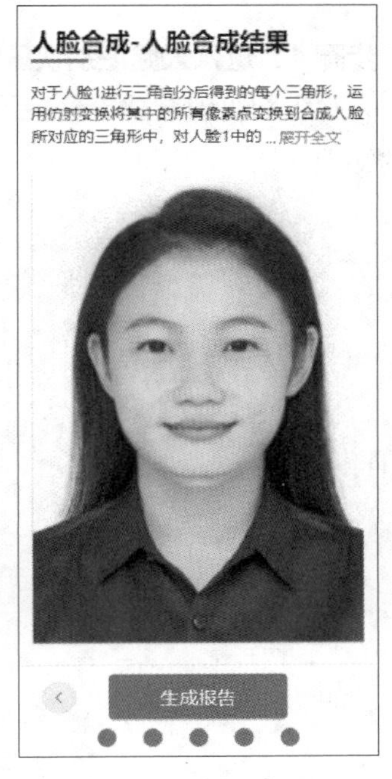

图 8-21　人脸合成效果

任务 4　人脸识别快乐吃豆游戏

任务描述

人脸识别是基于人的脸部特征信息进行身份识别的一种生物识别技术。它是用摄像机或摄像头采集含有人脸的图像或视频流，并自动在图像中检测和跟踪人脸，进而对检测到的人脸进行脸部识别的一系列相关技术。

人脸识别快乐吃豆游戏是一款人脸识别技术类在线游戏，其特点是不用鼠标、键盘，仅通过摄像头拍摄自己的脸部进行游戏互动。通过深度学习训练集中上、下、左、右四种类别的图像，即可实现人脸识别吃豆游戏。

技术分析

本任务主要通过机器学习识别出人脸。在深度学习中，这是一个多分类的问题，即训练集中需要包括上、下、左、右这四种类别的图像。“人脸向上”“人脸向下”“人脸向左”“人脸向右”的训练分别为向上、向下、向左和向右移动吃豆对象的指令。

任务实现

步骤 1：进入人脸识别快乐吃豆游戏首页

人脸识别快乐吃豆游戏首页，如图 8–22 所示。在该页面中可以查看任务描述及与本任务有关的知识介绍。

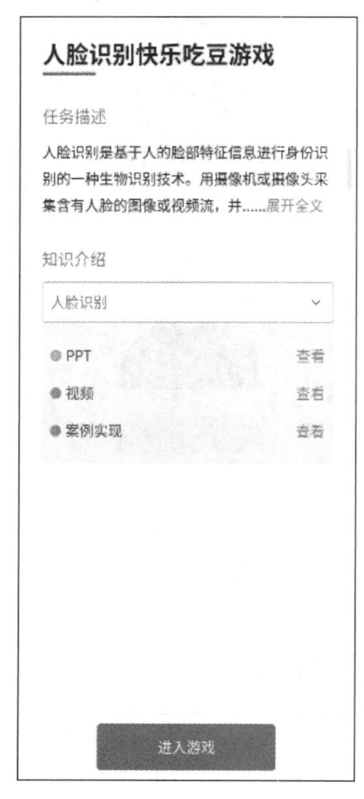

图 8–22　人脸识别快乐吃豆游戏首页

步骤 2：开始游戏

点击图 8–22 所示页面中的【进入游戏】按钮，进入人脸数据录入页面，如图 8–23 所示。首先添加上、下、左、右四个样本，然后点击【训练模型】按钮，训练出上、下、左、右样本指令。然后点击【开始】按钮正式进入人脸识别快乐吃豆游戏页面，如图 8–24 所示。

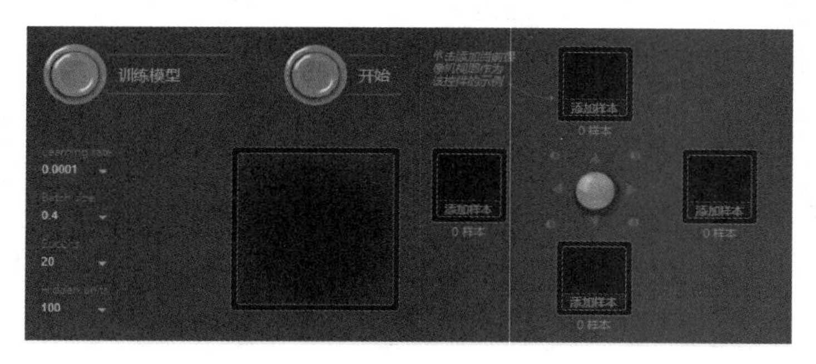

图 8–23　人脸数据录入页面

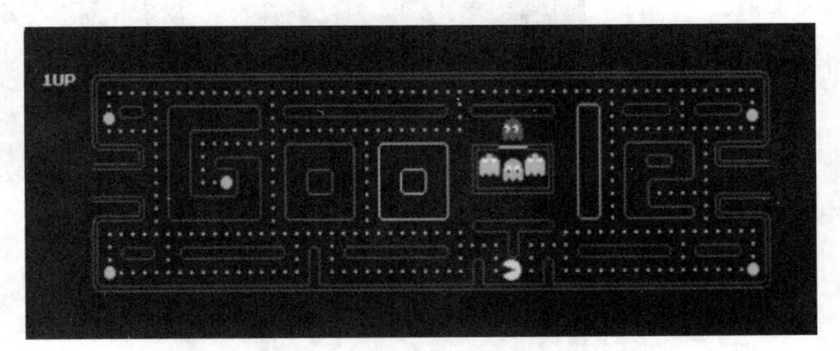

图 8-24　人脸识别快乐吃豆游戏页面

步骤 3：人脸识别吃豆

在图 8-24 所示页面中，用户可通过人脸向上、向下、向左、向右的动作控制吃豆人向上、向下、向左、向右移动来进行吃豆。在吃豆过程中假如吃豆人不小心被抓到，则进入人脸验证回答问题的阶段，如图 8-25 所示。点击【进行扫脸，识别身份】按钮，扫脸后识别出用户信息，如图 8-26 所示，可查看用户数据。点击【提交】按钮后进入回答问题页面，如图 8-27 所示，用户开始回答与人脸识别相关的题目。回答正确可继续玩游戏，如图 8-28 所示；回答错误则游戏将结束，如图 8-29 所示。

图 8-25　吃豆人被抓

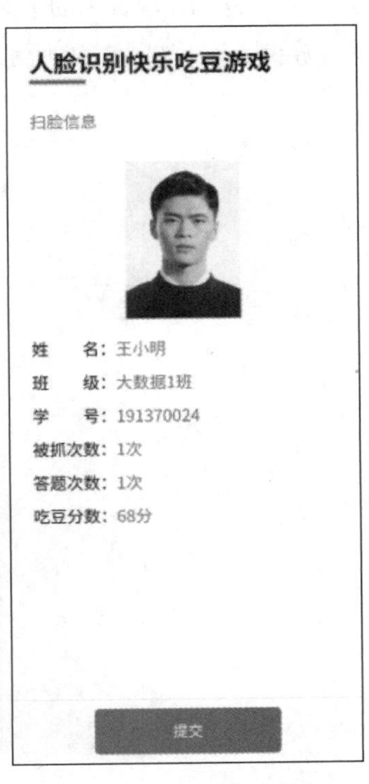

图 8-26　扫脸识别用户信息

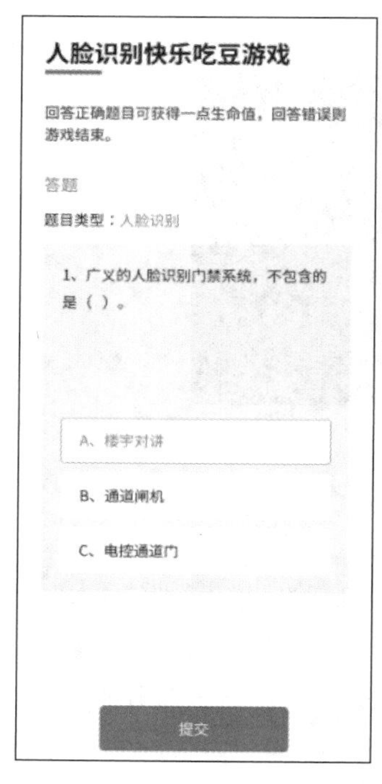

图 8–27　回答问题页面

图 8–28　回答正确

图 8–29　回答错误

步骤 4：查看人脸识别快乐吃豆游戏结果

点击图 8-29 所示页面中的【确定】按钮，可以查看用户的人脸识别快乐吃豆游戏结果及所有用户的吃豆游戏排名，如图 8-30 所示。

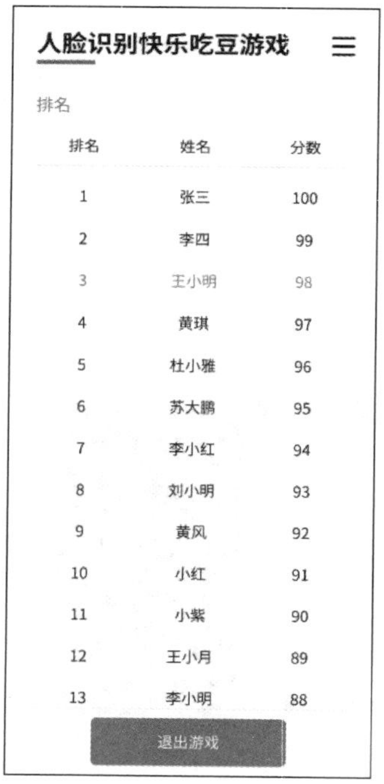

人脸识别快乐吃豆游戏

排名

排名	姓名	分数
1	张三	100
2	李四	99
3	王小明	98
4	黄琪	97
5	杜小雅	96
6	苏大鹏	95
7	李小红	94
8	刘小明	93
9	黄风	92
10	小红	91
11	小紫	90
12	王小月	89
13	李小明	88

退出游戏

图 8–30　人脸识别快乐吃豆游戏结果页面

【项目小结与展望】

在本项目中，我们了解了人脸识别的关键技术和原理。如果要对一张图像进行人脸识别，首先要在图像中准确标定出人脸的位置和大小，然后对人脸图像进行预处理，再根据人脸五官关键点坐标计算特征值，将提取的人物图像的特征值与数据库中存储的特征值进行匹配，如果相似度超过预设的阈值，则把匹配得到的结果输出。人脸识别就是将待识别的人脸特征与已得到的人脸特征进行比较，根据相似度对人脸的身份信息进行判断。

随着人脸识别技术的逐步成熟，靠“脸”生存将不再是幻想。伴随着人脸识别等人工智能技术的发展，今后，从个人生活、教育、商业服务到城市管理都将全面迈入智能化时代。例如高校在课堂上引入人脸识别技术，对学生面部表情进行识别，记录学生的学习状态，更好地了解学生的学习情况，从而及时调整教学节奏。

【课后练习】

1. 选择题

（1）通过比对，两张人脸的特征相似度（　　）阈值，即判定两张人脸属于同一人。

A. 大于　　B. 等于　　C. 小于　　D. 不相关

（2）人脸特征提取算法会根据人脸五官关键点坐标，将人脸（　　），然后计算特征值。

A. 对齐预定模式　　B. 矫正　　C. 去除噪点　　D. 调整对比度

2. 应用题

（1）根据项目中人脸识别任务思考一下人脸识别技术不适用于哪些应用场景，请举例。

（2）根据人工智能开放平台提供的功能，选择自己感兴趣的主题，结合实际应用场景和实际素材实现人脸识别的简单应用。

课后任务 1：单个素材的简单处理

① 浏览平台，根据平台提供的功能确定主题——身份证识别。

② 收集素材（n 张身份证照片）。

③ 通过平台功能实现身份证的识别。

课后任务 2：功能扩展

结合实际场景将上述功能进行扩展，可以结合 AI 人脸融合功能将自己的人脸与喜欢的明星进行合成。

项目 9

生物信息识别

【项目背景】

在许多科幻电影中，我们都可以看到通过“意念”来操纵机器人或者移动物体的场景。我们还以为这些电影大片描绘的科幻场景只能出现在荧幕前时，脑机接口（Brain-Computer Interface，BCI）技术已经在世界顶尖的实验室中实现了很多不可思议的成果，例如意念打字、意识交流等。人体每时每刻都在产生与身体状态密切相关的电信号，这些电信号不仅可以帮助我们了解一个人的生理状况，而且还能知道一个人在想什么。脑机接口技术通过传感器来采集大脑的电信号，再将电信号输入计算机进行处理，以此来了解大脑在“想什么”。脑机接口技术提供了更多解放双手的可能。这样的技术实际上就是建立起大脑与外界设备的通信，通过这个技术就可以直接将大脑的电信号传递给我们周边的设备并控制这些设备。

除了脑机接口使用的脑电信号外，心电信号也是一种被研究得比较多的人体电信号。19 世纪 30 年代意大利的物理学家马泰乌奇（Matteucci）教授开始研究人体电流，不但证实了人体组织可以产生电流，而且无意中发现了心脏的电流可以引起心脏的收缩。但直到 1903 年，威廉·艾因特霍芬（Willem Einthoven）在荷兰发明了从体表记录心电信号的心电图机器，心电图才开始用于临床。而威廉·艾因特霍芬本人因为发明心电图机器获得 1924 年诺贝尔生理学或医学奖。

生物信息识别是指利用人体固有的生理特征来进行个人身份、行为等方面的识别。脑电和心电信号都属于生物信息的一部分，除了医学上的应用外，还可以用于情绪和心理压力的分析。与面部表情等不同，脑电和心电信号等生理信号不易伪装，能更准确地反映个体的真实情绪状态，因而基于生理信号的情绪识别在临床诊断、治疗等方面有着重要作用。又如在交通运输领域，驾驶员的愤怒、焦虑等负面情绪会严重影响专注度，可能导致交通事故。利用可穿戴设备对驾驶员的情绪状态进行实时监测，能够有效减少交通事故。随着 5G 技术、物联网、人机交互、机器学习尤其是深度学习等技术的不断发展，基于脑电信号等生理信号的情绪识别在医疗保健、媒体娱乐、信息检索、教育和智能可穿戴设备等领域都有着广阔的应用前景。保持稳定、积极向上的情绪对工作、学习和生活都有积极作用。生理信号来自于人体，受生理和心理的影响，信号具有多样性和复杂性，因此生理信号的处理需要用到多个学科的知识。随着人工智能技术与医疗健康领域的融合不断加深和认知计算等技术的逐渐成熟，人工智能技术的应用场景越发丰富，该技术也逐渐成为影响医疗行业发展、提升医疗服务水平的重要因素。

本项目将通过对 3 个任务的学习和实践来帮助读者了解人工智能技术在脑电和心电方面的应用。

【思维导图】

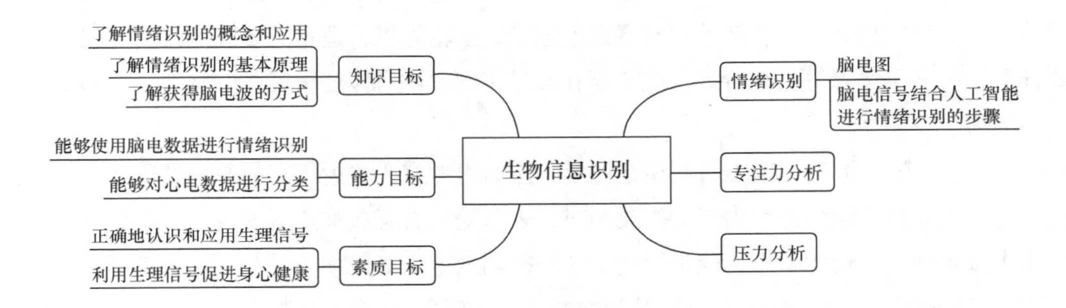

【项目相关知识】

9.1　情绪识别

情绪是人类在适应社会环境的过程中逐渐形成的一种机制。情绪本身具有非常高的复杂性和抽象性，通常将情绪模型分为离散型模型和连续型模型两种。离散型情绪包括生气、讨厌、害怕、高兴、悲伤和惊讶 6 种基本情绪类别。情绪连续型模型即使用连续的数值来表示情绪在维度空间中的位置。情绪的维度空间模型又可以分为二维、三维等不同类型。情绪的二维连续型模型如图 9–1 所示。

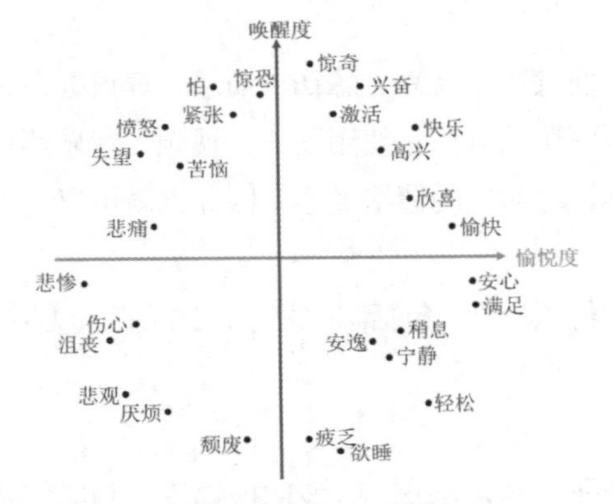

图 9–1　情绪的二维连续型模型

1. 脑电图

脑电图（Electroencephalogram，EEG）是一种使用电生理指标记录大脑活动的方法。脑电是一种生理电，是在大脑在活动时，由大量神经元同步发生突触后的电位总和形成的。脑电图记录大脑活动时的电波变化，是脑神经细胞的电生理活动在大脑皮层或头皮表面的总体反映。脑电信号的电压很小，需要高精度的仪器才能探测到。常用于脑电分析的脑电波按频域特征可分为α波、β波、γ波、δ波和θ波等。

① α波的频率为8～13Hz，大多发生在成人时期，是节律性脑电波中最明显的波，通常出现在头的后部，在头两侧都会有，主导侧的振幅会比较高。当清醒的人处于放松或者闭眼状态时，可以在枕叶区探测的EEG中检测到α波。α波代表放松的状态，是学习与思考的最佳脑电波状态。

② β波的频率为13～30Hz，通常振幅小于30μV，会出现于所有年龄层的警戒状态及被个人期望所引发的焦虑情绪中。β波涉及有意识的思想、逻辑思维，适量的β波能帮助我们集中精力完成任务，有利于学习等认知行为，但是当β波过多的时候身体处于紧张的状态，容易引发焦虑和产生压力。

③ γ波的频率为 30～70Hz，与情绪稳定、正面思考有关。近年来的研究发现，γ波与选择性注意力有关。当γ波的波形出现大幅波动时，表示受试者喜欢被测试的对象。出现γ波时人通常处于十分激动、亢奋的状态，或是受到了强烈的刺激。

④ δ波的频率为 0～4Hz，与最深层次的放松和恢复、愈合、睡眠有关。有助于我们在睡眠良好后彻底恢复活力。δ波太多与脑损伤、学习问题有关，太少则可能无法兴奋大脑。

⑤ θ波的频率为 4～8Hz，有助于改善我们的直觉、创造力，大多出现于幼童时期或成人半睡半醒的状态及意识静止的冥想放松状态。θ波太多与多动症、注意力不集中有关，太少则与焦虑、压力大有关。θ波处于最佳状态时有助于发挥创意和放松。

这些脑电波的组合，形成了一个人内外在行为、情绪及学习上的表现。

2. 脑电信号结合人工智能进行情绪识别的步骤

脑电信号可以用于情绪的识别。在基于脑电信号的情绪识别任务中，需要对脑电信号进行预处理以提高信号的质量，预处理一般包括降采样、滤波和去除伪迹等环节。利用脑电信号并结合人工智能对情绪进行识别主要包含以下步骤。

（1）诱导情绪

对人体施加外界刺激，使其产生高兴、悲伤、愤怒、惊讶等情绪，同时采集诱导情绪时间的脑电信号。一般诱导情绪所使用的方法是使用图片、视频、音乐等材料通过视觉和听觉方式进行刺激，这些材料已经事先标记好对应的情绪类型，因此也就可以与采集到的脑电信号对应起来。

（2）预处理

对所采集的脑电信号进行预处理，包括降采样、伪迹去除、去除眼动信号和肌电信号等噪声，以及带通滤波、空间滤波等。

（3）特征提取和选择

提取用于训练模型的特征，例如α波、β波的振幅等。脑电信号的特征主要有3种：时域特征、频域特征和空域特征。提取不同的特征需要采用不同的方法。特征提取和选择主要是为了降低脑电信号的维数和提取出与分类相关的特征。

（4）对数据集进行训练

将准备好的数据集用机器学习算法或者深度学习模型进行训练，常见的方法有 SVM、决策树和循环神经网络等。

9.2　专注力分析

脑电波含有丰富的特征，除了用于情绪识别外，还可以用于专注力的分析。专注力是指意识主动聚焦于某件事的能力。从心理学的角度来看，专注力可视为一种“选择性注意”。当海量的外部刺激进入大脑后，我们会在几个并行的潜在目标和思想碎片中提取其中一种，使其呈现出清晰、鲜明的形象，这个过程称为“阶段性锁定”，即专注。

研究表明，这种专注的能力是由我们的大脑前额叶区控制的。当我们聚精会神地做一件事时，前额叶皮层的关键回路与意识指向的对象会达到同步状态，注意力越集中，神经回路的锁定能力越强，它能强化我们想关注的目标，同时过滤掉无用和无序的信息。

如前所述，脑电波大致可以分为 5 种，不同的脑电波对应不同的大脑状态。脑电波一直存在，但是不同状态下会有不同的脑电波成为主体，例如合眼的时候，α 波会马上活跃起来；当大脑充满 θ 波时，人的意识活动明显受到抑制，无法进行逻辑思维和推理活动，此时，大脑会凭直觉、灵感、想象等接收和传递信息。

科学家还发现，人们在觉醒并专注于某一件事时，常常可见一种频率较 β 波更高的 γ 波，其频率为 30～70Hz，波幅范围不定。也有人认为，γ 波也许与建立统一的清晰认知有关，使不同的神经元同步，增强意识、产生注意力。

目前，获得脑电波的方式有脑机接口、电极贴片、头环或头盔等。

① 通过脑机接口获取脑电波的方式，理论上获取效率最高、识别率最好，而且可以长期持续使用，但缺点是需要脑机接口，风险性较大。

② 电极贴片是一种典型的获取脑电波的方式，在医学领域和一些科学实验场景中，经常见到在脑外部贴上密密麻麻电极的场景。

③ 头环或头盔也是获取脑电波的方式之一。头环或头盔的优点在于可简单佩戴，可持续使用，并便于产品化，其缺点是采集信号容易被背景噪声信号干扰。尽管头环或头盔识别的准确性和效率不如其他方式，但对于日常的专注力检测来说已经足够。图 9-2 为一种测量前额叶脑电波的可穿戴头环。

图 9-2　测量前额叶脑电波的可穿戴头环

9.3 压力分析

传统的压力评估方法依赖于评估者的主观经验，并且受测者可能会试图隐藏自己的真实心理状态。利用生理信号来测试压力更为客观。此外，传统压力评估方法还有无法进行连续测量的缺点，不能够跟踪人一天中的压力变化状况。可穿戴设备正在快速发展，利用这些设备来实时跟踪生理指标正在成为主流。人体的生理信号会随着压力产生相应的变化，心率变异性（Heart Rate Variability，HRV）与压力存在高度相关性，利用心电信号可以有效地测量压力。

① 心电信号是心电图机从体表记录心脏每一个心动周期所产生的电活动变化的电信号。图 9-3 为一个典型的心电信号波形。图 9-4 为一种可穿戴的心电信号采集设备——可穿戴心率带。在正常情况下，人的心率（Heart Rate，HR）是不规则变化的，心率变异是指窦性心率的波动变化程度。心率变异性是指两次心跳时间间隔的微小变化，心跳的这种不规律性是由我们的自主神经控制的。人体中的自主神经调控着身体中不受人主观控制的功能，包括心跳、呼吸、血压和消化，大的波动表明身体可以很好地控制自主神经系统，从而具备更多的活力。

② 心率变异性是近年来比较受关注的无创心电检测指标之一，基于心电图的时域和频域信息可以分别计算 HR 和 HRV，利用这些信息可以计算人的心理压力状况。

③ 通过测量 HRV 可以看出一个人的身体健康状况。压力过大、情绪波动、睡眠不良、某些药物和食物，都可能降低 HRV。通常来说 HRV 越高越好。高 HRV 代表更好的心血管功能和抗压能力，而低 HRV 意味着更高的焦虑、抑郁发病风险和心血管疾病死亡率。持续锻炼，特别是耐力训练，能够改善 HRV 水平，使 HRV 升高。

在实验室的研究中，有许多可以实现压力诱导的方法。其中，特里尔社会应激测试（Trier Social Stress Test，TSST）是最常用的一种。在诱导压力的同时，对心电数据进行收集并评估被测试者的压力水平，人为地为数据指定一个压力等级（标签），这样就可以得到一个基于 HRV 的压力数据集了。与常见的人工智能分类任务类似，基于这个数据集，利用 SVM 等算法进行训练，就可以得到一个能够用于判断个体是否有压力的分类器了。一种简单的情况是将数据分为“有压力”和“无压力”两类，本项目将在任务 3 中实现一个这样的分类器。

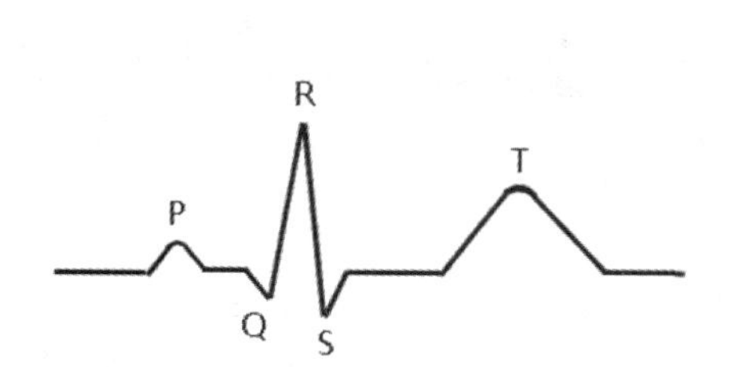

图 9-3 心电信号波形

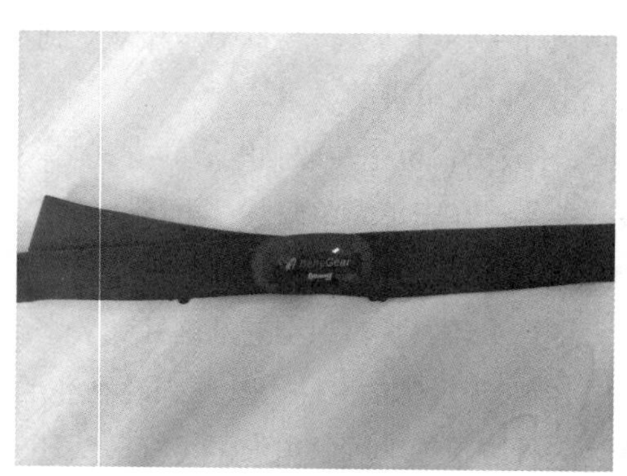

图 9-4 可穿戴心率带

【项目任务】

任务 1　情绪识别

任务描述

在进行情绪识别任务时，既可以使用一种生理信号，也可以将多种生理信号进行融合。多种信号融合被认为有助于提高识别的精度，但这需要更多的传感器和更大的计算量。本任务只使用脑电信号进行情绪识别。

技术分析

情绪识别处理流程如图 9-5 所示。

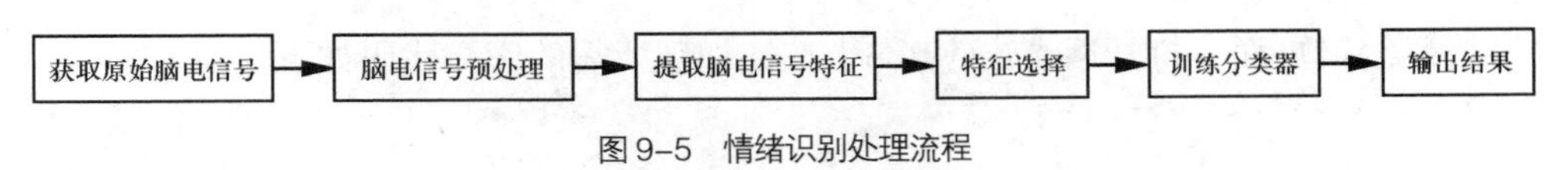

图 9-5　情绪识别处理流程

（1）获取原始脑电信号

采集由脑电传感器获得的频域信号。

（2）脑电信号预处理

获取脑电信号后，接下来对脑电信号进行预处理。大多数脑电设备以时域形式采集脑电信号，在情绪识别领域，由于需要频率信息，因此可以对提取到的脑电信号进行频域变换，将时域变换至频域并获得频谱，之后将频谱分解到与人的心理活动联系密切的五个频率范围（即 δ 、θ 、α 、β 、γ 波对应的频率范围）中，再计算各个频率范围特征。

（3）提取脑电信号特征

α 波多出现于较为放松的有意识状态，额叶上 α 波的不对称性可反映情绪的不同效价；β 波与活跃的意识状态（如注意力集中的活动）有关，在额叶区域较为显著，可反映情绪的不同效价；γ 波则与大脑的过度活跃现象、特定的认知或运动有关；中性情绪和消极情绪在 β 波和 γ 波对应的频率范围中有相似的振荡模式，而其在 α 波对应的频率范围中的振荡能量更高。

（4）特征选择

特征并不是越多越好，如果将所有特征都输入分类器，可能只会得到一个并不理想的分类器。因此，我们可以根据实验结果，选择与情绪关联性高的特征。在本任务中，选取 α 波和 β 波对应的频率范围的特征作为情绪识别的主要特征。

（5）训练分类器

选择完特征后，就可以进行分类器的训练了。利用 Python 的 Scikit-learn 库提取特征向量，然后训练模型。对于不同的应用需求，可使用不同的模型，传统的有监督和无监督等机器学习模型包括K近邻、SVM、朴素贝叶斯、决策树、梯度提升决策树（Gradient Boosting Decision Tree，GBDT）、K均值等。在本任务中，选择SVM作为分类器。SVM是一种二分类模型，本质上是寻找一个最佳的超平面将数据点区分。图9-6为SVM的示意图。

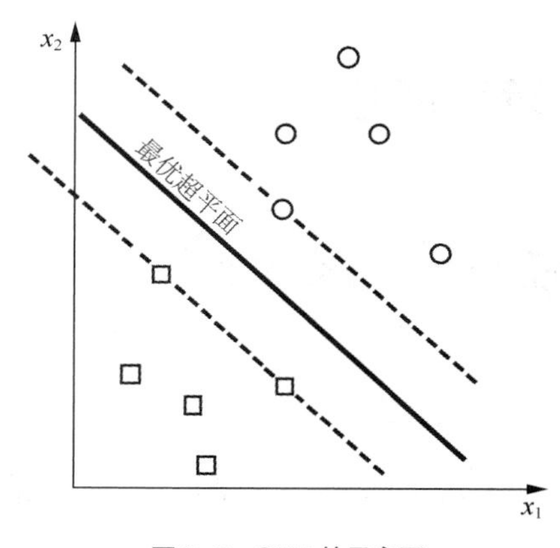

图 9-6 SVM 的示意图

（6）输出结果

输入获取的待分析原始脑电信号，调用训练好的算法模型处理该脑电信号，提取关键信息，采用二维模型来表示情绪，训练一个SVM分类器，输出一个连续变量的分析报告。

任务实现

步骤1：导入库

打开代码编辑页面，打开后点击【Run】按钮加载所需的库，代码如下。

```
from sklearn import svm
import numpy as np
import matplotlib.pyplot as plt
```

步骤2：加载数据

运行数据加载代码。运行代码后可以看到训练集和标签的内容，代码如下。

```
train_y = []
train_a = []
train_x = np.genfromtxt('train.csv',delimiter=',')
f = open("labels_0.dat","r")
for i in f:
    train_y.append(i)
train_y = np.array(train_y).astype(np.float)
train_y = train_y.astype(np.int)
train_x = np.array(train_x)
f = open("labels_1.dat","r")
for i in f:
    train_a.append(i)
train_a = np.array(train_a).astype(np.float)
train_a = train_a.astype(np.int)
```

步骤3：训练模型

（1）运行训练模型的代码。这里使用SVM作为训练的模型。fit方法用于启动模型的训练，它有两个参数，第一个是训练集，第二个是对应的标签。需要注意的是，这里只针对唤醒度数据进行了训练。具体代码如下。

```
clf = svm.SVC()
clf.fit(train_x, train_y)
```

（2）再创建一个支持向量机模型，用于愉悦度数据的训练。具体代码如下。

```
clf1 = svm.SVC()
clf1.fit(train_x, train_a)
```

步骤4：情绪预测

训练完成后，就可以进行预测了。预测时只需要输入待预测的数据，不需要输入标签。具体代码如下。

```
predict_al = clf1.predict(train_x)
predict_val = clf.predict(train_x)
val_count = al_count = 0
for i in range(len(train_y)):
     if train_y[i] == predict_val[i]:
          val_count = val_count+1
     if train_a[i] == predict_al[i]:
          al_count = al_count+1
valence = val_count/len(train_y)
arousal = al_count/len(train_y)
print("唤醒度 %f" % (val_count/len(train_y)))
print("愉悦度 %f" % (al_count/len(train_y)))
```

步骤 5：输出数值

为了更加直观地观察数据，可以使用二维的情绪图把数据显示出来。至此，情绪识别任务完成。具体代码如下。

```
# 绘制二维情绪图
plt.figure()
plt.ylabel('Valence')
plt.xlabel('Arousal')
plt.xlim((0, 1))
plt.ylim((0, 1))
plt.scatter(arousal, valence)
plt.show()
```

情绪是人对客观事物的态度体验及相应的行为反应，对人的行为和心理健康有着重要影响。如何计算愉悦度和准确识别情绪，在人机交互研究中占据重要位置，且有极高的应用价值。脑电反馈技术是利用现代生理科学仪器，通过人工智能的深度学习训练后，进行唤醒度和愉悦度分类的情绪识别。情绪唤醒度和愉悦度的检测结果如图 9–7 所示。

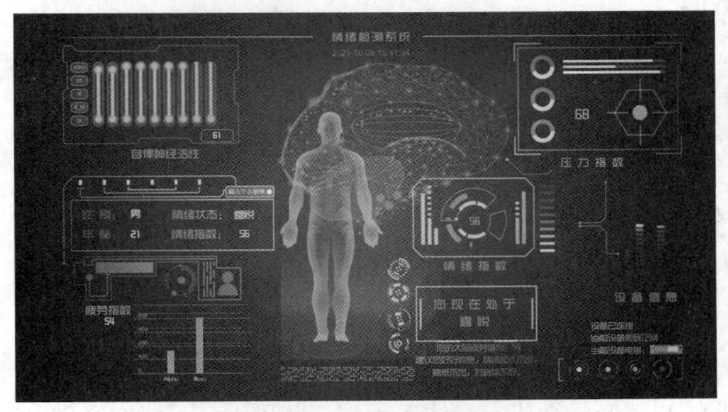

图 9–7　情绪唤醒度和愉悦度的检测结果

任务 2　专注力分析

任务描述

专注力分析是一个活跃的研究领域，基于脑电图的研究可以帮助我们评估和增强注意力等认知。通过绘制脑电波指标的曲线可以观察一个人的注意力是如何变化的。

技术分析

脑电波含有丰富的各频率范围的特征。不同频率范围可以用作不同应用的特征识别，基于相关文献可知，可使用 θ 波与 β 波的比值来观察注意力的特征。β 波增加，θ 波减少，θ / β 将下降，代表注意力的程度上升。在本任务中将绘制 θ / β 的曲线，观察注意力的变化。为了获得注意力数据，可以对被测试者试进行斯特鲁普色词测验（Stroop Color-Word Test）。

任务实现

步骤 1：加载库

打开 Jupyter 编辑器，加载脑电波数据。这里使用了 Python 编程语言常用的 Pandas 库。Pandas 库是一个强大的数据分析库，在人工智能任务中经常使用。

```
import pandas as pd
import numpy as np
import matplotlib.pyplot as plt
```

步骤 2：读取并显示数据

读取数据集，可以看到数据集包含了 5 种频率特征的数据，具体代码如下。

```
data = pd.read_csv('attention.csv')
print(data)
```

因为 θ / β 和注意力成反比，所以可以通过计算 θ / β 来估计注意力的程度。

```
beta = data['beta'].to_numpy()
theta = data['theta'].to_numpy()
attention = theta/beta
```

步骤 3：输出数值

绘制 θ / β 曲线，具体代码如下。

```
length = len(attention)
x = np.linspace(0, length, length)
plt.plot(x, attention)
```

任务 3　压力分析

任务描述

一般来说，较低的心率变异性代表身体正承受一些压力，可能在心理上造成压力的事件都会对 HRV 有影响；较高的心率变异性（心跳跳动的变动量较大）通常表示身体能承受较高的压力或正在从先前累积的压力中恢复。通过心率变异性的各项指标可以计算得到压力指数，这是一个连续的变量，为了进行分类任务，需要对计算得到的压力指数进行离散化。由于只需要区分“有压力”和“无压力”，因此，只需要指定两种标签就可以了。压力分析流程如图 9-8 所示。

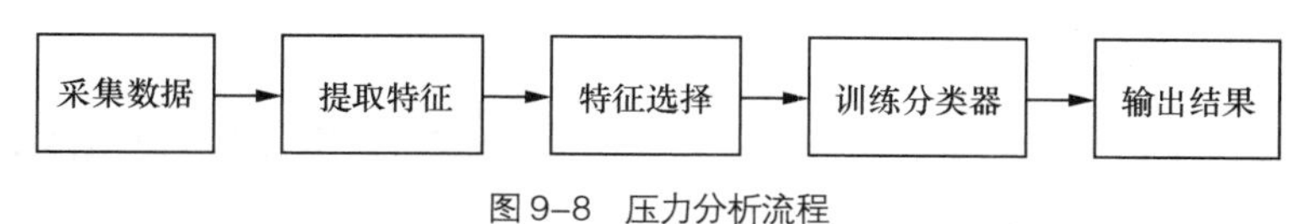

图 9-8　压力分析流程

技术分析

（1）采集数据

为了采集压力数据，需要对被测试者进行压力诱导，可以使用常见的 TSST。由于是二分类任务，所以只要采集被测试者在“无压力”状态下和“有压力”状态下的数据即可。

（2）提取特征

类似于脑电信号，对于采集到的心电信号，除了时域指标［如正常心率间期的方差（SDNN）、正常心率间期差值平方和的均方根（RMSSD）和正常心率间期差值超过 50 毫秒的个数（NN50）等］外，还需要计算频域特征［如正常心率间期的变异数（TP）、副交感神经活性的指标（HF）、交感神经活性的指标（LF）、反映交感/副交感神经平衡的指标（LF/HF）］。

（3）特征选择

计算压力指数并不需要所有的特征，因此只需要选择那些能够较好地反映压力变化的指标。由于特征并不多，我们将会得到一个维度很低的数据集。本任务的压力分析所选择的特征有年龄、心率、反映交感/副交感神经平衡的指标（LF/HF）。

（4）训练分类器

选择完特征后，就可以进行分类器的训练了。利用 Scikit-learn 库提取特征向量，然后训练模型。对于不同的应用需求，可使用不同的模型，传统的有监督和无监督等机器学习模型包括 K 近邻、SVM、朴素贝叶斯、决策树、GBDT、K 均值等。

（5）输出结果

输入采集的压力数据，调用训练好的算法模型处理该压力数据，提取关键信息，采用二维模型来表示“有压力”或”无压力”，训练一个 SVM，输出一个连续变量的分析报告。

任务实现

步骤 1：加载库

打开代码编辑页面，点击【Run】按钮运行代码，具体代码如下。

```
import numpy as np
import pandas as pd
from sklearn import svm
from sklearn.manifold import TSNE
import matplotlib.pyplot as plt
from sklearn.preprocessing import StandardScaler
```

步骤 2：获取分类标签

定义一个用于获取分类标签的函数。将连续的压力数据离散化，为后续的分类任务准备好标签。具体代码如下。

```
def get_label(stress_value):
    if stress_value <= 50:
        return 0
    else:
        return 1
```

步骤 3：加载数据

分别加载数据和压力数据的分类标签，具体代码如下。

```
MARKERS = ['x', '+', 'P', '^', 'v', 's', '*', 'o']
hrv_file = 'hrv_data.csv'
hrv_data = pd.read_csv(hrv_file)[['sdnn', 'lf_hf', 'hr', 'stress']].to_numpy()
stress = hrv_data[:, -1]
label = [get_label(x) for x in stress]
```

步骤 4：数据标准化

在将数据输入模型之前需要先进行数据标准化操作，这有利于提高模型的精度。具体代码如下。

```
std = StandardScaler()
data = std.fit_transform(hrv_data[:, :-1])
```

步骤 5：训练模型

训练模型并输出分类的准确率，具体代码如下。

```
clf = svm.SVC()
clf.fit(data, label)
print("准确率:", clf.score(data, label))
```

步骤 6：数据可视化

使用 t 分布–随机邻近嵌入（t-Distributed Stochastic Neighbor Embedding，t-SNE）算法可视化数据，具体代码如下。

```
tsne = TSNE(n_components=2, init='pca', random_state=42)
X_tsne = tsne.fit_transform(data)
fig = plt.figure()
ax = fig.add_subplot(111)
for c in range(2):
    c_data = X_tsne[np.array(label) == c]
    ax.scatter(c_data[:, 0], c_data[:, 1], label='class' + str(c) + ' ' + str(len(c_data)),
marker=MARKERS[c])
ax.legend(labels=('无压力', '有压力'))
plt.show()
```

【项目小结与展望】

在本项目中，我们学习了生物信息识别中脑电和心电信号识别的基础知识，并通过 3 个简单的任务初步了解了机器学习算法在生理信号方面的应用。心电检测是一项在临床广泛应用的医学检查诊断技术，可以帮助医生了解患者的状况并最终做出有效且准确的诊断。随着可穿戴设备的普及，越来越多的可穿戴设备配备了生物传感器，这些传感器可以长时间采集人体的生理参数，实现持续的检测，有利于居家监护、个性化医疗和远程医疗。尽管可穿戴设备在精度上不及专业的临床使用设备，但长时间的日常监测仍然具备参考价值。

现在人工智能已经深入到人们的生活中，用人工智能将脑和机器（外部设备）结合起来，可以说是下一个时代的必然趋势，也会拉开一个新的时代的序幕。人工智能与脑的交叉有两种路径，一是仿脑，以计算模拟生物脑获得人工智能的能力；二是联脑，以脑与机器的信息连接与融合获得人工智能的能力。

未来，随着人工智能技术的不断发展，脑机深度融合将成为可能。光、电、磁和声等观测与调控技术，为理解大脑、连接大脑提供了新渠道。当前，脑机融合的实验通过与人工智能技术相结合，让实验对象得到了改变，甚至是逆袭：科学家们通过光遗传学方法，有选择地激活小鼠内侧前额叶脑区的神经元，使平时一直处于劣势的小鼠变得勇气倍增，并成功将优势小鼠逼出玻璃管道。此外，通过人工智能与脑结合，研究人员还进行了猴子意念控制机械臂、侵入式人意念控制机械手完成“剪刀石头布”等研究。当前各国科学家都在对脑机融合进行研究和探索。

未来，人工智能算法技术研究及科研成果将在相关交叉领域推动产品的创新，并加快研究成果从实验室走向市场应用的进程。人工智能在生理电信号识别领域的发展，将着重从单一病种研究向多病种研究融合发展。相信新一代人工智能技术在未来将给人们生活带来重大改变。

【课后练习】

1. 选择题

（1）脑电波的频域特征不包含（　　）。

A. α　　B. θ　　C. δ　　D. ϕ

（2）HRV 指标不包括（　　）。

A. HR　　B. LF　　C. HF　　D. SDNN

（3）以下不属于分类模型的是（　　）。

A. SVM　　B. 决策树　　C. K 近邻　　D. 线性回归

（4）以下生理电信号可以用于情绪识别的是（　　）。

A. 心电　　B. 脑电　　C. 肌电　　D. 眼电

2. 应用题

（1）和周围同学讨论一下，脑电和心电信号在日常生活中还有哪些应用，还可以应用到哪些方面。

（2）许多智能手环具备心理压力测量功能。观察一段时间内压力的变化情况，并结合佩戴者的活动（看书、玩手机、走路和跑步等），尝试解释压力变化与心率变异性指标之间的联系。

项目 10

自然语言处理

【项目背景】

你有没有用过百度翻译来进行不同语言的翻译？用它将一段文字由一种语言翻译成另一种语言是相当容易的，如图 10–1 所示。你有没有用过百度搜索对某件事或某个物体的信息进行过搜索？搜索引擎除了为你提供了一系列相关的网页外，还会直接给出一个具体的答案，如图 10–2 所示。你有没有用过淘宝网的自动回复客服小蜜？自动回复客服小蜜可以回复许多常见的问题，例如“如何申请退款”等，从而过滤掉这些重复的问题，节约时间、提高效率，使人工客服能够更好地服务客户，如图 10–3 所示。

图 10–1　百度翻译

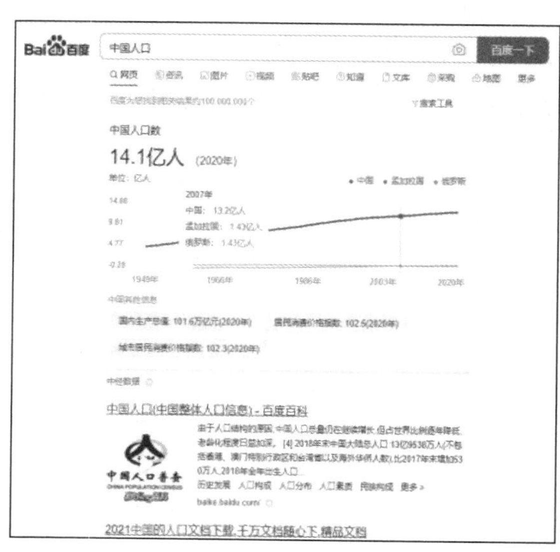

图 10–2　百度搜索

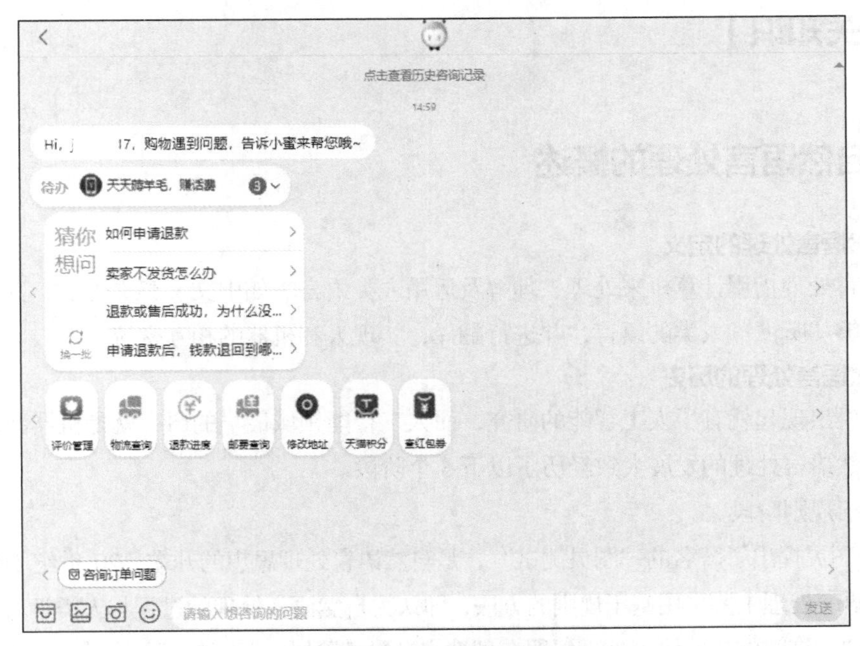

图 10-3　淘宝网自动回复客服小蜜

上述应用实现的背后都需要自然语言处理（Natural Language Processing，NLP）技术。

语言是人类沟通的桥梁，计算机也有自己的语言交流方式，即数字信息。不同的语言之间往往是无法直接沟通的，计算机能理解和接受人类用自然语言输入的指令，完成从一种语言到另一种语言的翻译功能，这些都离不开自然语言处理技术。研究自然语言处理技术，可以丰富计算机知识处理的研究内容，推动人工智能技术的发展。在本项目中，我们将揭开自然语言处理的神秘面纱。

【思维导图】

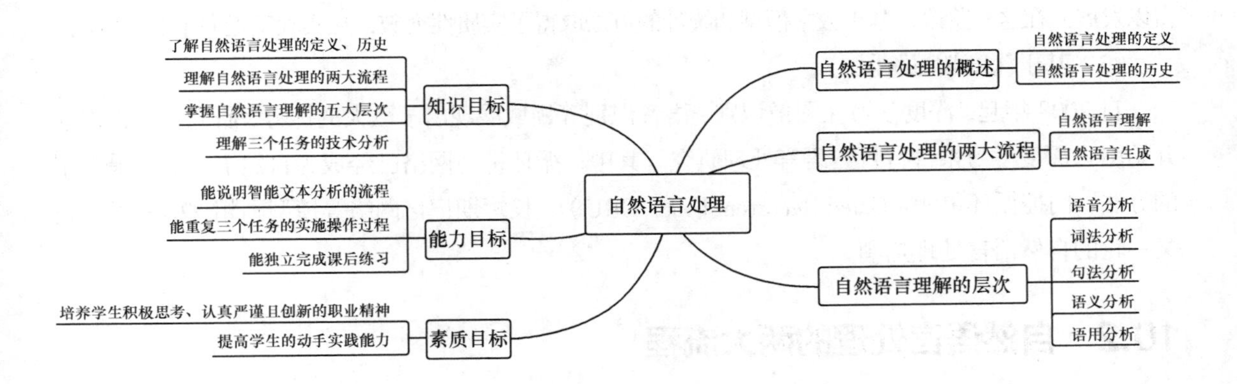

【项目相关知识】

10.1 自然语言处理的概述

1. 自然语言处理的定义

自然语言处理指用计算机来处理、理解及运用人类语言（如中文、英文等），其技术目标就是使机器能够“听懂”人类的语言，并进行翻译，实现人和机器的相互交流。

2. 自然语言处理的历史

自计算机出现起就有了人工智能的研究，而人工智能领域最早的研究就是机器翻译及自然语言理解。自然语言处理的发展大致经历了以下 3 个阶段。

（1）基于规则阶段

1950 年图灵提出了著名的“图灵测试”，是自然语言处理思想的开端。20 世纪 50 年代到 70 年代，自然语言处理主要采用基于规则的方法，即认为自然语言处理的过程与人类学习认知一门语言的过程类似，这时的自然语言处理停留在理性主义思潮阶段。基于规则的方法存在的缺点包括：① 其规则不可能覆盖所有语句；② 对开发者的要求极高，开发者不仅要精通计算机，而且要精通语言学。因此这一阶段虽然解决了一些简单的问题，但是无法从根本上将自然语言处理实用化。

（2）基于统计阶段

20 世纪 70 年代以后，随着互联网的高速发展，自然语言处理语料库越来越丰富，硬件经过一次次更新也越来越完善，自然语言处理思潮由理性主义向经验主义过渡，基于统计的方法逐渐代替了基于规则的方法。其中，基于隐马尔可夫模型（Hidden Markov Model，HMM）的统计方法与话语分析（Discourse Analysis）在语音识别领域取得了重大进展。20 世纪 90 年代以后，计算机的运算速度和存储量的大幅增加为自然语言处理改善了物质基础，使语音和语言处理的商品化开发成为可能。自然语言处理的应用也不再局限于机器翻译、语音识别等领域，搜索引擎、信息抽取等一些商业应用也开始得以发展。在这一阶段，基于数学模型和统计的方法取得了实质性突破，从实验室走向了实际应用。

（3）基于深度学习阶段

自 2008 年起，深度学习在图像识别、语音识别等领域展现出了巨大的优势，研究人员也逐渐开始引入深度学习来进行自然语言处理研究。其中，循环神经网络已经成为自然语言处理最常用的方法，门控循环单元（Gated Recurrent Unit，GRU）、长短期记忆网络等模型则相继引发了一轮又一轮的自然语言处理热潮。

10.2 自然语言处理的两大流程

自然语言处理作为机器语言和人类语言之间进行沟通的“翻译官”，其目的是实现人机交流。

自然语言处理涉及两个流程，包括自然语言理解（Natural Language Understanding，NLU）和自然语言生成（Natural Language Generation，NLG），如图 10–4 所示。

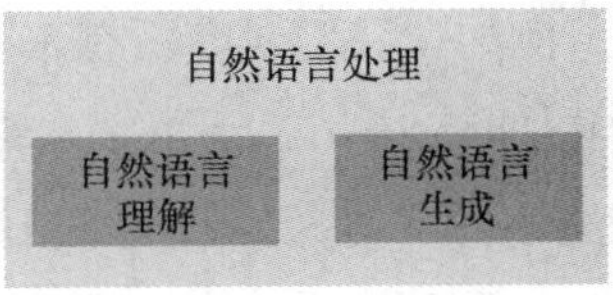

自然语言处理
自然语言理解
自然语言生成

图 10–4　自然语言处理的两大流程

1. 自然语言理解

自然语言理解是指使计算机理解自然语言（人类语言、文字等），重在理解。具体来说，自然语言理解就是理解语言、文本等，提取出有用的信息。

2. 自然语言生成

自然语言生成是指提供结构化的数据、文本、图表、音频、视频等，生成人类可以理解的自然语言形式的文本。

自然语言处理在解决具体问题的时候，通常既需要自然语言理解，也需要自然语言生成。例如常见的语音助手、智能音箱等产品，为了支持用户使用自然语言（语音）调用机器的各种功能，产品不仅需要理解用户在说什么，而且需要做出特定的动作以满足用户的需求。例如回答“您要找的资料在这个列表中”，在理解用户话语和意图的时候，机器需要使用自然语言理解技术；在以文本、语言的形式回应用户的时候，机器需要使用自然语言生成技术。

10.3　自然语言理解的层次

自然语言理解是层次化的过程，许多语言学家把这一过程分为 5 个层次以更好地体现语言本身的构成。这 5 个层次分别是语音分析、词法分析、句法分析、语义分析和语用分析，如图 10–5 所示。

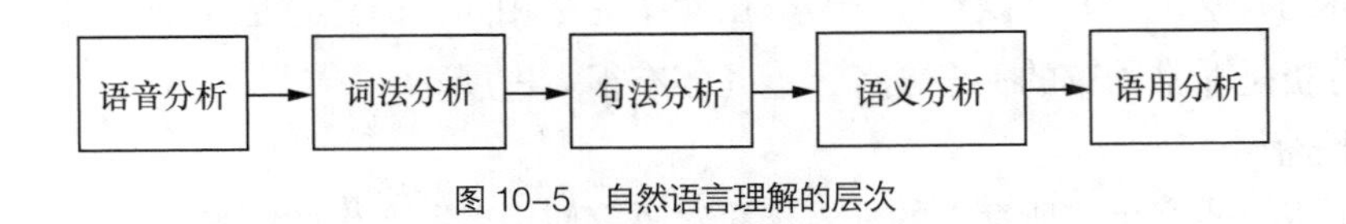

图 10–5　自然语言理解的层次

1. 语音分析

在有声语言中，最小的、可独立的声音单元是音素，音素是一个或一组音。语音分析是要根据音位规则，从语音流中区分出一个个独立的音素，再根据音位形态规则找出音节及其对应的词素或词，进而由词到句，识别出人所说的一句话的完整信息，将其转换为文本存储。

例如，pin 和 bin 中的/p/和/b/就是两个不同的音素，而 pin、spin 和 tip 中的音素/p/是同一个音素，对应了一组略有差异的音。

2. 词法分析

词法分析是找出词汇的各个词素，从中获得语言学的信息。词法分析的性能直接影响到后面句法和语义分析的成果。词是汉语中能够独立的最小语言单位，但是不同于英语，汉语的书面语中并没有将单个的词用空格符号隔开，因此汉语的自然语言理解的第一步便是标记词的词性，将汉语的单个词进行切分。正确的分词取决于对文本语义的正确理解，而分词又是理解语言的第一道工序。这样的一个“鸡生蛋，蛋生鸡”的问题自然成了汉语自然语言理解的第一个拦路虎。

例如“我们研究所有东西”这句话进行分词后可能会得到图 10-6 所示的结果，不同的分词方法将导致语句有不同的含义。如果不依赖上下文其他的句子，很难理解该句子的含义。

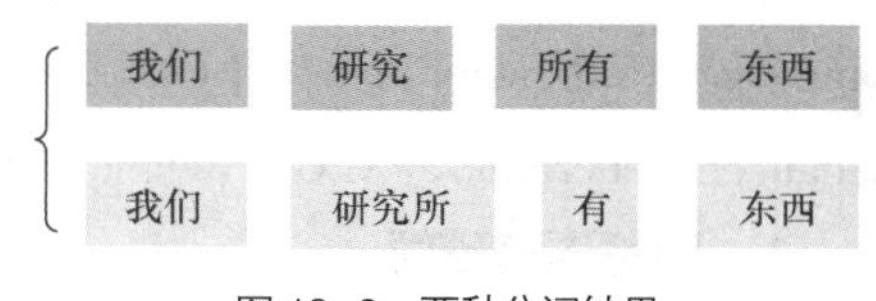

图 10-6 两种分词结果

分词后需要对词进行词性标注。词性标注是指为给定句子中的每个词赋予正确的词法标记。给定一个切好词的句子，词性标注的目的是为句子中的每一个词赋予一个类别，这个类别称为词性标记（Part-of-Speech Tag），例如名词（Noun）、动词（Verb）、形容词（Adjective）等。

例如对语句“就读清华大学”进行分词，得到“就读”和“清华大学”这两个词语，通过词性标注，可以得到词语“就读”的词性标记为动词，得到词语“清华大学”的词性标记为专有名词。

3. 句法分析

句法分析是对句子和短语的结构进行分析，目的是找出词、短语等的相互关系及各自在句中的作用。举例如下。

“反对 | 的 | 是 | 少数人”可能存在歧义，即到底是少数人提出反对，还是少数人被反对。

“咬死了 | 猎人 | 的 | 狗”可能存在歧义，即到底是咬死了猎人的一只狗，还是一只咬死了猎人的狗。

4. 语义分析

语义分析是找出词义、结构意义及其结合意义，从而确定语言所表达的真正含义或概念。

例如“你约我吃饭”和“我约你吃饭”虽然字完全相同，但意思是完全不同的，这叫作语义分析。语义分析是非常困难的一个任务，近几年有很大进展。

5. 语用分析

语用分析主要研究语言所存在的外界环境对语言使用者所产生的影响。

例如“我要一个鸡腿”，语义上似乎明确，但其在不同的上下文中会有不同的含义。如果是一个小孩子和妈妈说要吃一个鸡腿，这叫请求；如果是顾客到店里，这可能是一个交易行为的发起。所以语义上似乎明确的一句话，在不同的上下文中也有不同的含义。

【项目任务】

任务 1　智能文本分析

任务描述

智能文本分析是输入一段待分析的文本内容，通过文本分句、分词、命令实体识别这 3 个重要步骤，从该文本范围中提取出时间、地点、人物、事件等关键信息。这些关键信息能形成反映出中心内容的文本摘要，实现对文本的分类、情感分析，最终生成文本分析报告。

技术分析

智能文本分析的流程如图 10-7 所示。

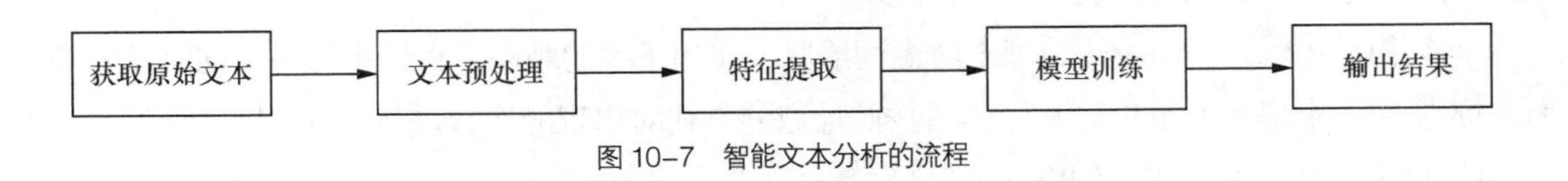

图 10-7 智能文本分析的流程

（1）获取原始文本

原始文本的获取主要有以下两种方式。

① 资料整理。目前，很多公司、组织机构等都会积累大量的纸质或者电子文本资料。对这些资料进行整合，把纸质的文本全部电子化，就可以作为我们的原始文本库。

② 网上下载、抓取文本。可以选择通过爬虫去抓取网络的数据，然后将该数据保存成文本数据。

（2）文本预处理

获取原始文本后，接下来就是进行文本预处理。文本预处理主要包括数据清洗、分句、分词、词性标注这 4 个重要步骤。

① 数据清洗。数据清洗是指删除或更正错误、不完整、格式有误、多余的数据。例如中文文本数据中不仅包含了中文字符，而且包含了数字、英文字符、标点等非常规字符，这些都是无意义且需要处理的数据，清洗的方法是使用正则表达式。

② 分句。分句是指将一段文本分成一个一个的句子，一般按照句末标点符号切分即可。可以使用自然语言处理工具包 NLTK 中的 punkt 句子分割器实现分句。

③ 分词。分词是指将每一个文本句子切割成逐个单词。在汉语中，句子是词的组合。除标点符号外，词之间并不存在分隔符，这就给中文分词带来了挑战。

英文分词可利用自然语言处理工具包 NLTK 提供的 nltk.word_tokenize()实现。

中文分词一般使用 Python 的第三方库 jieba 库中的 cut 方法，使用 cut 方法分词有两种模式，一种为全模式，另一种为精准模式。相较于全模式，精准模式分词更加精准可靠，因此本任务选用精准模式对文本进行分词。jieba 库的安装十分简单，只需要在命令框中输入“pip install jieba”即可。

④ 词性标注。词性标注就是给文本的每个词或者词语打上词性标记，例如形容词、动词、名词等。这样可以让文本在后面的处理中融入更多有用的语言信息。词性标注是一个经典的序列标注过程，不过对于有些中文自然语言处理来说，词性标注不是必需的。例如，常见的文本分类就不需要关心词性问题，但是情感分析、知识推理等就必须标注词性。

常见的词性标注方法可以分为基于规则的方法和基于统计的方法。其中，基于统计的方法有基于最大熵、基于统计最大概率输出词性和基于 HMM 的词性标注。

（3）特征提取

对文本进行预处理后，接下来需要考虑如何把分词之后的字和词语表示成计算机能够计算的类型。如果想进行计算，就需要把中文分词的字符串转换成数字，确切地说是数学中的向量。两种常用的表示模型分别是词袋模型和词向量。

词袋模型（Bag of Word），即不考虑词语原本在句子中的顺序，直接将每一个词语或者符号统一放置在一个集合（如 list）中，然后按照计数的方式对出现的次数进行统计，即统计词频。统计词频只是最基本的方式，词频–逆向文件频率（Term Frequency–Inverse Document Frequency，TF–IDF）是词袋模型的一个经典方法，也是本次文本特征提取所采用的方法。

TF–IDF 是一种用于信息检索与数据挖掘的常用加权技术。TF–IDF 是一种统计方法，用以评估一个字词对于一个文件集或一个文本库中一份文件的重要程度。在一份给定的文件里，词频（Term Frequency，TF）是指某一个给定的词语在该文件中出现的次数。逆向文件频率（Inverse Document Frequency，IDF）是对一个词语普遍重要性的度量。某一特定词语的 IDF 可以由总文件数目除以包含该词语的文件数目，再对得到的商取对数。

TF–IDF 主要思想：如果某个词或短语在一篇文章中出现的频率高，并且在其他文章中很少出现，则认为此词或者短语具有很好的类别区分能力，适合用于分类。

（4）模型训练

在提取特征向量后，接下来就是模型训练。对于不同的应用需求，可使用不同的模型，传统的有监督和无监督机器学习模型包括 KNN、SVM、朴素贝叶斯、决策树、GBDT、K–means 等；深度学习模型包括 CNN、RNN、LSTM、Seq2Seq（Sequence to Sequence，序列到序列）、FastText（快速文本分类）、TextCNN（文本卷积神经网络）等。

TextCNN 用于将 CNN 应用到文本分类任务，利用多个不同尺寸的卷积核来提取句子中的关键信息，从而能够更好地捕捉局部相关性。本任务采用的是基于 TextCNN 的文本分类方法。

（5）输出结果

输入待分析的文本数据，调用训练好的算法模型处理该文本数据，提取关键信息，对文本进行分类、情感分析，最后输出智能文本分析报告。

任务实现

步骤 1：实现文本关键信息提取

（1）扫描二维码，打开智能文本分析首页，如图 10–8 所示。

（2）在图 10–9 所示页面的文本输入框中输入文本内容，然后点击【开始】按钮，对文本进行分句，得到文本分句结果，如图 10–10 所示。

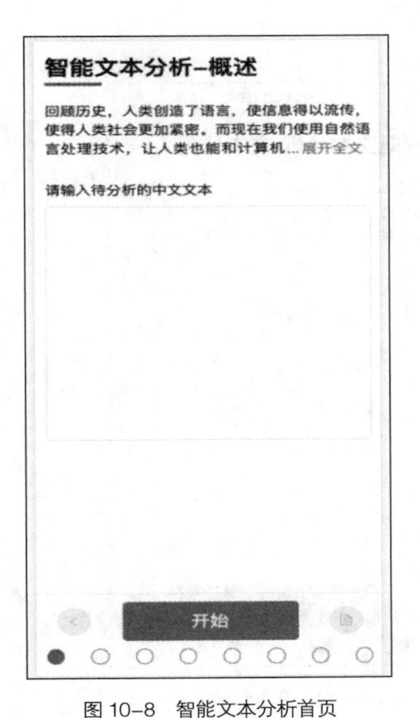

智能文本分析体验二维码

图 10–8　智能文本分析首页

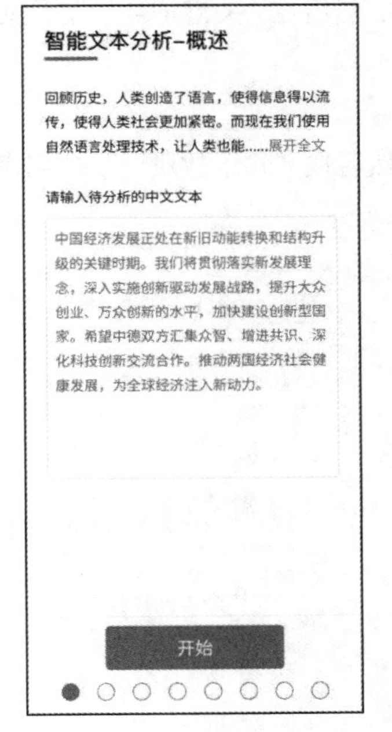

图 10–9　文本输入

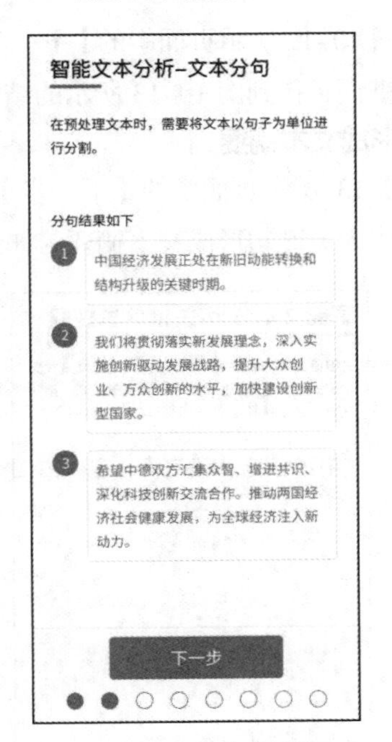

图 10–10　文本分句结果

（3）点击图 10–10 所示页面中的【下一步】按钮，把每句话切割成逐个单词，得到图 10–11 所示的文本分词结果。

（4）点击图 10–11 所示页面中的【下一步】按钮，对文本单词进行命名实体识别，得到图 10–12 所示的结果。

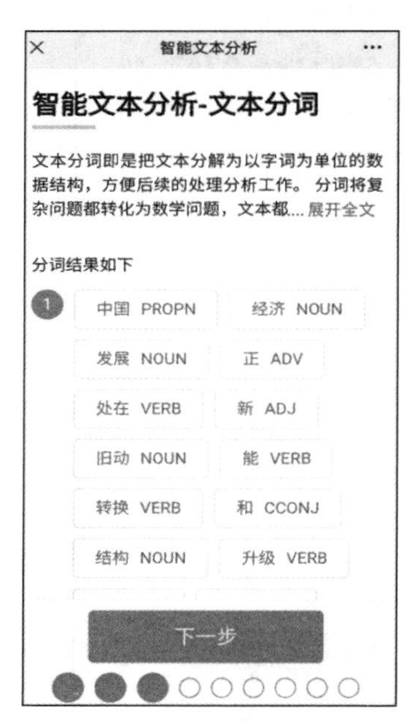

图 10–11 文本分词结果

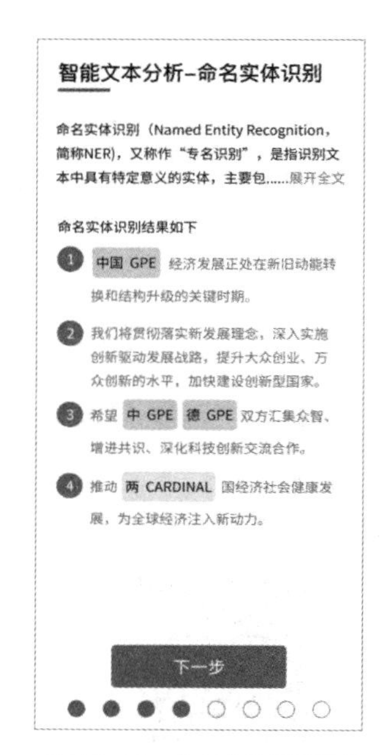

图 10–12 命名实体识别结果

（5）点击图 10–12 所示页面中的【下一步】按钮，然后在“关键词数量”下拉列表中选“5”，即选择 5 个关键词，得到图 10–13 所示的结果。

步骤 2：形成文本摘要

点击图 10–13 所示页面中的【下一步】按钮，然后在“句子数量”下拉列表中选“2”，即选择 2 个语句作为关键句形成文本摘要，如图 10–14 所示。

图 10–13 关键词提取结果

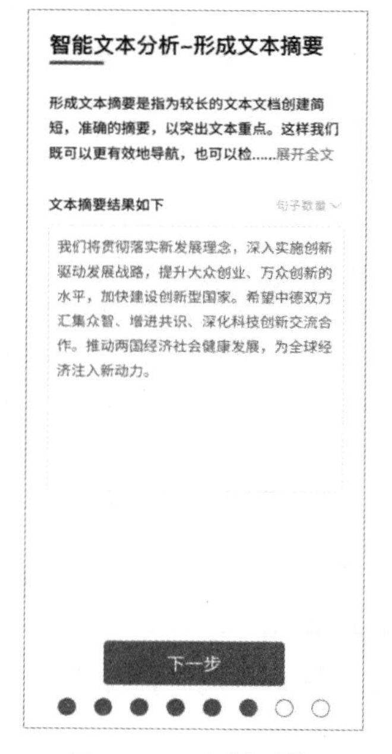

图 10–14 形成文本摘要

步骤 3：对文本进行情感分析

点击图 10–14 所示页面中的【下一步】按钮，对文本进行分析处理后，得到正向的情感结果，如图 10–15 所示。

步骤 4：对文本进行分类

点击图 10–15 所示页面中的【下一步】按钮，对文本内容进行分类，得到图 10–16 所示的文本分类结果。

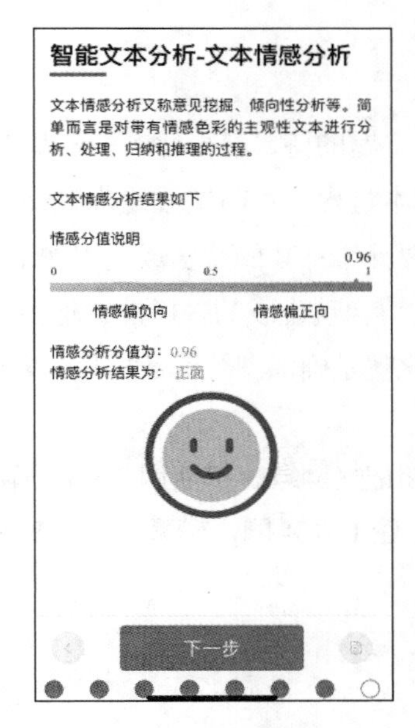

图 10–15　文本情感分析结果

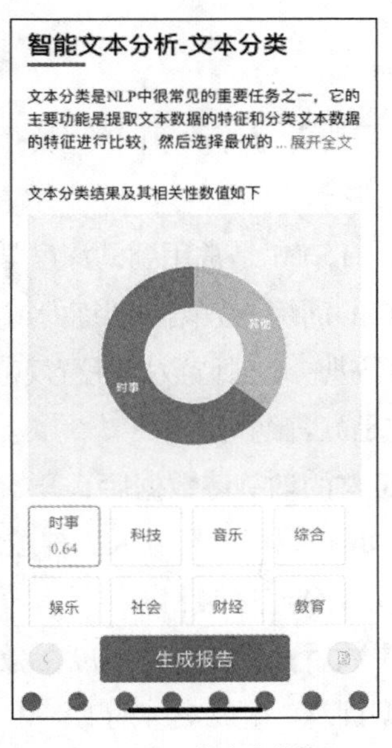

图 10–16　文本分类结果

步骤 5：形成智能文本分析报告

点击图 10–16 所示页面中的【下一步】按钮，形成智能文本分析报告，如图 10–17 所示。

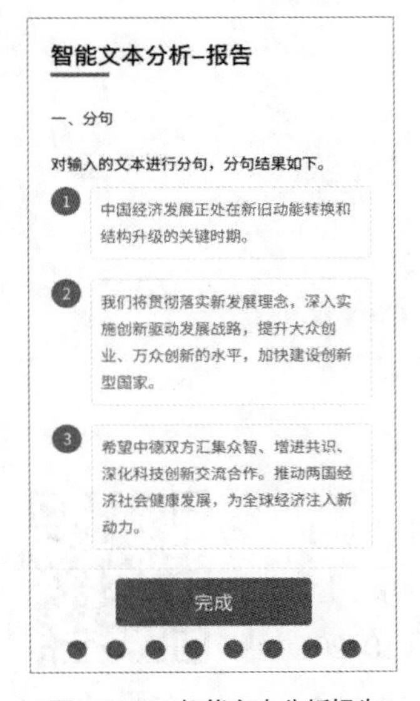

图 10–17　智能文本分析报告

任务 2 机器人写诗

任务描述

机器人写诗指输入诗的标题、类型，通过模型训练，自动生成符合格式要求的诗。

技术分析

在写诗之前需要学习各种不同类型的风格或不同主题的诗，获得诗的一些基本特征规律，然后基于这些知识进行诗生成，这是人工智能写诗的基本过程。目前主流的诗生成方法是采用基于深度学习的方法，LSTM 是常用到的深度学习方法。基于 LSTM 的诗生成过程如下。

① 获取足够的训练诗数据。训练的诗数据越多，诗自动生成的多样性就越多。获取足够多的训练诗数据后，需进一步对诗数据进行规范化。规范化就是确保训练诗数据只包含固定格式的诗，例如每一句诗均是五言绝句。

② 在获取足够的训练诗数据后，开始搭建长短期记忆网络，可使用 Keras 函数库（Keras 函数库是一个由 Python 编写的开源人工神经网络库）搭建 LSTM 网络模型。LSTM 网络模型包含了输入层、LSTM 层、全连接层和输出层。

③ 确定好层数后，设置输出维度、激活函数等信息。

④ 进行模型训练，生成对应的 LTSM 模型，保存模型。

⑤ 调用训练好的模型，自动生成五言律诗、五言绝句等诗数据。

任务实现

步骤 1：确定诗的标题类型

（1）扫描二维码，打开机器人写诗首页，如图 10–18 所示。

（2）在图 10–18 所示页面中的输入框中手动输入诗的标题，例如输入标题“春天”，如图 10–19 所示。

步骤 2：选择诗的类型

点击图 10–19 所示页面中的【下一步】按钮，选择诗的类型，包括五言绝句、七言绝句、五言律诗、七言律诗，如图 10–20 所示。

机器人写诗体验二维码

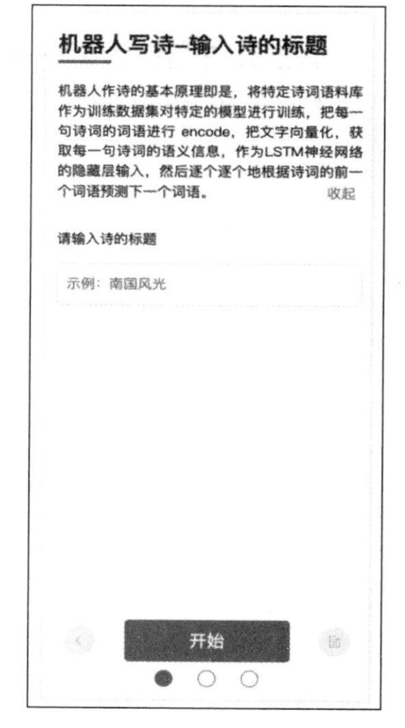

图 10–18 机器人写诗首页

图 10-19　输入诗的标题

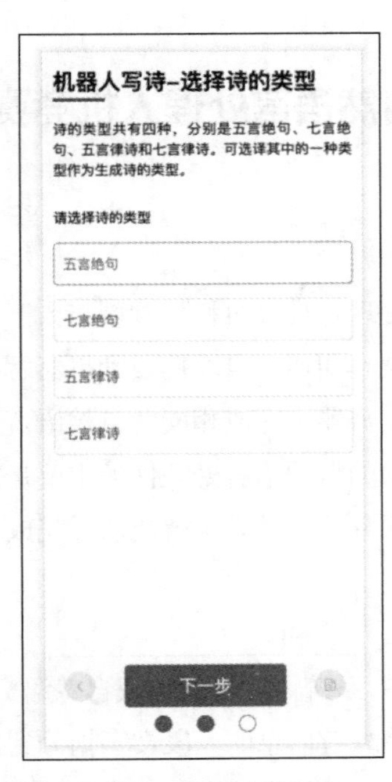

图 10-20　选择诗的类型

步骤 3：生成诗句

在图 10-20 所示页面中点击【下一步】按钮，根据输入的诗的标题和所选择的诗的类型生成诗句，如图 10-21 所示。

步骤 4：生成报告

点击图 10-21 所示页面中的【生成报告】按钮，生成报告，如图 10-22 所示。

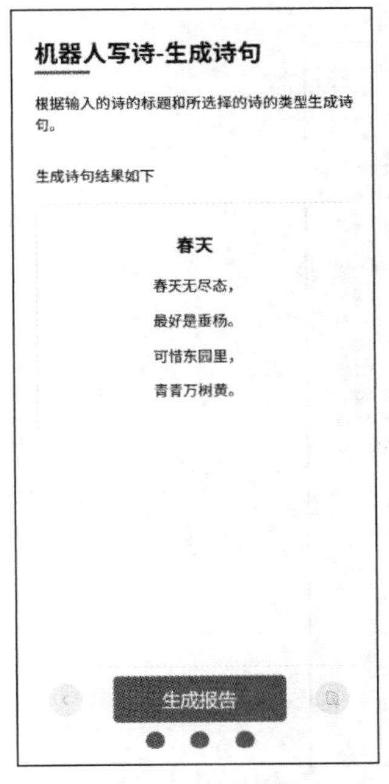

图 10-21　生成诗句

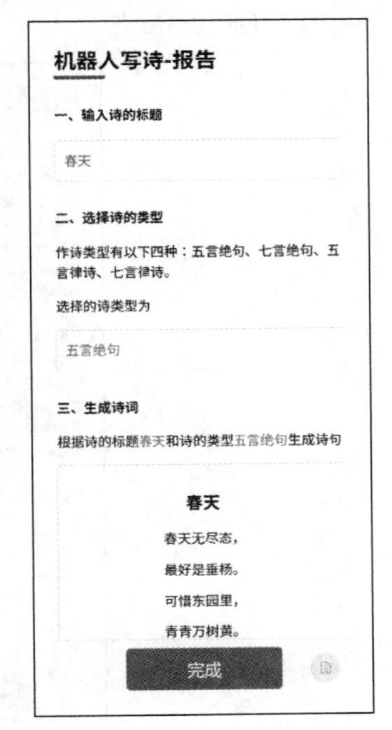

图 10-22　生成报告

任务 3　自然语言处理人机竞赛

任务描述

自然语言处理是计算机科学领域与人工智能领域中的一个重要方向，常见自然语言处理任务有文本分类、文本纠错、自动摘要和机器翻译等。自然语言处理人机竞赛将由参赛者（人类）和人工智能选手（机器）完成相同的自然语言处理任务，比拼完成自然语言处理任务的速度和准确率。竞赛中包含的自然语言处理任务主要是文本分类和文本纠错。参赛者将通过竞赛完成文本分类和文本纠错任务，以及人工智能选手完成自然语言处理任务的速度和准确率。

技术分析

在本任务中，系统需要自动完成自然语言处理中的文本分类和文本纠错等自然语言处理任务。文本分类是指将载有信息的一段文字划分到预先给定的某一类别或某几类别主题中。文本纠错是指识别输入文本中的错误片段，定位错误并给出正确的文本结果。本任务中的文本分类和文本纠错均是通过直接调用完成相应任务的第三方接口来实现的。

任务实现

步骤 1：进入竞赛页面

扫描二维码，进入自然语言处理人机竞赛任务首页，如图 10–23 所示。在该页面可以查看任务描述及与本任务有关的知识介绍。

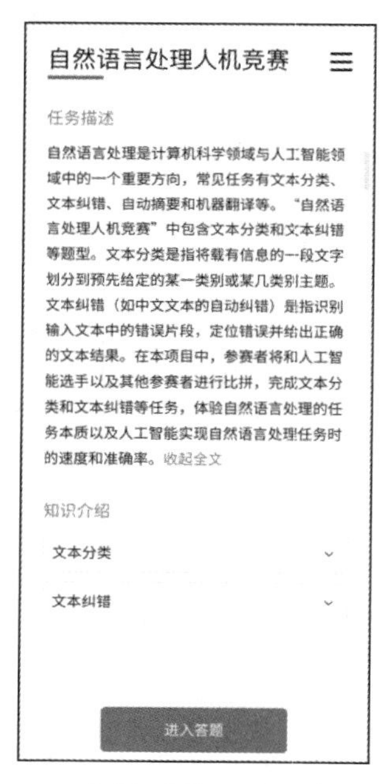

图 10–23　自然语言处理人机竞赛任务首页

步骤 2：加入答题组等待竞赛开始

点击图 10–23 所示页面中的【进入答题】按钮后选中相应的班级或扫描教师发布的答题组二维码进入自然语言处理人机竞赛初始页面等待竞赛开始，如图 10–24 所示。

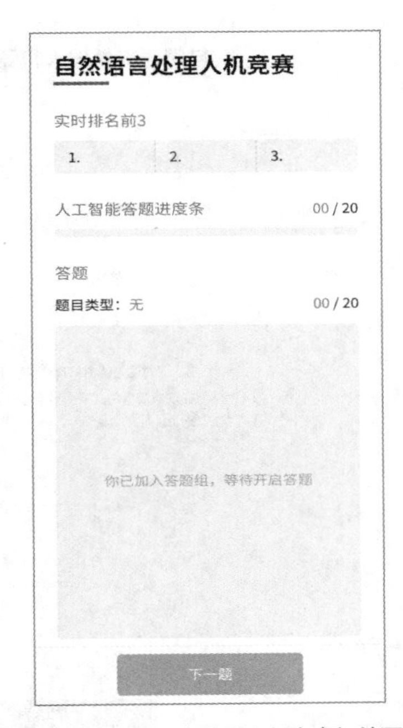

图 10–24　自然语言处理人机竞赛初始页面

步骤 3：自然语言处理人机竞赛答题

教师端启动竞赛后参赛者开始答题，系统随机生成一定数量的自然语言处理任务的题目（如文本分类和文本纠错）。答题页面除显示答题外，顶端实时显示竞赛进度排名前三的参赛者和人工智能选手的答题进度，如图 10–25 所示。参赛者在答题页面根据系统提示进行作答，系统用蓝色方框标记用户选中的选项。每道题作答完成，系统将自动判定参赛者的答案。若参赛者回答错误，系统将用红色方框标记参赛者选中的选项，同时用“√”符号标记正确选项，如图 10–26 所示。点击图 10–26 所示页面中的【下一题】按钮继续竞赛，如图 10–27 所示。竞赛完成后，系统跳转至答题结束页面，如图 10–28 所示。

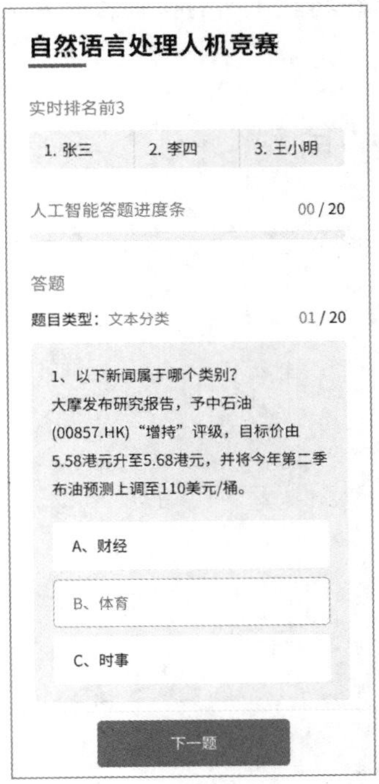

图 10–25　答题页面

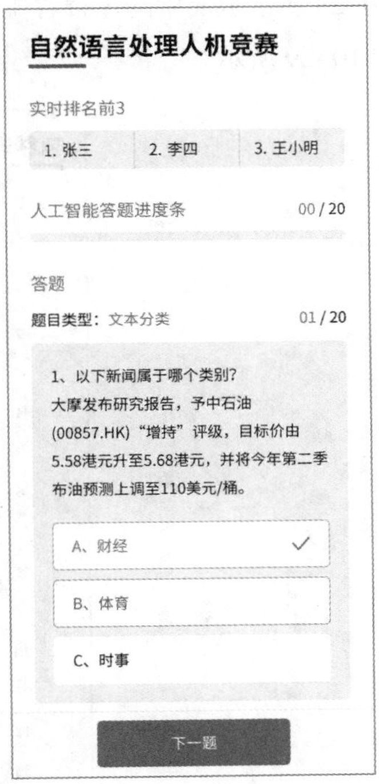

图 10–26　答题判定页面

自然语言处理人机竞赛

实时排名前3

1. 张三 2. 李四 3. 王小明

人工智能答题进度条 00 / 20

答题

题目类型：文本纠错 02 / 20

2、下面这句话中有几个错别字？
在欢声笑语中，我们节束了这偷快的旅游。

A、1个

B、2个

C、3个

下一题

图 10-27 下一题页面

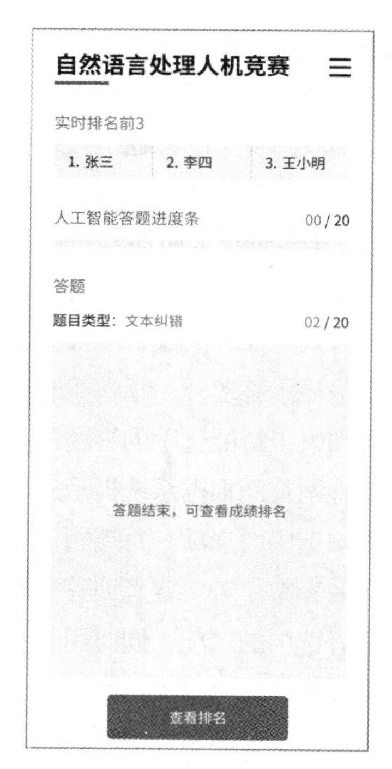

图 10-28 答题结束页面

步骤 4：查看竞赛排名

点击图 10–28 所示页面中的【查看排名】按钮，系统将显示所有参赛者和人工智能选手的排名情况，如图 10–29 所示。

自然语言处理人机竞赛

排名

排名	姓名	分数
1	张三	100
2	李四	99
3	王小明	98
4	人工智能选手	97
5	杜小雅	96
6	苏大鹏	95
7	李小红	94
8	刘小明	93
9	黄风	92
10	小红	91
11	小紫	90
12	王小月	89
13	李小明	88

退出答题

图 10–29 自然语言处理人机竞赛排名页面

【项目小结与展望】

本项目首先介绍了自然语言处理的定义、历史、两大流程等相关内容，然后介绍了智能文本分析、机器人写诗和自然语言处理人机竞赛这三个自然语言处理项目任务的具体实施过程。其中，智能文本分析任务的实施过程主要包括实现文本关键信息提取、形成文本摘要、对文本进行情感分析等重要步骤。机器人写诗则主要是通过输入诗的标题和类型，进行模型训练并自动生成诗。自然语言处理人机竞赛主要是由参赛者（人类）和人工智能选手（机器）完成相同的自然语言处理任务，比拼完成自然语言处理任务的速度和准确率。读者可以在学习自然语言处理理论的基础上动手实践，体会自然语言处理的魅力。

人工智能自然语言处理将是信息科学技术中长期发展的一个新的战略制高点，自然语言处理技术会给人们的生活带来便利。与此同时，技术的进步也会给人们的生活带来一些冲击。例如就业方面，机器取代人工会造成一些人失业。但新技术的应用在让一些职业消失的同时，又创造出大量新的就业机会。展望未来，我们正面临着新的机遇和挑战，我们应该主动积极地想办法去适应这种变化，而不是消极等待和抱怨。自然语言处理作为一门高度交叉的新兴学科，在科技创新中发挥着越来越重要的作用，未来前景十分广阔。

【课后练习】

1. 选择题

（1）下列选项中，不是自然语言处理的解决方法的是（　　）。

A. 规则方法　　B. 统计方法

C. 递归方法　　D. 深度学习方法

（2）以下不属于命名实体的是（　　）。

A. 量词　　B. 人的姓名

C. 公司、组织、机构等　　D. 地名

（3）在词法分析里，需要处理的最小语言单位是（　　）。

A. 词　　B. 短语　　C. 字　　D. 句子

（4）下列不属于自然语言处理应用的是（　　）。

A. 身份证识别　　B. 情感分析

C. 文本分类　　D. 机器翻译

（5）自然语言处理的相关研究最早是从（　　）开始的。

A. 词义相似度　　B. 机器翻译

C. 文章分类　　D. 文本纠错

2. 应用题

根据人工智能开放平台提供的功能，结合实际应用场景和实际素材实现人工智能的简单应用。

（1）浏览平台，选择平台提供的功能——智能文本分析。

（2）收集素材（一篇文章、一篇新闻或一段电影影评等）。

（3）通过平台功能，实现对文本的情感分析、文本分类，输出智能文本分析报告。

（4）思考智能文本分析更多的落地场景，并进行商业价值分析。

项目 11

智能语音

【项目背景】

我们正在进入智能语音时代，日常生活的衣食住行都在发生巨变。想购物，你可以对着智能音箱说“我想买一套球服”，它就会为你推荐甚至帮你下单。去就餐，服务员已经由机器人助手担任，语音机器人将帮助你完成菜单推荐、价格咨询、特色介绍、结账付款等操作。在家里，几乎所有电器都可以通过智能音箱听懂你的指令，在你起床之前为你打开窗帘，出门前为你关闭所有灯光。未来是语音操控的时代，许多科技公司（如科大讯飞、阿里巴巴、小米、百度、苹果、脸书、微软等）都已经推出了相应的产品，这些产品也走入了我们生活，如小米的小爱同学、阿里巴巴的天猫精灵、苹果的Siri、微软的Cortana等，它们可以解决日常生活中很多的人机交互问题。智能语音是人工智能技术的重要组成部分，它使设备可以用听觉感知周围的世界，用声音与人做最自然的交互，让操控生活更为便捷。

【思维导图】

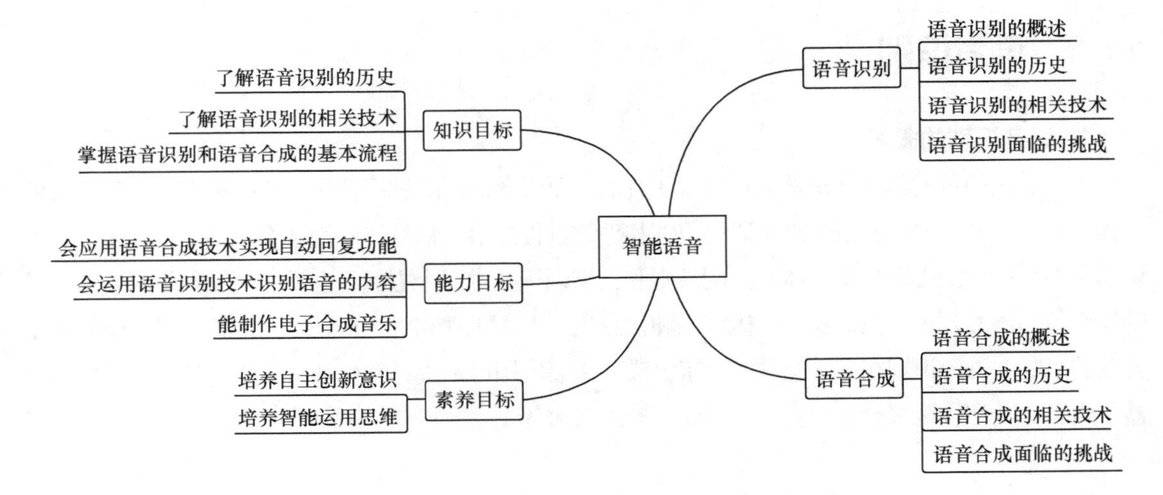

【项目相关知识】

进入人工智能时代，智能应用使机器具备了 3 种能力：感知能力、认知能力、语言输出能力。感知能力使机器能听得懂人说了什么，认知能力使机器理解人所说内容的含义，语言输出能力使机器可以将结果自然地反馈给人类。因此，这 3 种能力的综合运用让人机交互进入了语音交互阶段。语音交互作为最自然的人机交互方式，不仅降低了人的学习成本，而且提高了交互综合效率。

智能语音是人工智能技术的重要组成部分，实现了人机语言的通信，其主要技术包括自动语音识别（Automatic Speech Recognition，ASR）和语音合成（Text-To-Speech，TTS）。语音识别是让机器能够“听见”周围的声音，实现机器感知智能；语音合成则是让机器模仿人类“说出”给定的文字内容。因此，智能语音既能模拟人类的耳朵，又能模拟人类的嘴巴。

智能语音交互的整个流程涉及智能终端、语音识别、自然语言理解、对话管理、自然语言生成和语音合成 6 个部分的内容，如图 11-1 所示。其中，语音识别和语音合生成是智能语音的两大关键技术。

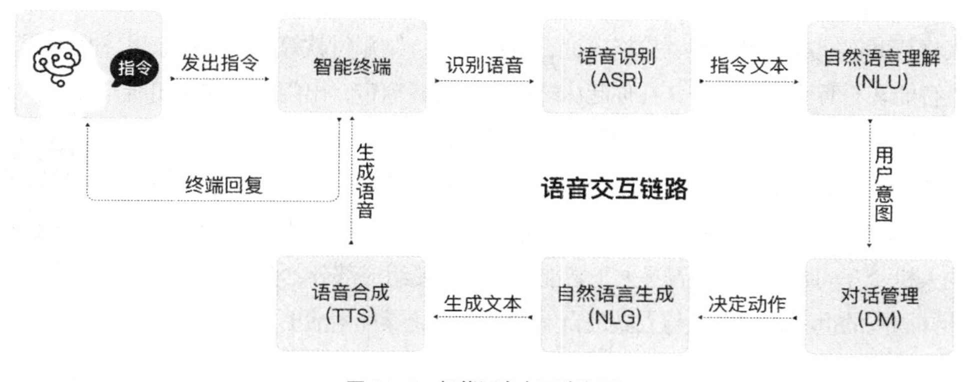

图 11-1　智能语音交互流程图

11.1　语音识别

1. 语音识别的概述

语音识别的目的就是让机器明白你说了什么，而语音识别的过程就是机器模拟人类听觉系统的过程。因此，语音识别就是让机器通过识别和理解过程把语音信号转变为文本和指令的技术。语音识别主要包括特征提取技术、模式匹配准则和模型训练技术 3 个方面。它是一门交叉学科，所涉及的领域包括信号处理、模式识别、概率论和信息论、发声机理和听觉机理、人工智能等。随着人工智能的兴起，语音识别在多个领域取得了突破，相关应用已走进日常生活，主要包括语音识别听写器、语音寻呼和答疑平台、自主广告平台、智能客服等。

2. 语音识别的历史

语音识别的出现早于计算机。早期的声码器可以看作是语音合成和识别的雏形。玩具狗 Radio Rex（见图 11–2）出现于 20 世纪 20 年代，它是人类历史上比较早的语音识别机。而自动语音识别的出现可以追溯到 20 世纪 50 年代。1952 年，贝尔实验室使用模拟电子器件提取、分析数字发音中的元音的共振峰信息，实现了 10 个英文孤立数字的识别功能。1956 年，普林斯顿大学 RCA 实验室利用模拟滤波器得到元音部分的频谱，实现了 10 个单音节词识别的功能。1959 年，麻省理工学院和伦敦大学都开展了类似的研究，其中伦敦大学使用统计学的原理提高了识别率。1960 年后，语音识别快速发展，日本东京大学、NEC 实验室、卡内基梅隆大学等都开展了大量的研究。20 世纪 80 年代，美国、日本等国的科学家取得了多项里程碑式的成就，特别是 IBM 实验室实现了数据库语音查询系统、办公语音助手系统和笔记记录听写机。这一时期，语音识别从孤立词识别向前进步到连接词的识别，特别是提出了隐马尔可夫模型。该模型具有良好的识别性能和抗噪性能，直到今天仍被广泛应用到不同的领域。20 世纪 80 年代末，神经网络深入应用到语音识别上，催生了多个实践系统。1990 年后，语音识别的研究从朗读式语音逐渐转入到生活真实对话的语音中。21 世纪，由于互联网的快速发展，语音识别的应用已从“单机模式”走向了“云模式”。

图 11–2 玩具狗 Radio Rex

3. 语音识别的相关技术

语音识别就是让机器可以听得懂人话。它通过语音信号处理和模式识别技术将人说出的语音中的词汇内容转换为计算机可读取的字符序列。语音识别的核心部分就是将语音信息转换为文字信息。

以中文语音识别为例，中文语音识别的过程包括语音输入、信号预处理、特征提取、模式匹配、语言处理等环节，如图 11–3 所示。

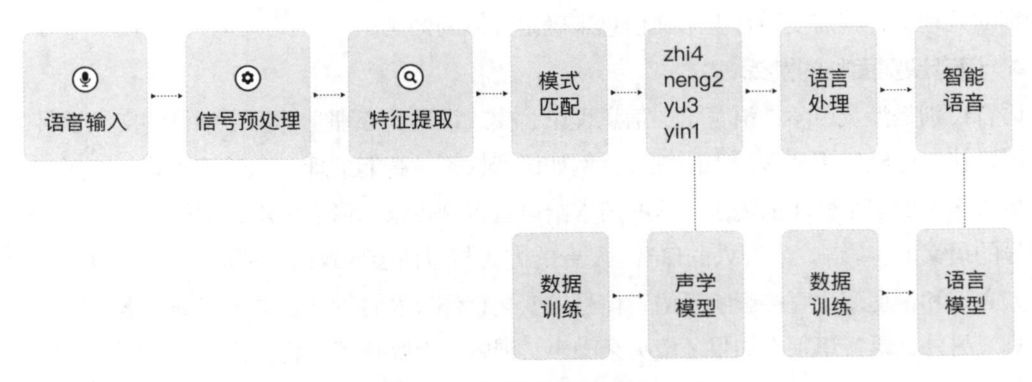

图 11–3 中文语音识别的过程

（1）语音输入

语音输入主要是由硬件设备完成，例如手机、智能音箱等。

（2）信号预处理

信号预处理主要是对输入的语音进行降低噪声、消除回音和信道增强等预处理。在应用环境中，输入的声音几乎不可能是一段高保真、无噪声的语音，噪声是无处不在的。因此，在进行模式匹配前都需要做信号预处理。在图 11-3 中，假设我们输入的是“智能语音”这几个字，信号预处理的作用就是将这几个字的读音凸显出来，并尽量删除无关的其他声音。

（3）特征提取

特征提取是指从音频数据中提取有效的特征向量。机器接收到的只是一段声波信号，该信号是模拟信号，因此需要通过对声波信号进行采样得到波形数据，之后将其转换为数字信号，并将数字信号从时域转换到频域，然后提取频域的各种特征（如说的字数、说话的音调等），以为后续的声学模型训练服务。

（4）模式匹配

模式匹配是将特征向量转换为语言标注的过程。如图 11-3 所示，将特征向量与提前训练的声学模型进行匹配，得到相应输入语音“智能语音”的语言标注表达为“zhi4, neng2, yu3, yin1”。目前，声学模型体系已经非常成熟，例如经典的高斯混合模型（Gaussian Mixture Model，GMM）和隐马尔可夫模型等。随着深度学习的兴起，循环神经网络、LSTM、编码-解码框架、注意力机制等基于深度学习的声学模型极大地提高了语言识别的准确率，已经成为目前语音识别系统中最核心的部分。

（5）语言处理

语言处理是通过训练好的语言模型将输入的语言标注转换为最终文字，例如“智能语音”。语言学理论涉及语义结构、语法规则、语言的数学描述模型等多方面的内容。当前，基于规则语法结构命令的语言模型和采用统计语法的语言模型是主流的语言模型，例如自然语言处理中的 N 元（N-Gram）和 RNN 等模型。好的语言模型对大、中词汇量的语音识别系统来说特别重要，在将语音转换成文字的过程中需要通过语言模型、语法结构、语义原理来进行判断并纠正。例如在同音字的处理上，就需要结合上下文信息来确定具体的词义。

4. 语音识别面临的挑战

语音识别是涉及声学、语言学、信息理论、模式识别、心理学等多个学科的交叉学科，多年来发展迅速，已经应用到多个不同领域，例如语音检索、智能助理、命令控制等。然而，应用的推广也带来了更多个性化的需求，这些需求给语音识别带来了诸多困难，例如，上文内容会对语音信号的语义产生影响，发音人的口音、发音的方式与习惯会导致语音特征在参数空间分布不同，发音人心理和生理变化直接影响了语音信号的变化，环境及各种突发的干扰等因素会造成语音信号失真。另外，语音识别中如果环境夹杂噪声、混响、自噪声等，将使机器端“听不清”主要的语音，从而无法识别和理解相关的语义，进而导致一系列错误的操作。在日常环境中，人对语义的理解融合了声音、视觉、上下文关联知识、背景知识，语音识别如何通过融合多种信息来提高语义的理解是未来的主要挑战。

11.2 语音合成

1. 语音合成的概述

语音合成是通过机械的、电子的方法来模仿人类语音的技术。它能将输入的句子实时转换为标准语音流畅地朗读出来，整个过程如同人边看文本内容边朗读的过程。它主要解决如何让机器像人一样开口说话的问题，涉及声学、语言学、数字信号处理、计算机科学等内容。当前，业界采用领先的深度神经网络技术来提供高度拟人、流畅自然的语音合成服务，让合成的语音更具个性。因此，通过语音合成可以在任何时候将任意文本转换成具有高自然度的语音。

2. 语音合成的历史

语音合成的历史比较悠久，本书所指的是近代语音合成，它主要是让计算机能够产生清晰流畅的连续语音。语音合成的发展主要经历了 5 个阶段。

（1）起源阶段

在 18 世纪到 19 世纪，当时人们会用机械装置来模拟人的发声。当时主要的制作方法是用一些精巧的气囊和风箱去搭建一个发声系统，通过该系统合成出一些元音和单音。

（2）电子合成器阶段

在 20 世纪 30 年代末，用电子合成器来模拟人发声的设备出现了，最具代表性的就是贝尔实验室在 1939 年推出的电子发声器 Voder（见图 11-4）。该设备主要使用电子器件来模拟声音的谐振。

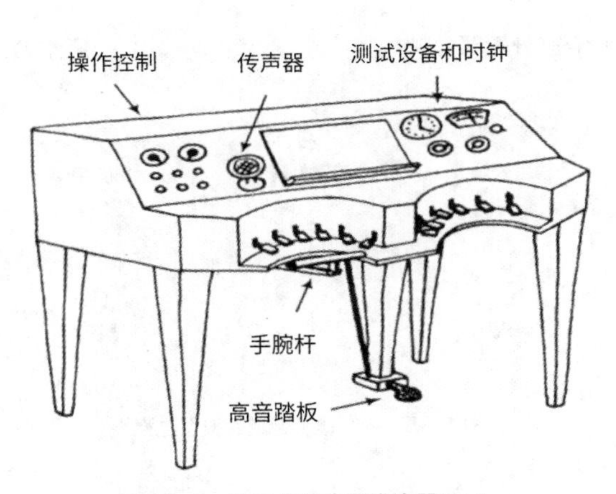

图 11-4 1939 年的电子发声器 Voder

（3）共振峰合成器阶段

在 20 世纪 70 年代至 80 年代，随着集成电路技术的发展，出现了通过参数合成方法来实现语音合成的共振峰合成器，例如霍尔姆斯（Holmes）发明的并联共振峰合成器（1973 年）和克拉特

（Klatt）发明的串/并联共振峰合成器（1980 年）。参数合成方法只需要通过精心调整参数就能合成出非常顺畅的语音。美国 DEC 公司的 DECtalk（1987 年）是该方法最具代表性的产品。经过多年的研究与实践，基于共振峰合成器可以得到较多逼真的合成语音，但是准确提取共振峰参数是比较难实现的，因此整体合成语音的音质无法达到实用的要求。

（4）单元挑选拼接合成阶段

20 世纪 80 年代末至 90 年代出现了波形拼接的合成方法，例如基音同步叠加（Pitch Synchronous Overlap Add, PSOLA）方法（1990 年），该方法通过基于时域波形拼接方法使合成的语音的音色和自然度都大幅提高，将语音合成推向了一个新的发展阶段。随后，由于基于PSOLA方法的合成器结构简单、易于实现，因此基于 PSOLA 方法的英语、德语、法语、日语等语音合成系统相继推出，具有很大的商用前景。

（5）基于机器学习技术合成阶段

在 20 世纪末期，基于 HMM 的参数合成技术出现，它是机器学习技术的一个典型代表。随着人工智能技术不断发展，基于深度学习的语音合成逐渐成熟，包括了利用深度神经网络（Deep Neural Network，DNN）、CNN、RNN 等各种神经网络模型训练得到的语音合成系统。当前，基于深度学习的语音合成已经成为主流，其可以更好地模拟人声变化规律。

3. 语音合成的相关技术

语音合成是计算机将自己产生的或外部输入的文字信息转变为人类可以听得懂且流利的口语的技术。图 11-5 为中文语音合成的典型过程，整个过程主要包含语言分析和声学系统两个部分。

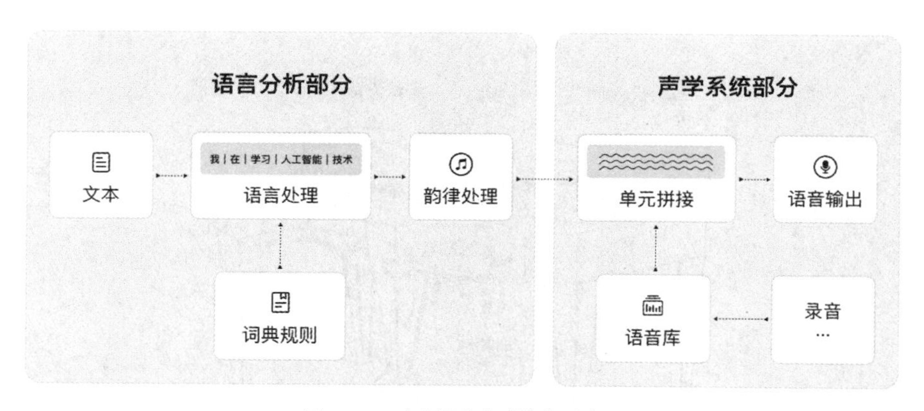

图 11-5　中文语音合成的典型过程

（1）语言分析部分

图 11-6 为语言分析部分阶段图，主要是对文本的内容信息进行分析，得到对应的语言的文本结构，通俗地讲就是想好该怎么读。该部分涉及的技术包括以下几个方面。

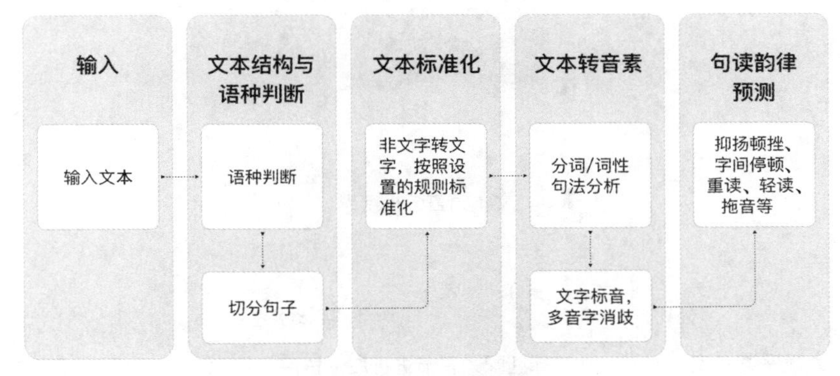

图 11-6　语言分析部分阶段图

① 输入。输入文本信息。

② 文本结构与语种判断。获得输入文本后，需要先判断该文本属于哪一种语种，例如汉语、英语、日语等。然后根据对应语种的文本结构规则，把整段文字切分为多个句子，并将切分好的句子逐个传到后面的步骤中进行处理。

③ 文本标准化。在得到某个句子后，需要把文本标准化，例如把阿拉伯数字或字母转换为文字。

④ 文本转音素。对于中文，需要把文本转换为相对应的拼音。但这个转换过程并不简单，因为汉字中不但有多音字，而且词的组合顺序不同，意义、读音都会不一样。其涉及的技术包含了分词、词性句法分析等。例如将句子分解为“我|在|学习|人工智能|技术”，就可以得到“wo3|zai4|xue2xi2| ren2gong1zhi4neng2|ji4shu4”。

⑤ 句读韵律预测。人在说话的时候带有语气与感情，因此语音合成为了更真实地模仿人的声音，需要对文本进行韵律预测。这包括哪里需要停顿、停顿多久、哪些词重读、哪些词轻读等，从而实现合成语音的高低曲折、抑扬顿挫。

（2）声学系统部分

声学系统部分主要根据语言分析的结果生成对应的音频，实现发声的功能。它主要有 3 种实现技术：波形拼接语音合成技术、参数语音合成技术和端到端语音合成技术。

① 波形拼接语音合成技术。它需要通过在前期录制大量的音频来覆盖尽可能多的音节、音素并制作成语音库，然后通过已有语音库中的音节进行拼接，实现语音合成的功能，整个过程如图 11-7 所示。根据语音库中音节的发音，对各个分词单元进行拼接，然后进行语音输出。拼接的一个简单方法是把先前录音的句子按照分词切碎成多个基本单元并将其存储到语音库，拿到文本分词结果后，根据分词从语音库中提取相应的分词单元并将其拼接起来。这种方式虽然简单直接，但需要大量的存储空间来存储录音，录音量越大，效果越好。波形拼接语音合成技术的优点是音质好，情感真实；而缺点则是需要的录音量大，覆盖要求高，输出语音中的词的协同过渡生硬、不自然。

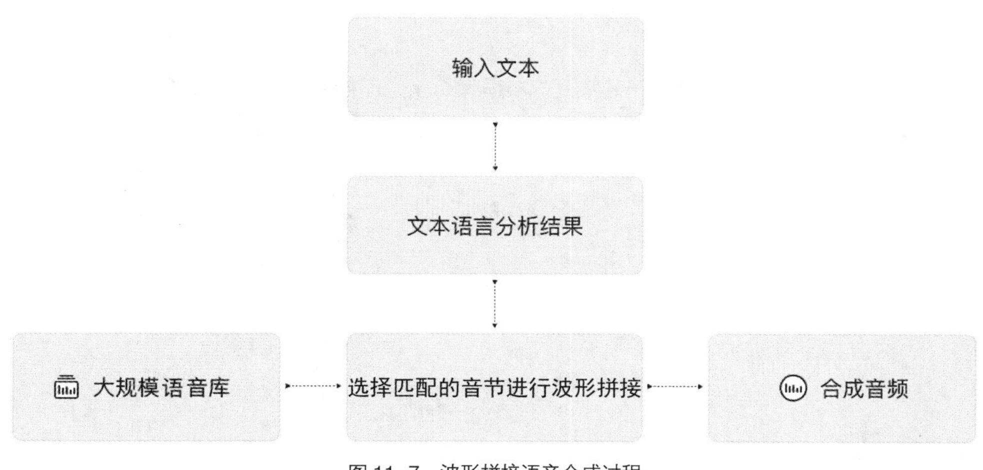

图 11-7 波形拼接语音合成过程

② 参数语音合成技术。它是通过数学方法对录音进行频谱特性参数建模后得到文本序列映射到语音特征的映射关系，从而生成参数合成器，实现语音合成，整个过程如图 11-8 所示。因此，使用该技术进行语音合成时首先将要合成的文本序列映射得到对应的音频特征，然后通过声学模型将音频特征转换为人类听得懂的声音。该技术通过录音提取波形的参数并将其存储起来，后续则可以通过参数将音频特征转换为波形，因此需要的存储空间小，录音量也小，且字间协同过渡平滑。但是该技术的缺点也很突出，如发出的声音是机械死板的机器音，其合成的语音音质远没有波形拼接语音合成技术合成的语音音质好。

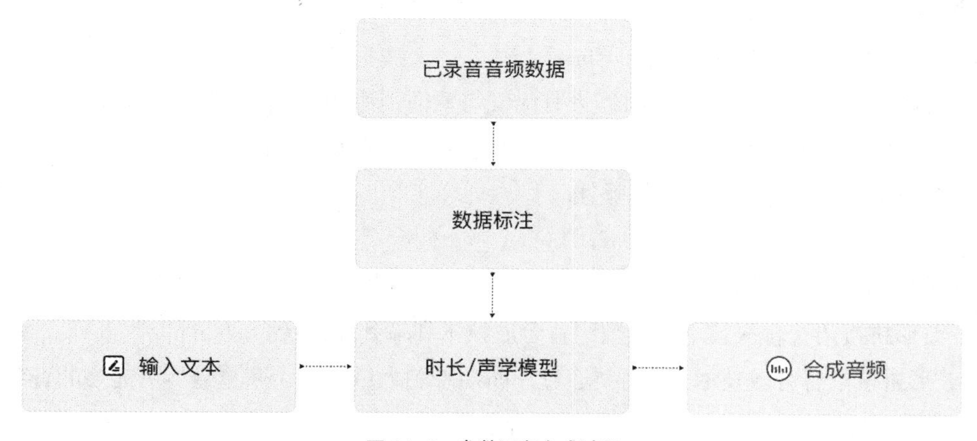

图 11-8 参数语音合成过程

③ 端到端语音合成技术。它是当前主要的语音合成技术，该技术直接通过深度学习将输入文本或者注音字符输出为合成音频，使复杂的语言分析部分得到了极大简化。因此，端到端的语音合成技术大大降低了对语言学知识的要求，合成的音频拟人化程度更高，效果更好，录音量小。此外，该技术还可以实现不同语言的语音合成，声音更加贴近真人。例如，谷歌公司发布的 WaveNet 是基于深度学习生成的语音模型。与以前的波形拼接语音合成技术、参数语音合成技术相比，其优势明显，目前在语音合成任务上可以达到顶尖水准（state-of-art）的效果，但是该技术目前性

能还比较低，合成的音频不能人为调优。除了 WaveNet 外，Tacotron、Tacotron2 和 DeepVoice3 等都属于深度学习生成的语音模型。

4. 语音合成面临的挑战

随着深度学习和大数据技术的发展，语音合成的研究也不断有了新的突破，对当前社会生活的重要性日益凸现出来，特别是在可穿戴设备的交互和通用应用程序入口这两个领域。很多用户运用不同的语音交互产品可以在真实应用场景下实现自然的语音交互，从而满足实际需求。但语音合成当前仍存在多个挑战。例如，如何满足在不同场景下人们的个性化需求。在通过语音合成模拟各类语言、口音和方言的同时，还要考虑人们的不同年龄和性别特征、不同语调和语速的表现，以及语音的不同音律规则和间隔停顿。

【项目任务】

任务 1　语音识别器

任务描述

本任务的主要目的是掌握语音识别的过程。首先通过了解认识音频信号，学习如何可视化不同类别音频信号，并采用不同技术来处理音频信号，从而制作出一个语音识别器。

技术分析

（1）音频信号结构

我们平时说话发出的音频信号是模拟信号，模拟信号是连续不断的波形，无法存储在硬盘中。所以，用传声器录制语音的过程就是将模拟信号采样成数字信号并存储的过程，即按照一定的采样频率把波形的值转换为数字格式。通常使用的采样频率是 44100Hz，也就是每秒钟采集 44100 个值。采样频率越高，则播放出来的语音听起来越顺畅。

（2）时域信号与频域信号

所采集到的数字信号是根据时间来采集的，因此它是一个时域信号，即坐标轴的横轴是时间、纵轴是采集的波形峰值。在实际应用中，为了能更有效地分析音频信号，我们需要了解每一段信号潜在的频率组成，以便能从信号中提取出有意义的信息。音频信号是由多个不同频率的正弦波叠加组成的。如果能将不同频率组成的信号离散化，就能辨别语音的特征。因为任何音频信号的特点都是由频谱的分布情况决定的，而将时域信号转换为频域信号通常采用傅里叶变换（Fast Fourier Transform，FFT）。

（3）音频特征提取

在实际应用中进行语音识别时，得到频域的分布情况后，需要将频域的相关信息转换成特征向量的表达式。人的耳朵对声音频谱的响应是非线性的，因此如果能设计一种前端处理算法以类似于耳朵的方式对音频进行处理就可以提高语音识别的性能，而 Filter Bank（意为“滤波器组”）就是这样的一种处理算法，通过这种算法可以提取出 Filter Bank 特征。另一种特征是梅尔频率倒谱系数（Mel-Frequency Cepstral Coefficient，MFCC），它是基于声音频率的非线性梅尔刻度（Mel Scale）的对数能量频谱的线性变换。它主要是从音频信号中提取频域信号的特征。MFCC 特征提取过程包括以下 4 个步骤。

① 对音频信号预加重、分帧和加窗。

② 通过快速傅里叶变换得到频谱。

③ 得到的频谱再通过梅尔滤波器组得到梅尔频谱。

④ 在梅尔频谱中进行倒谱分析得到 MFCC 特征。

（4）语音中文字的识别

MFCC 特征是通过与声音内容密切相关的 13 个特殊频率所对应的能量分布得到的，因此可以使用 MFCC 特征矩阵作为语音识别的特征，基于 HMM 模型进行模式识别，找到与测试样本最匹配的声音模型，从而识别语音内容。

任务实现

步骤 1：进入语音识别页面

扫描二维码，打开语音识别页面，如图 11-9 所示。

语音识别器体验二维码

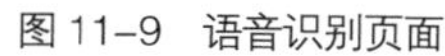

图 11–9　语音识别页面

步骤 2：录制音频并分析

点击【REC】按钮录制一段音频，然后点击【开始】按钮进行音频分析，得到该音频的采样频率、采样数量、音频时长等信息，如图 11–10 所示。

步骤 3：可视化信号

在图 11–10 所示页面中点击【下一步】按钮，进入图 11–11 所示页面，输入音频的展示数量并点击【提交】按钮，便可以在下方看到该音频指定数量的信号可视化情况。

图 11–10 音频的基本信息

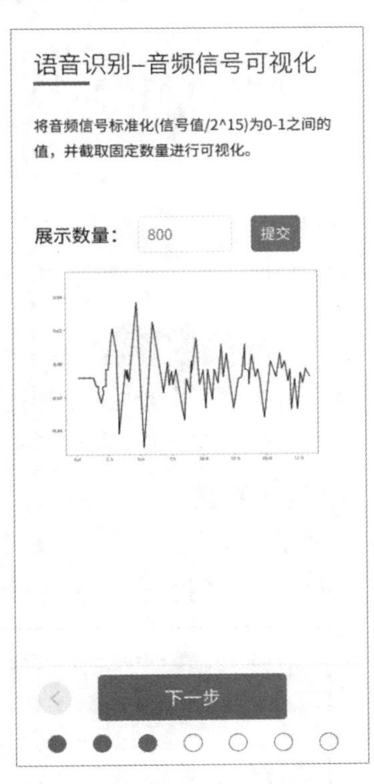

图 11–11 音频指定数量的信号可视化情况

步骤 4：将时域信号转换为频域信号

在图 11–11 所示页面中点击【下一步】按钮，开始将时域信号转换为频域信号，输入要展示的数量后点击【提交】按钮，在下方得到该频域信号的可视化效果，如图 11–12 所示。

步骤 5：提取 MFCC 特征

在图 11–12 所示页面中点击【下一步】按钮，开始从频域信号中提取信号的 MFCC 特征，如图 11–13 所示。输入适当的展示数量可以得到 MFCC 特征的窗口数量和长度，下方展示了该 MFCC 特征可视化的情况。

步骤 6：提取 Filter Bank 特征

在图 11–13 所示页面中点击【下一步】按钮，开始从频域信号中提取信号的 Filter Bank 特征，如图 11–14 所示。输入适当的展示数量可以得到 Filter Bank 特征的窗口数量和长度，右侧则展示了 Filter Bank 特征可视化的情况。

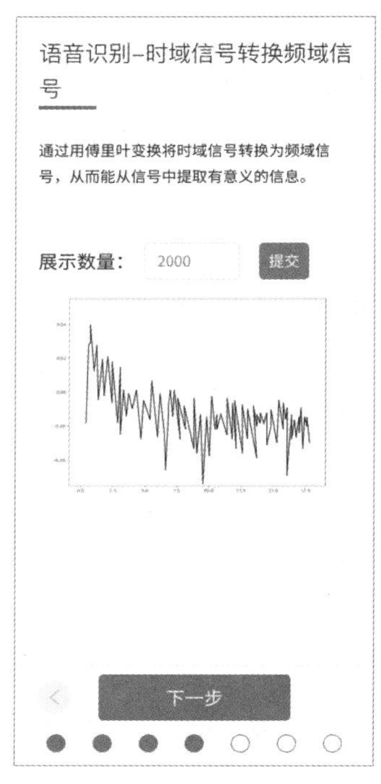

图 11–12　频域信号的可视化效果

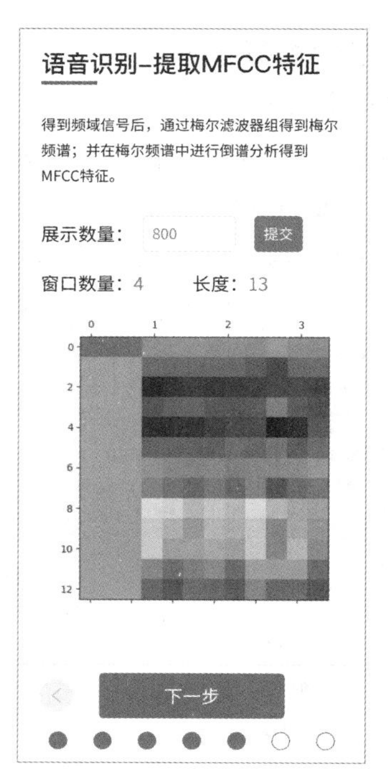

图 11–13　提取信号的 MFCC 特征

步骤 7：选择语言模型

在图 11–14 所示页面中点击【下一步】按钮，进入语音识别页面，如图 11–15 所示。选择音频对应的语言模型并点击【提交】按钮后，可以得到识别出来的文字为“人工智能通识学习平台”。

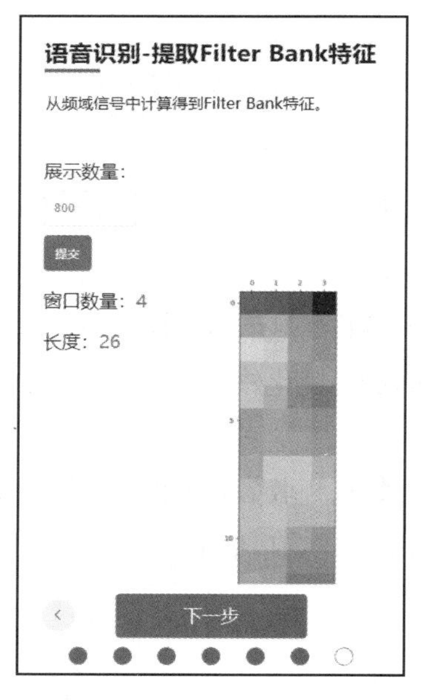

图 11–14　提取信号的 Filter Bank 特征

图 11–15　语音识别页面

步骤 8：回顾任务流程

在图 11–15 所示页面中点击【生成报告】按钮，可以回顾整个任务的流程。

任务 2 语音合成器

任务描述

本任务的主要目的是掌握语音合成的过程。首先，系统通过制作一段合成电子音乐来展示基于波形拼接的语音合成过程；然后，系统通过输入一段文本来展示基于深度学习的智能语音合成效果。

技术分析

（1）语调

语调，即说话的腔调，就是一句话里快慢、轻重的配置和变化。一句话除了具有词汇意义外还有语调意义。语调意义就是说话人用语调表达的态度或口气。一句话只有同时包含词汇意义和语调意义才算是具有完整的意义。同样的句子，语调不同，意思就会不同，有时甚至会相差千里。

（2）语速

语速是指说话或朗诵时每个音节的长短和音节之间连接的紧松。说话的速度是由说话人的感情决定的，朗诵的速度则与文章的思想内容相关。

（3）语音库

语音库是用于存放声音的仓库，不同人在不同场景通过按词语或句组的方式来录制声音，然后将这些声音集中存储到一个数据库中，即形成语音库。

任务实现

步骤 1：进入语音合成页面

扫描二维码，打开相应的页面，如图 11–16 所示，点击【点击播放】按钮可以听一段电子合成音乐。

语音合成器体验二维码

图 11–16 听电子合成音乐

步骤 2：制作电子合成音乐

点击【开始】按钮后，进入图 11–17 所示页面，制作一段电子合成音乐。《两只老虎》歌曲的曲谱如下。

```
两-只-老-虎 两-只-老-虎 跑-得-快 跑-得-快
C4-D4-E4-C4 C4-D4-E4-C4 E4-F4-G4 E4-F4-G4
一-只-没-有-眼-睛 一-只-没-有-尾-巴 真-奇-怪 真-奇-怪
G4-A4-G4-F4-E4-C4 G4-A4-G4-F4-E4-C4 D4-G3-C4 D4-G3-C4
```

在图 11–17 所示页面中选择音名“C”和音高“4”，点击【制作】按钮，就完成了“C4”的单音制作，按照曲谱逐个选择制作后就可以点击【下一步】按钮进行试听，如图 11-18 所示。

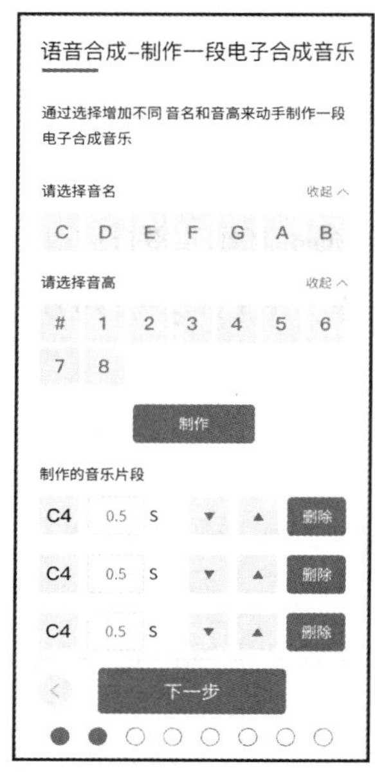

图 11-17　制作一段电子合成音乐

图 11-18　试听制作的电子合成音乐

步骤 3：输入文本并分词

在图 11-18 所示页面中点击【下一步】按钮进入输入文本页面，如图 11-19 所示。输入文本“人工智能通识学习平台”后，点击【下一步】按钮得到该文本的分词页面，如图 11-20 所示。

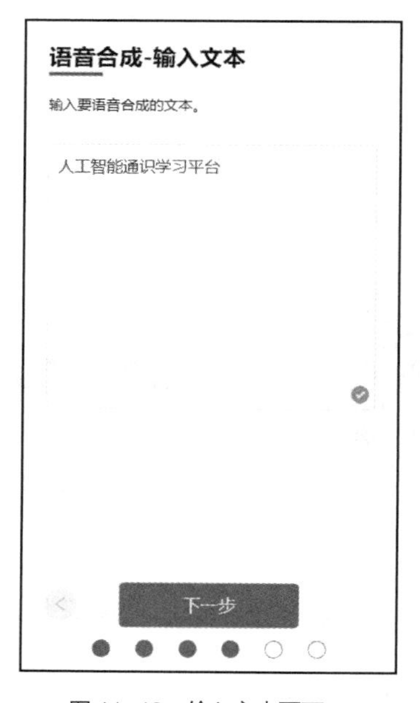

图 11-19　输入文本页面

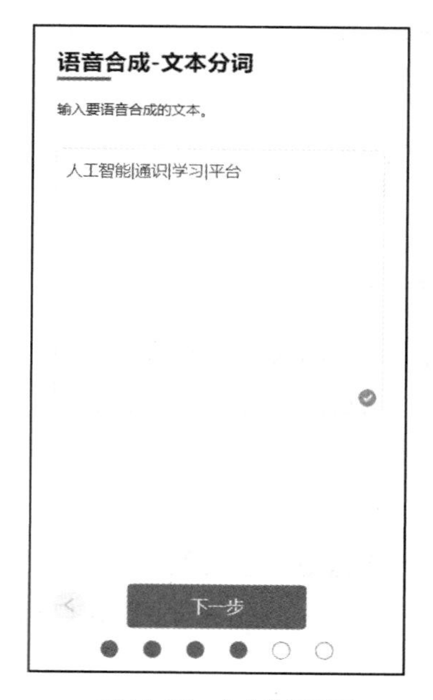

图 11-20　文本分词页面

步骤 4：文本拼音表示

在图 11-20 所示页面中点击【下一步】按钮得到文本分词后的文本拼音表示，如图 11-21

所示。

步骤 5：选择合成参数

在图 11–21 所示页面中点击【下一步】按钮，进入选择合成参数页面，可以设置语速、语调、音量和不同的语音库，如图 11–22 所示。

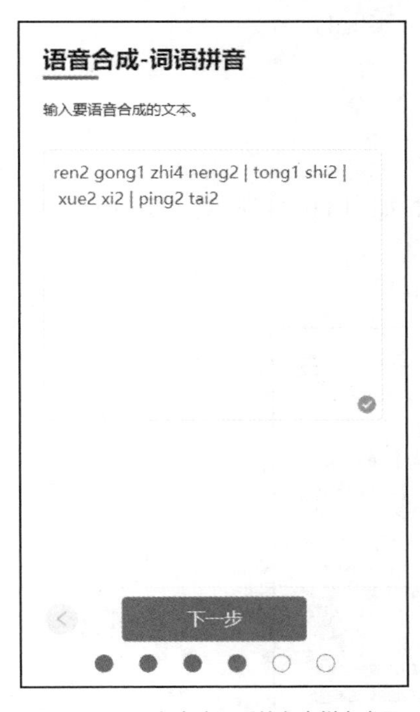

图 11–21　文本分词后的文本拼音表示

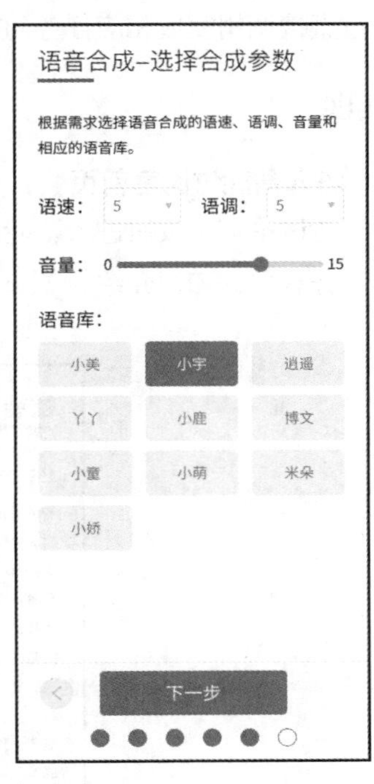

图 11–22　选择合成参数页面

步骤 6：试听结果

选择完合成参数后，点击【下一步】按钮，得到图 11–23 所示的合成结果试听页面，点击【播放】按钮进行试听，或者返回选择不同的合成参数进行合成。最后，点击【生成报告】按钮回顾整个任务的流程。

图 11–23　合成的结果试听页面

任务 3　智能讨论室

任务描述

智能讨论室可在课前、课中、课后布置讨论主题，同学们在讨论过程中可将语音识别成文字或者将文字转换成语音，以便在不同环境下进行主题讨论，同时智能讨论室可在参与者不知道如何回答时智能回复与讨论主题相关的内容。

技术分析

在本任务中，系统需要实现将语音识别成文字和将文字转换成语音的功能，同时实现系统识别文字或语音并根据关键字自动回复的功能。系统中的将语音识别成文字和将文字转换成语音的功能均是通过直接调用完成相应任务的第三方接口来实现的。

任务实现

步骤 1：进入智能讨论室首页

点击【智能讨论室】按钮进入智能讨论室首页，如图 11–24 所示。在该页面中可以查看任务描述及与本任务有关的知识介绍。

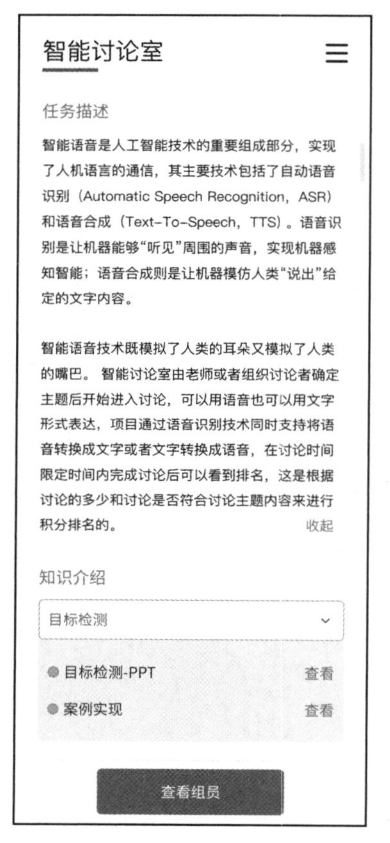

图 11–24　智能讨论室首页

步骤 2：加入讨论组等待讨论开始

点击图 11–24 所示页面中的【查看组员】按钮后可以看到智能讨论室中智能随机分配的组员，如图 11–25 所示。点击【进入讨论】按钮看到当前话题和剩余讨论时间，如图 11–26 所示。

步骤 3：智能讨论室讨论

教师端设定讨论话题和讨论时间并启动讨论后，参与者开始讨论，讨论过程中参与者可输入文字或语音，也可以将文字转换成语音，如图 11–27 所示，或将语音识别成文字，如图 11–28 所示。参与者可根据自己的习惯更换讨论模式。当参与者无法理解讨论主题时，可以点击【自动回复】按钮，让系统自动回复与讨论主题相关的内容，如图 11–29 所示。当剩余时间为 0 时，系统将跳转到讨论结束页面，如图 11–30 所示。

图 11–25　智能讨论室分组页面

图 11–26　智能讨论室开始页面

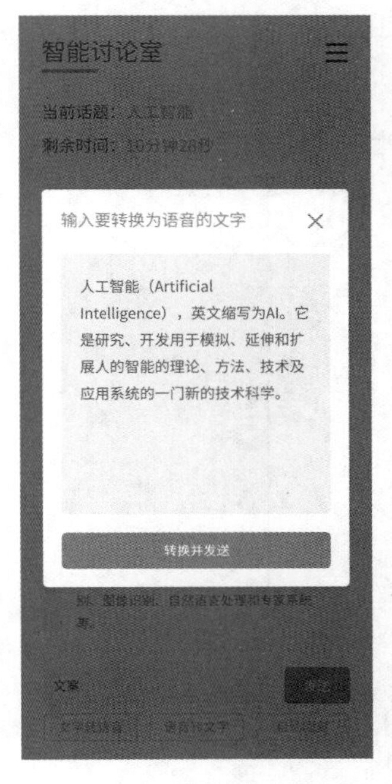

图 11–27　将文字转换成语音的页面

图 11–28　将语音识别成文字的页面

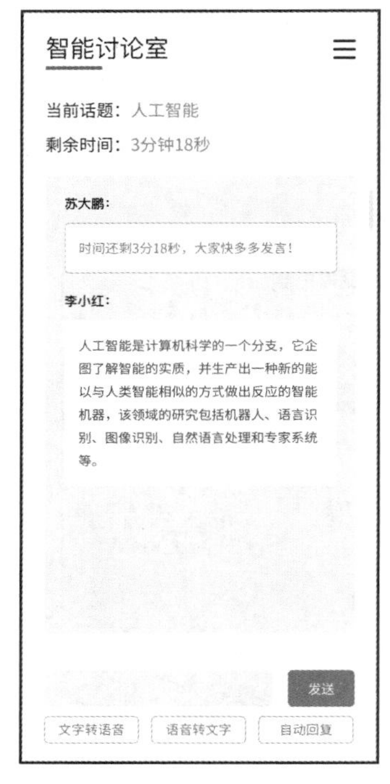

图 11–29　自动回复

图 11–30　讨论结束页面

步骤 4：查看讨论组员排名

点击图 11–30 所示页面中的【查看排名】按钮，系统将根据组员讨论的次数、讨论的内容与主题的相关性进行分数统计，其中系统自动回复部分不参与分数统计，最后显示所有参与者的排名情况，如图 11–31 所示。

智能讨论室

排名

排名	姓名	分数
1	张三	100
2	李四	99
3	王小明	98
4	小亮	97
5	杜小雅	96
6	苏大鹏	95
7	李小红	94
8	刘小明	93
9	黄风	92
10	小红	91
11	小紫	90
12	王小月	89
13	李小明	88

图 11–31　显示所有参与者的排名情况

【项目小结与展望】

本项目介绍了智能语音的两大关键技术——语音识别和语音合成，以语音识别器、语音合成器、智能讨论室这 3 个任务，对智能语音的两大关键技术进行了任务演示。其中，语音识别实现过程主要包括音频基本信息的查看、音频信号可视化、频域信号可视化、信号的 MFCC 特征可视化、信号的 Filter Bank 特征可视化、根据语言模型识别出文字等重要步骤；语音合成实现过程主要包括试听电子合成音乐、制作电子合成音乐、语音合成文本分词、文本词语拼音生成、选择合成的参数来合成给定文本的语音等重要步骤；智能讨论室主要包括讨论室的进入、讨论、语音识别与语音合成的应用、查看排名等重要步骤。读者可以在学习智能语音的理论知识的基础上动手实践，体会到智能语音应用的趣味。

目前，智能语音已经应用于各种场景，产生了很多可落地的成熟产品。当前，基于深度学习的语音识别和语音合成已经可以做得很好了，满足了市场上绝大部分需求。当前的主要问题在于不同场景的具体需求的实现，例如数字在不同场景的读法，不同环境需要用哪种语气和情绪更适合等。智能语音的普遍应用，正在深刻改变人们的日常生活方式，改善人们的生活水平。基于人工智能的“听”“说”等感知智能在部分领域已经达到甚至超越了人类。

【课后练习】

1. 选择题

（1）下列选项中，不属于智能语音的关键技术的是（　　）。

A. 语音识别　　B. 语音分割　　C. 语音合成　　D. 语音变化

（2）以下选项属于语音合成中声学系统部分实现技术的是（　　）。

A. 波形拼接语音合成技术　　B. 参数合成语音合成技术

C. 端到端语音合成技术　　D. 多端连接语音合成技术

（3）语音识别实现的是人类的（　　）。

A. 感知智能　　B. 认知智能　　C. 运算智能　　D. 觉知智能

（4）下列不属于智能语音应用的是（　　）。

A. 智能音箱　　B. 苹果的 Siri　　C. 微软的 Cortana　　D. 身份证识别

（5）以下选项属于在语音合成的发展过程中主要经历阶段的是（　　）。

A. 电子合成器阶段

B. 共振峰合成器阶段

C. 单元挑选拼接合成阶段

D. 基于机器学习技术的合成阶段

2. 简答题

（1）语音识别的基本流程包括哪几个步骤？

（2）当前语音识别中主流的语言模型有哪些？

（3）语音合成中语言分析部分主要由哪几个步骤组成？

（4）智能语音常见的应用领域有哪些？举例阐述具体的应用。

项目12

无人驾驶

【项目背景】

在现在的日常生活中，车辆日趋智能化，很多车辆具备了自动泊车、并线辅助、疲劳监测等功能。自动泊车功能已经实现了“无人驾驶”的倒车入库和侧方位停车；并线辅助功能可以由计算机整合车辆雷达信号，为驾驶员并线行为做出预警；疲劳监测功能为长时间驾驶的驾驶员提供安全预警。这些都为未来的无人驾驶提供了可能。

将来，车辆不仅仅是交通工具，也是移动的“家”。在这个“家”里你可做所有在家里能做的事情，甚至有时候会比真正的家更方便。无人驾驶将是一种安全、高效的出行方式，能够带来的影响远远超出人们的想象。走出家门，你的爱车会自动行驶到你面前来接你；下车后，自动驾驶系统会自动寻找停车位；冬天会提前打开暖风和加热座椅，夏天会提前打开空调制冷。你能想到的都会实现，你想不到的也会拥有。

无人驾驶不仅是一种新的交通方式，而且将彻底改变人们的工作和生活，重塑城市图景，甚至改变地球的生态环境。优步、特斯拉、百度和华为等科技公司都在进入无人驾驶这个领域。在这个领域中，目前人们较为关注的是无人驾驶汽车。本项目主要以无人驾驶汽车为例，对涉及的多种技术进行描述。无人驾驶涉及的学科领域如图 12-1 所示，人工智能是其最核心的学科领域之一。

背景拓展

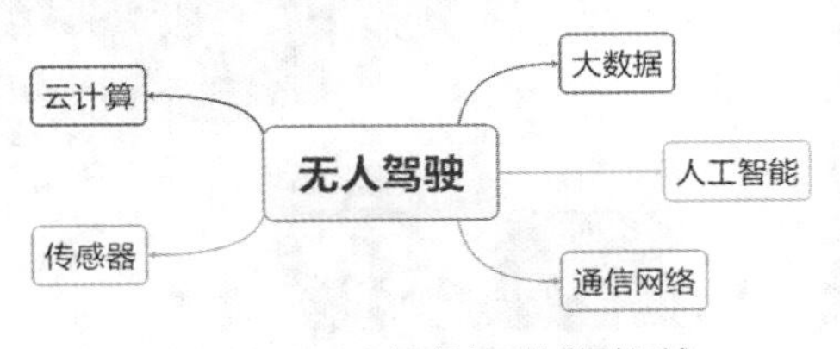

图 12-1　无人驾驶涉及的学科领域

【思维导图】

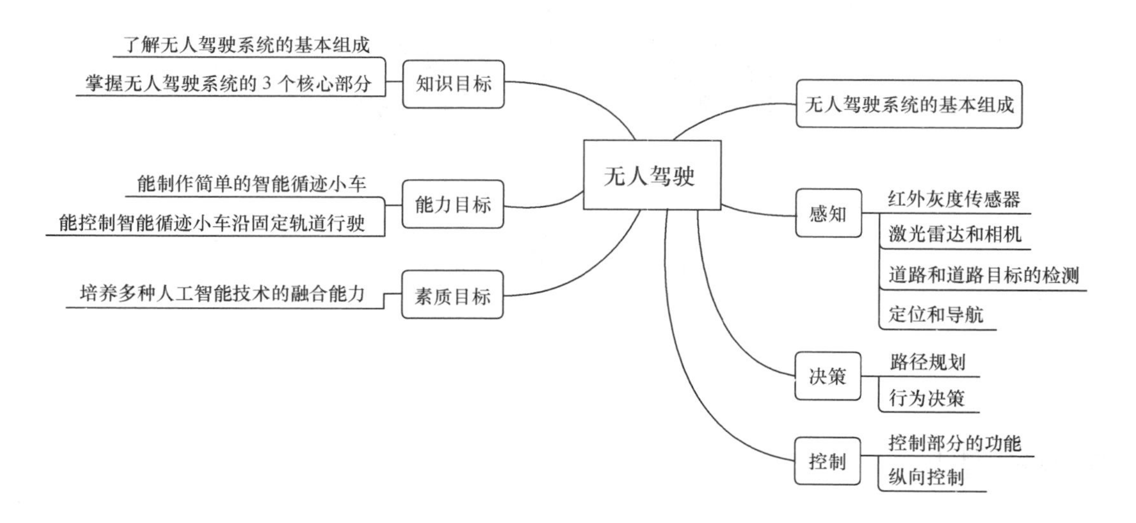

【项目相关知识】

12.1 无人驾驶系统的基本组成

在人类驾驶与无人驾驶的对比中，信息终端和传感系统如同司机的眼睛和耳朵，中央决策系统如同人的大脑，执行系统如同人的手脚，如图 12–2 所示。

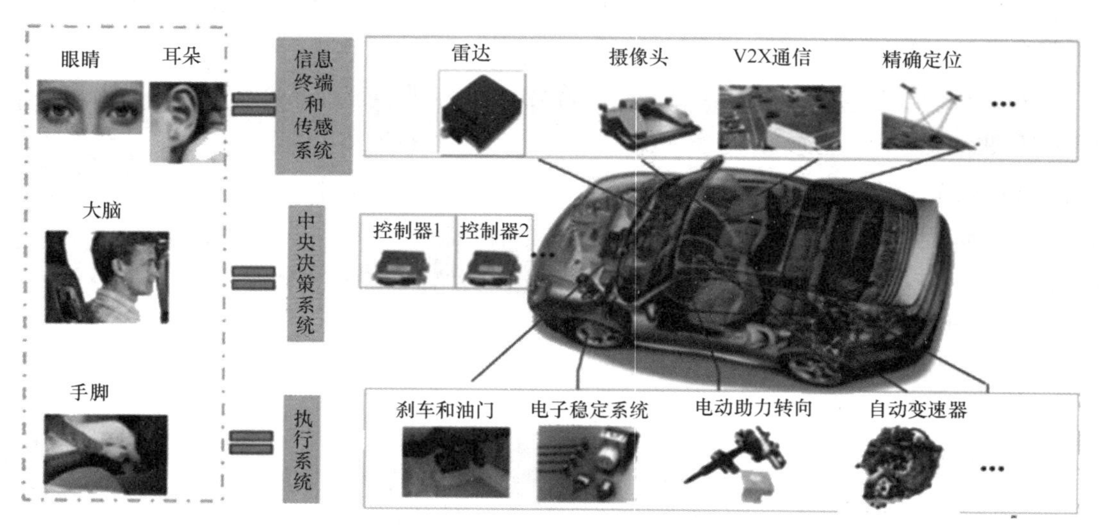

图 12–2 人类驾驶与无人驾驶的对比

无人驾驶系统的基本组成如图 12–3 所示，包括感知、决策和控制 3 个核心部分。其中，PID

是 Proportional（比例）、Integral（积分）、Derivative（导数）的缩写，是自动控制系统设计中最经典、使用最广泛的一种控制器。

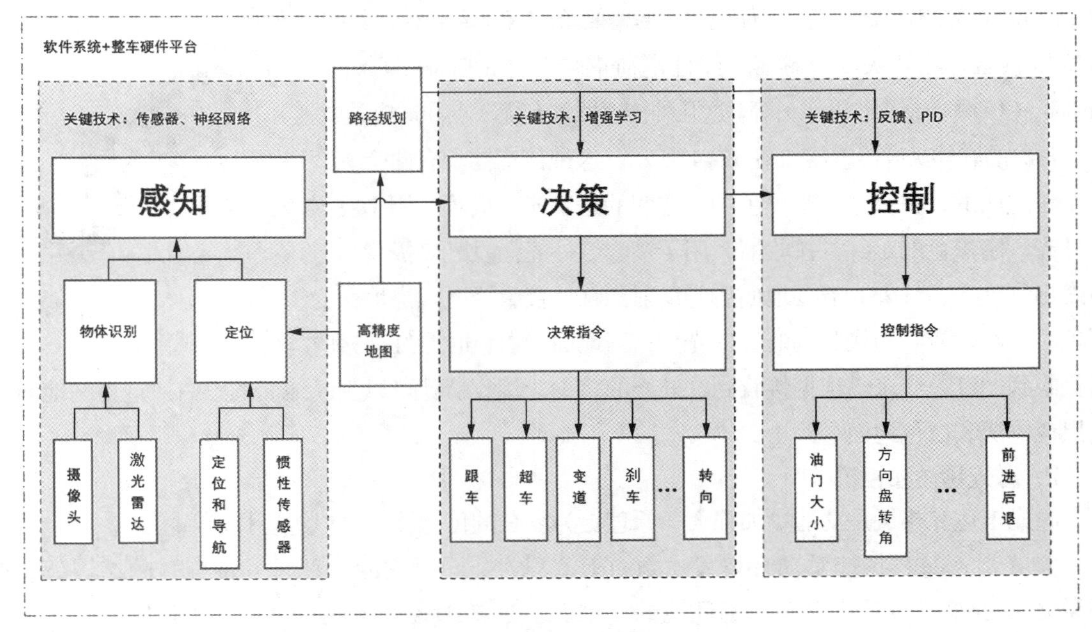

图 12-3 无人驾驶系统的基本组成

感知是指无人驾驶系统从环境中收集信息并从中提取相关知识的能力，主要包括物体识别和定位功能，即认出无人驾驶系统周围的物体，以及确定这些物体的位置，例如，找到周围障碍物的位置，道路标志、标记的位置，以及确定行人、车辆在哪里等。

决策是指无人驾驶系统为了某一目标而做出一些有目的性的分析规划，并下达决策指令。对于无人驾驶车辆而言，这个目标通常是指从出发地到达目的地，同时避开障碍物，并不断优化驾驶轨迹和行为以保证乘客的安全舒适。决策部分通常又被细分为任务规划、行为规划和动作规划三层。

控制是指无人车按无人驾驶系统下达的控制指令精准地执行规划好的动作的能力。

12.2 感知

为了确保对环境的理解和把握，无人驾驶系统的感知部分通常需要获取周围环境的大量信息，具体包括障碍物的位置、速度及可能的行为、可行驶的区域、交通规则等。无人车通常通过融合激光雷达、相机和毫米波雷达等多种传感器的数据来获取这些信息。

那么传感器是什么呢？传感器就如同人的五官，可以感应外界事物。对于无人车来说，最简单的传感器可以是感知线路的元器件，可以是检测轮子转速或路程的元器件，也可以是检测无人车姿态的元器件等。有些传感器的原理和应用方式都比较简单，而有些就非常复杂。采用什么样的传感器，取决于对无人车的要求。下面分别介绍一些无人驾驶系统中常用的传感器。

1. 红外灰度传感器

如果道路非常简单且单一，与周围背景差别特别大，如在完全为白色的地面划出一条黑色的跑道，这个时候要感知出跑道，就可以使用原理非常简单的灰度传感器。常用的灰度传感器有红外灰度传感器、线性电荷耦合器件（Charge-Coupled Device，CCD）传感器、摄像头等。这几种传感器各有优缺点和适应领域。

常见的红外灰度传感器如图 12-4 所示。这种传感器上有两个头，一个是透明的，另一个是暗黑色的。透明的是发光二极管，用于发射红外光；暗黑色的是红外接收器，用于接收红外光。发光二极管通电后发出红外光，红外光遇到地面后，反射到红外接收器上。当地面为黑色时，红外接收器接收到的红外光少；当地面为白色时，红外接收器接收到的红外光多。根据接收到红外光的多少，接收器就可以判断地面的黑白。这里的地面是指黑色跑道和白色地面。

图 12-4 红外灰度传感器

2. 激光雷达和相机

激光雷达和相机是功能更加强大、原理更为复杂的传感器，可以进行探测和测距。

激光雷达每秒钟能够向环境发送数百万光脉冲，同时它的内部是一种旋转的结构，这使得激光雷达能够实时建立起周围环境的三维图。通常来说，激光雷达以 10Hz 左右的频率对周围环境进行旋转扫描，其扫描一次可以形成由密集点构成的三维图，该图称为点云地图。图 12-5 为使用 Velodyne VLP-32C 激光雷达建立的一个点云地图。

图 12-5 点云地图

得到点云地图后，需要对点云地图进行分割和分类操作。其中，分割是为了将点云地图中离散的点分成若干个目标，而分类则是为了区分出这些目标属于哪一个类别（如行人、车辆和障碍物）。分割算法包括基于参数的方法、基于图的方法、基于机器学习的方法等。

完成了点云地图的分割后，一般使用机器学习中的分类算法（如 SVM）对分割出来的目标进行分类。随着深度学习的发展，现在业界已经开始使用特别设计的 CNN 对点云地图进行分类。

由于点云地图本身解析度低，不论是提取特征 SVM 的方法还是原始点云 CNN 的方法，对于反射点稀疏的目标（如行人），基于点云地图的分类并不可靠。所以，在实践中往往将激光雷达和相机相结合，利用相机的高分辨率来对目标进行分类，利用雷达的可靠性对障碍物进行检测和测距，融合两者的优点来完成环境感知。

3. 道路和道路目标的检测

在无人驾驶系统中，通常使用图像视觉来完成道路的检测和道路目标的检测。其中，道路的检测包含车道线的检测和可行驶区域的检测，道路目标检测包含对其他车辆的检测、行人检测、交通标志和信号的检测等所有交通参与者的检测。

车道线的检测涉及两个方面：第一是识别出车道线，对于弯曲的车道线，能够计算出其曲率；第二是确定车辆自身相对于车道线的偏移，即无人车自身在车道线的哪个位置。通常，车道线的检测方法是抽取一些车道的特征，包括边缘特征、车道线的颜色特征等，使用多项式拟合可能是车道线的像素，然后基于多项式及当前相机在车上挂载的位置确定前方车道线的曲率和车辆相对于车道的偏离距离。

目前，可行驶区域的检测常采用深度神经网络直接对场景进行分割，即通过训练一个逐像素分类的深度神经网络，完成对图像中可行驶区域的分割。

交通参与者的检测目前主要依赖于深度学习模型。

4. 定位和导航

定位是利用电、磁、光、力等科学原理与方法，测量空中飞机、海上舰船、大洋里的潜艇、陆地上的车辆和人流等运动物体每时每刻与位置有关的参数，通过这些参数，系统可以判别分析自己当前的位置。导航是定位之后的一个连续过程，引导运动物体正确地从出发点沿着预定的路线，安全、准确、经济地到达目的地。

（1）定位技术

当前使用最为普遍的是卫星定位技术，主要包括中国的北斗卫星导航系统（BeiDou Navigation Satellite System，BDS）、美国的全球定位系统（Global Positioning System，GPS）、俄罗斯的全球卫星导航系统（Global Navigation Satellite System，GLONASS）等。它们的基本原理都一样，就是三球交汇原理，如图 12-6 所示。用户分别测量出几颗已知位置的卫星到用户接收机之间的距离，然后根据这几个距离计算自己的位置。在时间高精度同步的前提下，理论上接收机观测到 3 颗以上卫星即可实现定位，实际中需要至少 4 颗。

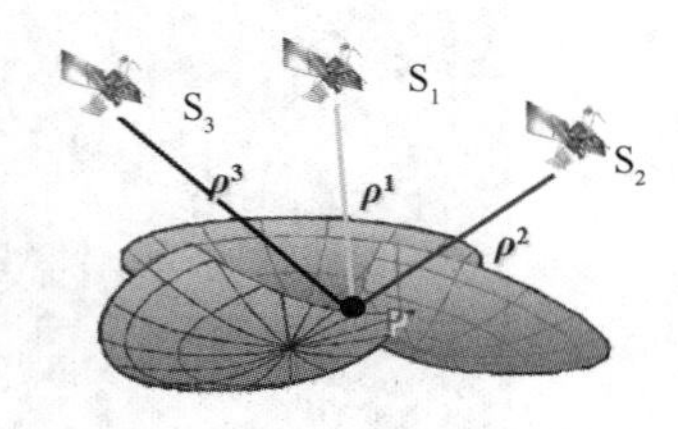

图 12-6　三球交汇原理

（2）导航技术

卫星导航定位的精度受环境影响比较大，如果周围的驾驶环境复杂，例如过桥洞时接收不了导航信号、高楼和山脉遮蔽严重时产生多径效应，此时导航的精度可能会很差。所以，无人驾驶系统不能单纯依赖卫星导航定位，需要借助其他方式方法来提高车辆在地图上的位置精度，这就要配合更高精度的地图，以及融合惯性导航技术和视觉技术等。

12.3 决策

感知部分从传感器的数据中探测并计算出周边物体及其属性信息后，会将这些信息传递给决策部分，在宏观层面上指导无人车软件系统的控制规划模块，告诉它应按照什么样的道路行驶，从而实现从起始点到目的点。决策部分针对感知到的周边物体预测出轨迹，并结合无人车的路由意图和当前位置，对车辆做出最合理的决策和控制，具体包括路径规划、行为决策等。

1. 路径规划

路径规划结果对车辆行驶起着指导作用。路径规划是基于一定的环境模型，在给定无人车起始点和目标点后，按照性能指标规划出一条无碰撞、能安全到达目标点的有效路径。由于现实环境非常复杂，故需要建立大量的数学方程，并需要考虑障碍物、车道线、路径曲率、曲率变化率、车辆速度和加速度等多种因素的影响，在充分考虑周边环境的基础上进行路径规划。

图 12–7 为一个路径规划示意图。路径规划需要对短暂时间内从第一个地点（地点 A）到第二个地点（地点 B）的中间路径点做出规划，包括选择途经哪些具体的路径点，以及到达这些路径点时无人车的速度、朝向、加速度等。同时，路径规划还要让从地点 A 到地点 B 的时空路径保持一定的一致性。地点 A 到地点 B 之间生成的路径点，以及到达每个路径点的速度朝向、加速度等，都应在下游的反馈控制的实际可操作的物理范围之内。

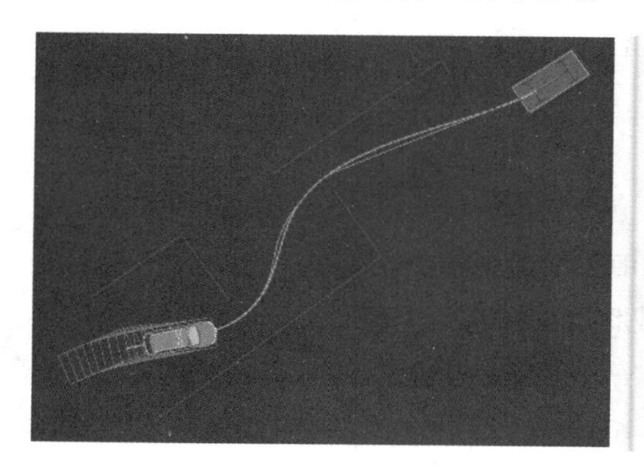
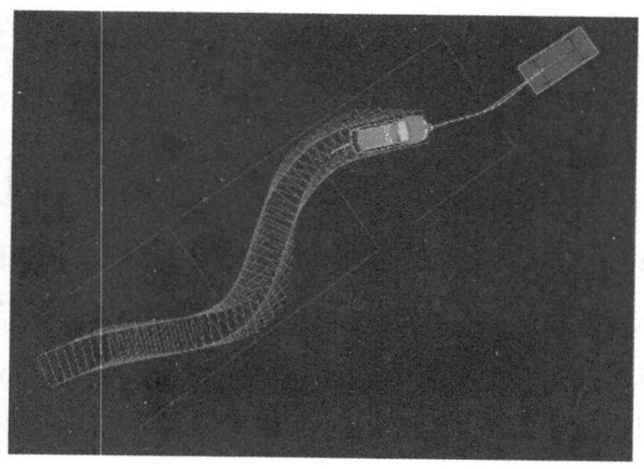

图 12–7 路径规划示意图

常用的路径规划算法一般包括基于采样的方法、基于搜索的方法、基于数学模型的方法、生物启发式方法、多元融合算法等。其中，基于搜索的方法原理相对比较简单，在信息类专业的专业课程中一般都会涉及。

2. 行为决策

行为决策可以直观地理解成无人车的“副驾驶”。行为决策接收路径规划的结果，同时也接收感知预测和地图信息。通过综合这些输入信息，行为决策在宏观上决定了无人车如何行驶。宏观层面的决策包括在道路上的正常跟车，在遇到交通灯和行人时的等待避让，以及在路口与其他车辆的交互通过等。例如，在路径规划要求无人车保持当前车道行驶，感知发现前方有一辆正常行驶的车辆时，行为决策的决定便很可能是跟车行为。

12.4　控制

如果说感知部分相当于驾驶员的眼睛，决策部分相当于驾驶员的大脑，那么控制部分就相当于驾驶员的手脚。

1. 控制部分的功能

各个操控系统通过总线，一般是控制器局域网总线，与决策部分相连接。前面的决策部分做出决策规划后，控制部分输出轨迹点，通过一系列结合车身属性和外界物理因素的动力学计算，精确地控制加速程度、制动程度、转向幅度、灯光控制等，以替代驾驶员对车辆进行控制。

控制部分的核心技术主要包括车辆的纵向控制和横向控制。纵向控制，即车辆的驱动与制动控制，是指通过对油门和制动的协调，实现对期望车速的精确控制。横向控制，即通过对方向盘角度的调整和轮胎力的控制，实现车辆的路径跟踪。下面主要介绍纵向控制。

2. 纵向控制

纵向控制是指在行车速度、方向上的控制，即车速及本车与前后车或障碍物距离的自动控制。无人驾驶系统中典型的纵向控制系统结构如图 12-8 所示。汽车采用油门和制动综合控制的方法来实现对车速的控制。将电动机-发动机-传动模型、汽车运行模型和刹车过程模型与不同的控制算法相结合，构成了各种各样的纵向控制模式。

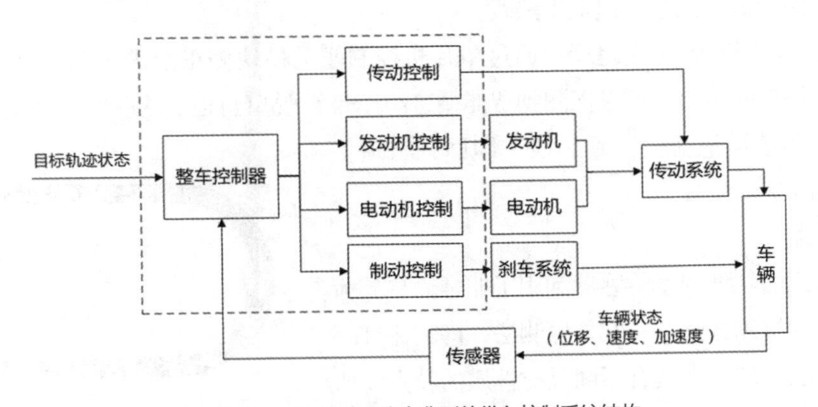

图 12-8　无人驾驶系统中典型的纵向控制系统结构

纵向控制系统作为无人驾驶系统中最重要的控制系统之一，对危险场景的反应速度快，避撞控制精确且有效，可以最大限度地避免交通事故的发生及人员的伤亡；也可以有效地解决交通堵塞问题，降低交通事故发生率；同时，在保证行驶安全的前提下，还可以缩短车间距离，有效提高道路通行率，减轻因堵车造成的环境污染。

【项目任务】

任务 智能循迹小车自动循迹

任务描述

智能循迹小车是最简单、最经典的无人驾驶入门演示项目，可以完整地演示无人驾驶系统的整个工作过程。如图 12–9 所示，把画有黑线的白纸“路面”作为智能循迹小车运动的跑道，智能循迹小车沿着这条跑道自动运行，在运行过程中它可以自主完成前进、左转、右转、停止等动作。

图 12–9 智能循迹小车

技术分析

智能循迹小车主要包含 3 个组成部分：传感器、控制器、动作器，即检测、控制和驱动 3 个部分，这 3 个部分协同控制整个智能循迹小车的运动。

图 12–10 为循迹跑道。假设行驶路线都是在水平面上，没有斜坡或者障碍，也没有交叉路口、直角弯和锐角弯等。智能循迹小车上搭载的红外灰度传感器可以探知地面颜色，识别出黑线。

智能循迹小车探测到黑线之后，通过单片机控制驱动模块修正前进方向，以使其保持沿着黑线行进。红外灰度传感器可以探测到智能循迹小车是否脱离轨道，然后做出相应的转向调整，直到红外灰度传感器重新检测到黑线（即回到轨道）再恢复正向行驶。

（1）传感器

本任务采用的红外灰度传感器利用了非常简单、应用也比较普遍的检测方法——红外探测法，即利用红外光在不同颜色的物理表面具有不同反射性质的特点。所用传感器无须检测轮子转速/路程、智能循迹小车姿态，即对检测轮子转速/路程和姿态控制等没有要求。

图 12–10 循迹跑道

由于黑线和白色地面对光线的反射系数不同，可根据接收到的反射光的强弱来判断是黑线还是白线地面。在智能循迹小车行驶过程中发光二极管不断地向地面发射红外光，当红外光遇到白色地面时发生漫反射，反射光被装在智能循迹小车上的红外接收器接收；如果遇到黑线则红外光被吸收，则智能循迹小车上的红外接收器接收不到信号。

（2）控制器

控制器也是多种多样的。循迹任务比较简单，采用单片机作为控制器即可。各种架构、各种厂商的单片机多种多样，这套智能循迹小车采用了比较简单的 51 系列单片机。

（3）动作器

智能循迹小车的动作比较简单，不是前后运动就是左右转向。动作器的作用就是控制电机的正反转和转速。此处采用接上电池就能运转的直流减速电机。直流减速电机的转速一般接近于 1000r/min，假设智能循迹小车轮子的周长为 20cm，那么智能循迹小车的速度就是 20cm × 1000=20000cm/min= 200m/min ≈ 3.33m/s。当然实际使用时速度可以更小一点。

任务实现

步骤 1：安装和运行开发工具软件

下载 MicroPython 开发工具软件 Mu Editor。双击下载的安装文件 Mu-Editor-Win64-1.1.0b5.msi，全程按照默认选项设置。软件安装之后，在【开始】菜单的应用程序列表中找到“Mu”选项并单击，就打开了 Mu Editor。单击菜单栏的【新建】按钮，打开图 12-11 所示程序开发界面。

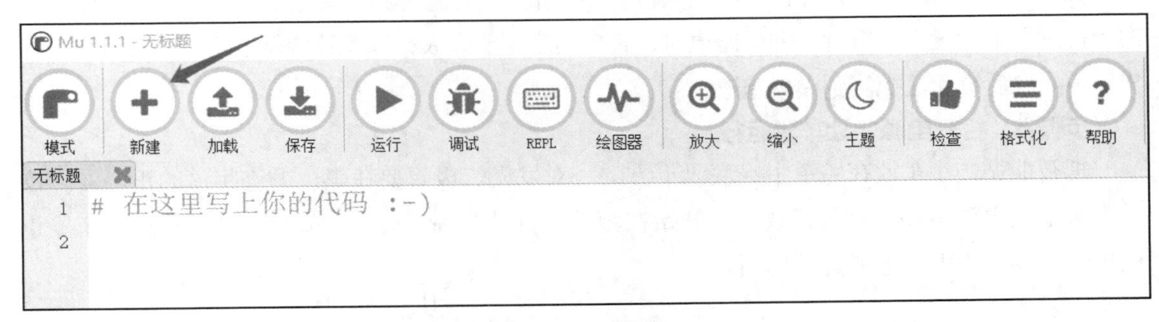

图 12-11 程序开发界面

步骤 2：编写 Python 代码

在程序开发界面中输入程序代码。其中系统已经封装的函数 Left、Right、Forward、Stop 分别表示左转、右转、前进和停止，LeftLedReflect、RightLedReflect 分别表示左右两个红外灰度传感器是否收到了反射光，即底盘下面的左边和右边底下是否为黑色。具体代码如下。

```
# -*- coding: utf-8-*-#
#/bin/python
from microbit import *
import robotbit

while True: #只要不断电，智能循迹小车的控制系统都无限循环运行
      #左边和右边底下都没有收到反射光，表明底下都是黑色，则继续前进
      if LeftLedReflect() == 0 and RightLedReflect() == 0:
          Forward()
      #左边底下收到反射光，表明是白色，右边底下无反射光，表明是黑色，则右转
elif LeftLedReflect() == 1 and RightLedReflect() == 0:
              Right()
          #左边底下无反射光，表明是黑色，右边底下收到反射光，表明是白色，则左转
elif LeftLedReflect() == 0 and RightLedReflect() == 1:
              Left()
          #左边和右边底下都收到反射光，表明都是白色，说明智能循迹小车已经脱离了黑色轨道，则暂时停止运行
```

```
    else:
        Stop()
```

步骤 3：刷入代码

用数据线连接计算机通用串行总线（Universal Serial Bus，USB）接口和智能循迹小车开发板的 USB 接口，打开智能循迹小车电源开关。如图 12-12 所示，单击菜单栏的【刷入】按钮，生成的可执行代码将被下载到智能循迹小车开发板。

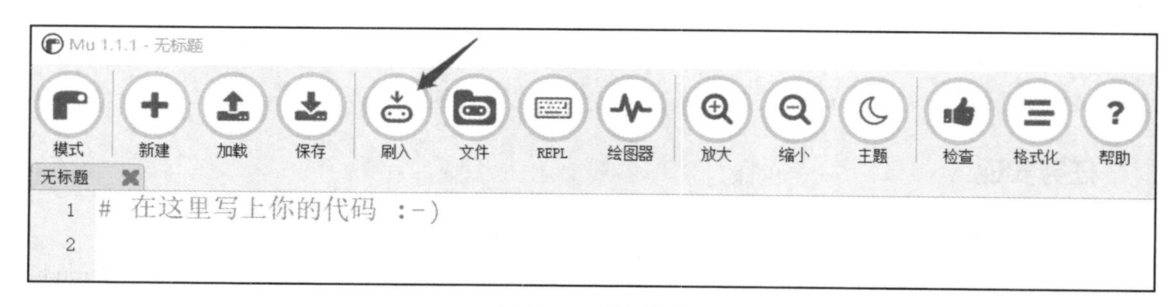

图 12-12 刷入代码

步骤 4：铺上跑道和安置车辆

如图 12-10 所示，在地面铺上一圈黑色工业胶布作为循迹跑道。黑色工业胶布宽度要略宽于两个传感器上的发光二极管。铺设跑道时，转弯角度不要太大，以免智能循迹小车运动过程中冲出跑道导致后续无法探测到黑色跑道。

步骤 5：打开电源，让车辆运行

把智能循迹小车放在跑道上，底盘下方的一对发光二极管要在黑色循迹跑道的正上方。按下主板上的电源按钮，智能循迹小车开始在跑道上自动绕圈行驶。如果要让智能循迹小车停止前进，关闭主板上的电源开关即可。

【项目小结与展望】

本项目主要介绍了无人驾驶系统的基本组成和 3 个核心部分。无人驾驶系统主要包括信息终端和传感系统、中央决策系统、执行系统，每一部分各司其职。简单来说，信息终端和传感系统收集路上的各种信息，中央决策系统思考要怎么做才能去目的地，执行系统具体完成到达目的地的任务。

无人驾驶以往只出现在科幻片中，未来的应用场景将与我们的生活更贴近。随着无人驾驶普及程度大幅提高，驾驶的劳累程度会大幅降低，交通安全指数也会大幅提高。人们会在更安全、更充满乐趣的道路环境和情景下使用车辆，舟车劳顿将交给无人驾驶来完成。到那时，汽车将不仅是一种交通工具，而且更像一个超大的移动智能载人终端，就好比一个会载人、会自动行驶的超大智能手机，上面将加载无限多的应用，甚至像一个会移动的拥有物理空间的场所，可实现居住、办公、娱乐、社交等功能。

【课后练习】

1．选择题

（1）以下选项不属于传感器的是（　　）。

A. 摄像头　　B. 传声器　　C. 雷达　　D. 电机

（2）从功能上来说，激光雷达和人体中的（　　）最接近。

A. 手　　B. 脚　　C. 眼　　D. 头

（3）以下函数不在智能循迹小车函数库中的是（　　）。

A. Left　　B. Back　　C. Right　　D. Stop

（4）如果智能循迹小车当前左边和右边底下都收到反射光，那智能循迹小车将（　　）。

A. 前进　　B. 左转　　C. 右转　　D. 停止

2．应用题

（1）目前无人驾驶用到了哪些人工智能技术？

（2）无人驾驶在哪些领域可能最先得到大规模应用？为什么？

（3）例如在大学校园里面采用无人驾驶系统送快递，有无人车、无人驾驶飞行器两种方案，哪种更可行？除了这些方式，你也可以发挥想象力，提供更多其他方案。

参考文献

[1] 周志华. 机器学习[M]. 北京: 清华大学出版社, 2016.

[2] 李伦. 人工智能与大数据伦理[M]. 北京: 科学出版社, 2018.

[3] 计海庆. 机器人的社会地位 读四本科幻小说[J]. 科学文化评论, 2009(4): 56-64.

[4] 蔡自兴. 中国人工智能40年[J]. 科技导报, 2016, 34(15): 12-32.

[5] 王哲, 范振锐, 唐宇佳.2021年中国人工智能产业发展形势展望[J]. 机器人产业, 2021(2)18-27.

[6] 甄先通, 黄坚, 王亮, 等. 自动驾驶汽车环境感知[M]. 北京: 清华大学出版社, 2020.

[7] 余贵珍, 周彬, 王阳, 等. 自动驾驶系统设计及应用[M]. 北京: 清华大学出版社, 2019.